复杂条件下渗流分析与控制研究

FUZA TIAOJIAN XIA SHENLIU FENXI YU KONGZHI YANJIU

赵永刚　等◎编著

河海大學出版社
HOHAI UNIVERSITY PRESS
·南京·

图书在版编目(CIP)数据

复杂条件下渗流分析与控制研究 / 赵永刚等编著
. -- 南京 ：河海大学出版社，2023.12
ISBN 978-7-5630-8566-8

Ⅰ. ①复… Ⅱ. ①赵… Ⅲ. ①渗流－研究②渗流控制
－研究 Ⅳ. ①O357.3②TV139.11

中国国家版本馆 CIP 数据核字(2023)第 236797 号

书　　名　复杂条件下渗流分析与控制研究
　　　　　FUZA TIAOJIAN XIA SHENLIU FENXI YU KONGZHI YANJIU
书　　号　ISBN 978-7-5630-8566-8
责任编辑　成　微
特约校对　成　黎
封面设计　徐娟娟
出版发行　河海大学出版社
地　　址　南京市西康路1号(邮编:210098)
网　　址　http://www.hhup.cm
电　　话　(025)83737852(总编室)
　　　　　(025)83722833(营销部)
经　　销　江苏省新华发行集团有限公司
排　　版　南京布克文化发展有限公司
印　　刷　广东虎彩云印刷有限公司
开　　本　787毫米×1092毫米　1/16
印　　张　13.5
字　　数　309千字
版　　次　2023年12月第1版
印　　次　2023年12月第1次印刷
定　　价　68.00元

前言 Preface

水闸在水利工程中的应用十分广泛，多建于河道、渠系、水库、湖泊及滨海地区。我国修建水闸的历史悠久，春秋时期楚国令尹孙叔敖在今安徽省寿县建芍陂灌区时，即设五个闸门引水。随着建闸技术的提高和新型建筑材料的出现，水闸建设也日益增多。

新中国成立以来，我国兴建的多个水闸工程规模位居亚洲前列，如江苏骆马湖嶂山闸和洪泽湖三河闸的两座大闸都是国内有名的水闸工程。这两座大闸自修建以来，一直受到闸基渗流异常现象的困扰，严重干扰了它们的正常运行和管理，闸基存在着可能直接威胁大闸安全的潜在因素。这种渗流异常现象一直受到工程运行管理者和有关科研单位及研究人员的重视，并曾进行过多次针对性研究和相关的加固处理，但是这个问题至今仍然没有得到有效的解决，闸基渗流异常现象的物理成因至今也没有得到很好的揭示。为了寻找这一现象的本质原因，本书以具体工程为依托，对复杂条件下闸基渗流情况进行了深入研究，揭示闸基渗流场异常现象的具体成因，并对相关规范内容提出意见，为今后能有效避免类似问题的出现提供帮助。

本书由赵永刚主持编写，王宇、周宇、杨琼、年立强、肖艳共同编写。全书由赵永刚统稿审定。本书在编写过程中，引用了中水淮河规划设计研究有限公司承担的有关水闸勘测设计成果，并参考引用了相关的工程报告、论文、书籍等，本书的出版得到了中水淮河规划设计研究有限公司的大力支持与资助，在此一并表示衷心的感谢。

限于编者的水平和经验有限，书中难免出现不足或错误之处，恳请各位读者批评指正！

作者

2023 年 11 月

目录 Contents

1 绪论

1.1 研究意义和目的

新中国成立以来，我国兴建的多个水闸工程规模位居亚洲前列，比如江苏骆马湖嶂山闸和洪泽湖三河闸都是国内非常有名的水闸工程，但是这两座大闸自 20 世纪五六十年代修建以来，一直存在闸基的渗流异常现象，严重干扰它们的正常运行和管理，闸基存在着可能直接威胁大闸安全的潜在因素。尽管工程运行管理者和有关科研单位及研究人员针对这种渗流异常现象进行了大量研究并对闸基进行了加固处理，但是这个问题至今仍然没有得到有效解决，甚至闸基渗流异常现象的物理成因至今也没有得到很好的揭示。本书以具体工程为依托，对该现象进行了深入研究，以揭示闸基渗流场异常现象的具体成因，并对《水闸设计规范》(SL 265—2016)相关内容提出修编意见，希望今后能有效避免类似问题的出现。

1.2 研究内容

本书结合数学模型和具体工程，主要完成了以下内容：

(1) 对复杂地基特别是平原成层地基的闸基非稳定渗流理论和算法技术研究，包括各向异性渗透流网数值计算方法、渗流体力(渗透力和浮托力)和扬压力本质的理论与应用研究，以及闸基渗透破坏机理、模型和破坏全过程算法技术的研究。

(2) 研发判断闸基是否发生管涌或流土的渗流变形破坏的数值计算程序，其中包括渗流变形发生与发展全过程的数值仿真模拟计算分析程序。

(3) 研究和完善闸基三维非稳定渗流场有限元数值仿真计算技术和程序，包括闸基地层的渗透各向异性、水平向和垂直向防渗及排水渗控设施的精确模拟技术研究。

(4) 研究闸基三维非稳定渗流场反问题的高效求解理论和算法技术，并研发相关程序。

(5) 结合具体工程，研究导致异常现象的具体物理成因、机理和理论依据，依据工程具体的水文地质条件，工程设计、施工和运行管理情况以及现场观测资料等，找出渗流异常现象的真实根源和解决办法。

（6）进行闸基渗流特性敏感性仿真计算分析，总结出今后在新建水闸工程时有效避免出现渗流异常现象的设计理念、理论和方法。

（7）校核和论证相关设计规范内容的准确性和合理性，对规范相关内容可能存在的问题进行具体深入的理论研究、论证和评估，提高规范的准确性、合理性和可靠性。

2 特殊条件下渗流异常现象产生原因及处理措施概述

渗流是影响水工建筑物稳定的重要因素，因此水工建筑物中都设有测压管，以掌握其渗流的规律。从闸基渗流理论来看，测压管水位最高不应高于上游水位，最低不能低于下游水位，从上游到下游应递减且呈直线分布，水闸稳定设计依据的也是这一理论。而所谓的闸基渗流异常现象，主要是指闸基某些测压管的水位在某些时段会高于闸上游河道水位的现象，它可能会影响到整个水闸的安全稳定性。江苏的嶂山闸和三河闸、安徽的蚌埠闸以及北京永定河上的三家店闸等都有类似的问题。因此，可以认为闸基渗流异常现象是特殊地基存在的比较普遍的技术难题。

多年来，一些从事渗流研究的工作者对此提出了不少见解，如张士儒等[1]提出渗流异常现象可能与温度有关；吴明祥[2]认为渗流异常现象可能与闸底板上不同时段的荷载、温度以及测压管结构形式有关。但这些都没有能够揭示闸基渗流异常现象的本质。本章针对几种特殊条件的水闸地基，定性分析可能会出现闸基渗流异常现象的原因，并给出相应的处理措施。

2.1 冻胀土地基上闸基渗流异常现象及处理措施

我国北方地区，尤其是寒冷的东北地区，绝大部分为季节性冻土区，季节性冻土层厚度一般在 0.5 m 以上，最大厚度可以达到 3 m。在这种地基上建水闸，水闸的冻胀破坏率极高，对河北、山西、山东几省调查的资料表明，其水闸的冻胀破坏率高达 60%[3]。并且在有些水闸中，闸底板测压管水位的观测值大大高于设计值，出现所谓的渗流异常现象。所以，探讨冻胀土地基的冻胀作用显得尤为重要。

冻胀是指在冻结过程中，土中的水分冻结成冰，并生成许多冰夹层、冰晶体，从而引起土颗粒的相对位移，产生土体膨胀的现象。水工建筑物地基上发生冻胀的基本条件是负温、土质和水分三者之间的相互作用[4]。就土质来说，它是指土壤中的细小颗粒，带有游离电子或离子，具有静电引力并形成静电引力场，土壤中的水分偶极分子与土粒接触时，便受到静电引力的作用。当气温条件是负温时，土粒失温的速度比水快，于是土颗粒先冷却，水分也随之冷却，在达到水的起始冻结温度后，土粒吸附的水开始冻结成冰，并产生较大的冰结晶力。随着温度继续下降，吸附作用将水分拉向冰晶体，冰晶体增大。而原来土粒吸附水的厚度变薄，就从下方未冻水分吸引相当部分的水，以此平衡土粒的静电引力。在负温条件下，经过这种重复作用，冰体逐渐增大，下方未冻水分不断补充，地基土粒发生相对变形，产生冻胀。

冻胀的外观现象有土层的均匀或不均匀隆起、鼓包、开裂等。位于冻胀区的基础，在土体冻结时，受到冻胀力的作用而抬高；到夏季气温升高时，土体解冻，含水量增加，致使土体处于饱和状态，强度降低，建筑物回落。尽管基础由于重力作用，排开部分水分后回落，但回落高度必然小于上升高度，此差值即为基础经一个冻融周期后的上升高度。多年积累下来，基础上升高度是相当惊人的。由于上抬和回落往往是不均匀的，致使建筑物产生相互交叉的斜裂缝和其他形式的裂缝[5]，其具体表现形式为闸室底板、阻滑板、防渗板、混凝土护坡等发生位移、鼓胀、裂缝甚至破碎等。

经过多次冻胀和消融过程，阻滑板、防渗板及混凝土护坡不能恢复原位而产生残余位移量，产生与基土之间的空隙，甚至产生裂缝，从而形成渗透通道，缩短渗径，导致水闸闸基底板扬压力值超过设计值，使水闸不能满足抗渗稳定要求。另外，阻滑板产生裂缝以后，再经过长时间的运用，会使裂缝处钢筋锈蚀而减少有效断面面积，或完全锈蚀使阻滑板减少或失去阻滑作用，从而使水闸不能满足抗滑稳定的要求。

因此，冻胀土地基的冻胀作用不容忽视。在《水闸设计规范》(SL 265—2016)中，偏重强调冻胀土地基上水闸结构选型布置的要求，对其他设计措施欠缺考虑。因此，对于冻胀土地基可以进行以下处理：

(1) 采用砂垫层替换部分冻胀土

砂垫层的厚度应满足冻胀土中基础最小埋深的要求。砂垫层的底宽一般可与基础的宽度相同，砂垫层的顶宽宜根据基坑的边坡确定，通常按基础的宽度每边放出 0.1～0.2 m。同时，基础侧面采用非冻胀性材料(如粗砂、中砂、炉渣等)回填，防止冻胀切向力对基础产生侧向作用。通过工程实践证明，这种处理方法的效果较好。

(2) 保温措施

在基础上铺设保温材料，水工建筑物采用聚苯乙烯泡沫塑料板或水泥泡沫珍珠岩砂浆作基础保温材料。冻胀性地基土级别小于Ⅱ级时，可在建筑物背侧单向铺设；冻胀性地基土级别大于Ⅱ级时，可双向铺设，其厚度可取设计冻深的 1/15～1/10。

(3) 选用抗冻融材料

根据气候分区、表面局部小气候条件、水分饱和程度、构件重要性，确定水工建筑物结构和构件混凝土抗冻等级：①选用抗冻性能高的硅酸盐和普通硅酸盐水泥；②对于小型工程，抗冻混凝土的配合比应根据混凝土抗冻等级和所用的最大骨料分别选用含气量、水灰比；③控制砂石骨料的质量，质地必须坚实，有良好的级配，含泥量不大于 3%，按重量比配制，控制超逊径骨料数量；④掺早强减水剂等。

(4) 接缝止水

土基上水工建筑物变形缝应适应温度伸缩、沉陷和冻胀 3 种三向变形，防渗止水片或嵌缝材料的物理、化学性能应符合规范要求。

(5) 限制外来水的迁移

因为土和水是造成冻胀的根本因素，所以在工程设计和施工时应加强墙体及消能段的排水效果，设排水滤料、土工织布等防渗材料，以消除或减少外来水分补给，抵御冻胀。

2.2 风化夹层上闸基渗流异常现象及处理措施

因客观条件限制，某些闸基处于断层上，闸区附近有高倾角节理破碎带，虽通过闸基开挖，基本可以把上部强风化岩清除，使闸基坐落在良好的基岩上，但由于闸基存在缓倾角风化夹层，影响坝基的抗滑稳定[6]，特别是暴雨后，容易出现实测的扬压力值高于设计值现象。

这种异常与夹层的软化、局部的泥化导致的不均匀渗透变形有关。由于闸段基岩存在缓倾角软弱夹层，夹层内多为风化夹泥岩屑，且遇水易软化。在闸前水头的作用下，闸基渗流场内部产生了较大的渗透力，从而加速了夹层的软化过程，并可能在局部地段产生泥化而引起机械潜蚀作用。当渗透力大于阻止位于渗流通道中的细小颗粒运移的阻力时，这些颗粒就会沿着渗径发生运移。而在渗径的几何形态明显变化处，例如裂隙的凹陷处、死角处或相对闭合处等，那些被运移的颗粒可能滞留下来。虽然这种渗透变形往往只是微观的尺度，但对地基裂隙介质的渗透性却有着宏观的影响，即趋于更明显的非均质、各向异性。当这种渗透变形发生于防渗帷幕下游时，往往会引起介质的排水条件改变，即位于主渗流通道中的水体能较快地从排水孔中溢出，而位于非主渗流通道中的水体因该部位介质的透水性弱而承受了较大的压力，只有当积蓄到一定量的水体所能承受的水头压力大于弱透水介质的阻力时才能溢出。这是导致局部扬压力异常的一个重要原因。

一般说来，上述渗流场内部的微观渗透变形引起的局部扬压力异常与上游库水位上升之间通常具有如下特征：扬压力异常时间滞后明显，两者同步性差，且变化较小。

对于这种地基，《水闸设计规范》(SL 265—2016)中有详细的处理方式，通常以开挖为主，并用混凝土回填，还辅以灌浆的方式。除了采用上述措施，对于这种地基，还可以进行以下几种方式的处理：

(1) 为了降低闸基渗透压力，一般会在闸室下游处设置减压排水孔。对于排水孔穿过基岩中风化夹层和破碎带的部位，设置组装式过滤体作反滤层[7]。这种过滤体对软弱夹层中可能产生的集中渗流冲刷带出的粒径大于 0.05 mm 的粒团起过滤作用，可用以防止软弱夹层遭到进一步渗透破坏。

(2) 增加压重，在上游加宽闸室体，特别是在夹层挖除的闸段，在下游增加压重，主要是通过加厚消力池的底板[8]。

(3) 锚固措施，在闸下游抗力体部位，采用高强钢丝进行预应力锚固(混凝土锚固桩、钢桩)。

(4) 采用湿磨超细水泥进行地基灌浆处理[9]。传统水泥灌浆一般采用普通硅酸盐水泥，在灌浆过程中容易出现颗粒积聚现象，可灌性较差，一般不能灌入细小裂隙，水泥浆固结后收缩率较大，灌浆效果不十分理想。而湿磨超细水泥是以525普通硅酸盐水泥经湿磨加工而成，其抗折强度提高了12.8%，抗压强度提高了48.9%，水泥颗粒变得更小，比表面积增大，由于颗粒细、强度高，而且凝固后体积变化小，水泥浆结石收缩率较小，可以灌入更细的裂缝，因此，灌浆效果较好。

施工过程中，施工质量至关重要，如果设计方法合理，但是基础的开挖、混凝土回填、地基灌浆等这些环节中的任一项出现施工质量问题，都将为以后留下安全隐患，因此必须保证施工质量。对于闸基扬压力可能出现异常的部位应采取防治措施，例如实施帷幕灌浆的补强工程、改善排水系统等。

2.3 环境水对帷幕侵蚀作用及处理措施

有的地区建闸后，水库的水质发生了很大的变化，有时会导致闸基（主要是灌浆帷幕）产生化学管涌和侵蚀现象。这种化学侵蚀作用破坏了帷幕的整体性，从而减弱其防渗性[10]。在帷幕防渗薄弱的部位，会出现与上游库水位之间具有密切水力联系的渗流通道，这使得作为补给源的上游库水以此作为较通畅的渗径而使扬压力升高，以致超过设计值；并且库水上、下游水位相差越大，越能加剧环境水的这种侵蚀作用。因此，对环境水侵蚀作用的研究显得非常重要。

环境水对帷幕体的侵蚀作用主要表现为对水泥石的侵蚀，主要有如下五种侵蚀情况[11]：

（1）溶出性侵蚀（软水侵蚀）

当水泥石处于软水中时，氢氧化钙[$Ca(OH)_2$]将首先被溶解，直至溶液中的氢氧化钙的浓度达到极限石灰浓度时才停止。但若环境水是流水，溶解的氢氧化钙被水冲走，则极限石灰浓度是永远达不到的，氢氧化钙将不断被溶解。特别当混凝土不够密实或有缝隙时，在压力水作用下，水渗入混凝土内部，将氢氧化钙溶解并渗滤出来，则溶解作用更为严重。这一过程的连续进行，使孔隙内水的石灰浓度逐渐降低，将逐步引起水化硅酸钙、水化铝酸钙等的分解。于是水泥石的结构受到破坏，强度不断降低，最后引起整个建筑物的毁坏，并且水质越软，侵蚀性也越强。

（2）碳酸性侵蚀

雨水、某些泉水及地下水中常含有较多的游离的碳酸，将对水泥石产生破坏作用。这是因为水泥石中的氢氧化钙能与碳酸发生化学反应，生成碳酸钙（$CaCO_3$），而碳酸钙又与碳酸起化学反应，生成易溶于水的碳酸氢钙[$Ca(HCO_3)_2$]，如果水泥石在有渗滤的压力水作用下生成碳酸氢钙，并溶于水中被冲走，上述反应将永远达不到平衡。氢氧化钙将连续不断起化学反应，连续流失，使水泥石中石灰浓度逐渐降低，使硬化了的水泥石结构发生破坏。环境水中含游离碳酸越多，其侵蚀性也越强烈；若水温较高，则侵蚀速度将加快。

（3）一般酸性侵蚀

某些地下水或工业废水中常含有游离的酸类。这些酸类能与水泥石中的氢氧化钙起作用，生成相应的钙盐。而所生成的钙盐或易溶于水，或在水泥石孔隙内结晶，体积膨胀，产生破坏作用。环境水中酸的氢离子浓度越大，即 pH 越小时，则侵蚀性越严重。

（4）硫酸盐侵蚀

在海水、地下水及盐沼水等矿物水中，常含有大量的硫酸盐类，如硫酸镁、硫酸钠及硫酸钙等，对水泥均有严重的破坏作用。硫酸盐类能与水泥石中的氢氧化钙起作用，生成石膏。石膏在水泥石孔隙中结晶时体积膨胀，使水泥石破坏；更严重的是，石膏与水泥石中的水化铝酸钙发生反应，生成水化硫铝酸钙，由于水化硫铝酸钙含有大量的结晶水，其体积增大为原有水化铝酸钙体积的 2.5 倍左右，能对水泥石起巨大破坏作用。水化硫铝酸钙呈针状结晶，故常被称为“水泥杆菌”。

硫酸盐的侵蚀作用不仅取决于水中 SO_4^{2-} 的浓度，而且与水中 Cl^- 的含量有关。Cl^- 能提高硫铝酸钙的溶解度，阻止其晶体的生成与长大，从而减轻对帷幕的破坏作用。

（5）镁盐侵蚀

海水、地下水及其他矿物水中常含有大量的镁盐，主要有硫酸镁及氯化镁等。这些镁盐能与水泥石中的 $Ca(OH)_2$ 发生化合反应，在生成物中，氯化钙易溶于水，氢氧化镁松软无黏结力，石膏则会产生硫酸盐侵蚀，这些都将破坏水泥石的结构。

镁盐侵蚀的严重程度，除取决于 Mg^{2+} 含量外，还与水中 SO_4^{2-} 含量有关，当水中同时含有 SO_4^{2-} 时，将产生镁盐与硫酸盐两种侵蚀，故侵蚀情况显得特别严重。

对于环境水对帷幕的侵蚀作用，《水闸设计规范》(SL 265—2016)中也没有提到处理措施。为了保证水泥混凝土的耐久性，防止混凝土受到环境水的侵蚀，工程中应首先对环境水进行调查与分析，既要对河水及地下水等进行水质分析，又要做好水库库区的地质调查，以避免水库蓄水后，由于较高地带的淹没而使水质情况发生变化，引起侵蚀破坏作用。当确认环境水有侵蚀作用时，通常可以采取的措施有：

（1）根据环境水侵蚀的特性，选择适当品种的水泥。矿渣水泥适用于溶出性或硫酸侵蚀的水利工程、海港工程及地下工程。但在酸性水（包括碳酸）中及含镁盐的水中，矿渣水泥的抗侵蚀性能却比硅酸盐水泥及普通水泥差。

（2）尽量提高混凝土的密实性，减少水的渗透作用，减慢侵蚀破坏的速度。

（3）必要时可在混凝土表面设置防护层，如沥青防水层、不透水的水泥喷浆层及塑料防水层等。

（4）当环境水对混凝土有硫酸盐侵蚀作用时，应选用抗硫酸盐水泥。

2.4 岸坡绕渗作用及处理措施

水库蓄水后，水流不仅通过地基向下游渗透，而且将绕过两岸岸坡的连接建筑物（翼墙、岸墩、刺墙等）向下游渗透，这种渗透简称绕渗。绕渗不仅能冲蚀边墙后面的填土而造成危害，还能影响闸基渗透压力的分布。水闸边墙的绕渗是一种复杂的空间水流运动。产生绕渗的必要水力条件是绕渗区的地下水位低于库水位。与有压流相比，绕渗使岸墙后水位抬高，加大了连接建筑物的水压力。若绕渗水压力大于相应部位顺水流方向闸底面扬压力时，绕渗水流会向闸室底板下渗透，使其扬压力增大。

绕渗增大了渗透坡降，会使地基土发生渗透变形，渗流出口附近的土松动流失，逐渐向上游沿着最大坡降或较松动处发展[12]。若地基土有孔洞、裂缝，或因土松紧不一、不均匀沉陷以及施工不慎等原因而产生局部脱空现象，绕渗会使土颗粒被渗流冲刷而不断搬运流失，填补下游的空穴，促使空穴或缝隙向上游蜿蜒蛇行发展而扩大甚至形成沟通上、下游的管涌通道，最后造成建筑物不均匀沉陷或裂缝，发生建筑物破坏事故。

由于岸坡的绕渗作用，闸下板桩帷幕等防渗措施的效果大减，特别是上游水面广阔，即使板桩切断强透水砂层，仍难防止绕渗水流进入砂层，使得板桩防渗作用减弱。

在《水闸设计规范》(SL 265—2016)中，提到了侧向绕流渗透压力的计算，但并没有考虑绕渗对闸底板扬压力值的影响，最常见的缺陷是防渗板桩或铺盖向岸坡延伸的长度不够。此外，对两岸地下水对河槽渗透补给的情况估计不足。当岸坡内有强透水层时，这种渗透将显著影响闸基下和边墙后的渗透水头分布，但设计中往往缺乏必要的防护措施。因此，应根据不同的工程情况，进行如下处理：

(1) 对于岸坡绕渗的处理，最关键在于排水。可以采用沟、管、井、孔等排水设施截住并排除来自岸坡的绕渗水流及地基渗流，这样既可使闸基底的扬压力和出渗坡降减小，也可降低下游侧岸绕渗的地下水水位。

(2) 减轻水闸翼墙外侧渗透压力的最简单措施为使用排水井，只要在下游翼墙外侧布置 2 个井，通至下游尾水，就可以减小底板扬压力和出渗坡降，同时墙外填土的孔隙水压力也可基本消失，这种沿墙布置的排水井，也可用做观测或检查井。

(3) 在下游岸墙或不透水护坡上开设冒水孔，也是减轻墙后孔隙水压力的简便措施，同时也将改善绕渗对闸基底板的影响。冒水孔要开在墙或坡的下部，孔距 1～2 m，孔底最好填铺滤料，以防止渗透水流冲蚀岸土。若在墙后填土时做好滤层排水带通至尾水，则效果更为显著。

(4) 砂土地基还可结合板桩防渗，在两侧边增设板桩封闭闸底板，防止侧岸三向绕渗对闸基底板的影响，在下游排水设施前面只围以浅截墙或短桩，用以减小出渗坡降，避免排水口附近地基土发生渗流冲刷。

2.5 其他因素

产生扬压力异常现象的原因，除了上面提到的 4 个因素外，以下情况也可能导致异常现象：

(1) 突然增加外荷载作用。当在充水孔隙系统上迅速施加一个外部荷载时，这个荷载压缩地层，试图将水从孔隙中排走，而水却不能从更加狭小的孔隙中以相应的速度排出，从而出现扬压力异常。库水位的猛涨、暴雨、人为造成地面水淹、滑坡造成的冲击、附近放炮、地震等不确定因素，都是引起外荷突然增加的因素。

(2) 上部的沉积(堆积)作用、地质构造作用、水热增压作用、渗析作用、过剩流体压力的变相(蒙脱石—伊利石；石膏—硬石膏＋水；水—冰；蛇纹石的脱水)作用等，都可能导致外荷增加和扬压力的异常。

(3) 弱透水层地基和承压水的影响。有关这两个因素的影响将在后续章节中进行详细的计算分析,这里不再赘述。

2.6 本章小结

本章对在地形地质、水文、气候等特殊情况下的闸基渗流异常现象作了定性的分析,指出了导致异常渗流的物理原因,并提出了相应的渗控设计措施,对《水闸设计规范》(SL 265—2016)相关部分内容进行了具体分析。弱透水地基和承压水头对渗流场的影响,将在后面几章中做专门的介绍,本章中不再详细说明。

3 非稳定渗流场有限元基本理论及程序开发

3.1 非稳定渗流场有限单元法[13]

闸基渗流场问题属无渗流自由面的饱和非稳定有压渗流问题。本书从一般问题(不包括非饱和逸出面边界处理)出发,用有限单元法求解饱和-非饱和、稳定-非稳定流渗流场。

3.1.1 数学模型

饱和-非饱和渗流连续性方程为:

$$-\frac{\partial}{\partial x_i}(\rho v_i)+S=\frac{\partial}{\partial t}(\rho n S_w) \tag{3-1}$$

式中:ρ 为水的密度;v_i 为达西流速;n 为饱和含水率;S 为源汇项;S_w 为土体饱和度;x_i 为直角坐标,$i=1,2,3$。

由达西定律 $v_i=-k_r(\theta)k_{ij}^s\frac{\partial h}{\partial x_j}=-k_{ij}(\theta)\frac{\partial h}{\partial x_j}$,以及考虑体积含水率 θ 与压力水头 h_c 之间存在函数关系 $\theta=\theta(h_c)$,可得出多孔介质不可压缩时饱和-非饱和、稳定-非稳定渗流场求解的微分方程为:

$$\frac{\partial}{\partial x_i}\left[k_{ij}^s k_r(h_c)\frac{\partial h_c}{\partial x_j}+k_{ij}^s k_r(h_c)\right]+S=[C(h_c)+\beta S_s]\frac{\partial h_c}{\partial t} \tag{3-2}$$

式中:k_{ij}^s 为饱和渗透系数张量;k_r 为相对透水率,为非饱和土的渗透系数与同一种土饱和时的渗透系数的比值,在非饱和区 $0<k_r<1$,在饱和区 $k_r=1$;C 为容水度,$C=\frac{\partial\theta}{\partial h_c}$,在正压区 $C=0$;h_c 为压力水头;θ 为体积含水率;β 为饱和-非饱和选择常数,在非饱和区等于 0,在饱和区等于 1;S_s 为弹性贮水率,饱和土体的 S_s 为一个常数,在非饱和土体中 $S_s=0$,当忽略土体骨架及水的压缩性时则有 $S_s=0$;S 为源汇项。一般的 k_{ij}^s,k_r,C 和 S_s 等材料特性参数均需通过试验获得。

3.1.2 定解条件

(1) 初始条件:

$$h_c(x_i,0)=h_c(x_i,t_0),i=1,2,3 \tag{3-3}$$

(2) 边界条件:

$$h_c(x_i,t)|_{\Gamma_1}=h_{c1}(x_i,t) \tag{3-4}$$

$$-\left[k_{ij}^s k_r(h_c)\frac{\partial h_c}{\partial x_j}+k_{i3}^s k_r(h_c)\right]n_i|_{\Gamma_2}=q_n \tag{3-5}$$

$$-\left[k_{ij}^s k_r(h_c)\frac{\partial h_c}{\partial x_j}+k_{i3}^s k_r(h_c)\right]n_i|_{\Gamma_3}\geqslant 0 \text{ 且 } h_c|_{\Gamma_3}=0 \tag{3-6}$$

式中:q_n 为已知边界流量;n_i 为外法线方向余弦;t_0 为初始时刻;Γ_1 为已知水头边界;Γ_2 为流量边界;Γ_3 为饱和逸出面边界,这里将非饱和逸出面边界简单地视为不透水面边界。

3.1.3 有限元法求解

对整个渗流计算域进行单元离散,单元内压力水头插值公式为:

$$h_c=N_m h_{cm},m=1,2,\cdots,m_e \tag{3-7}$$

式中:h_{cm} 为单元结点 m 的压力水头;m_e 为单元结点数;N_m 为单元形函数。

由 Galerkin 加权余量法可得求解的积分方程:

$$\int_e\left\{\frac{\partial}{\partial x_i}\left[k_{ij}^s k_r(h_c)\frac{\partial h_c}{\partial x_j}+k_{i3}^s k_r(h_c)\right]-C(h_c)\frac{\partial h_c}{\partial t}\right\}N_n\mathrm{d}v-$$
$$\int_{\Gamma_2}\left\{\left[k_{ij}^s k_r(h_c)\frac{\partial h_c}{\partial x_j}+k_{i3}^s k_r(h_c)\right]n_i+q_n\right\}N_n\mathrm{d}s=0 \tag{3-8}$$

令 $[A]=\sum_{e=1}^{ne}\int_e k_{ij}^s k_r(h_c)\frac{\partial N_m}{\partial x_j}\frac{\partial N_n}{\partial x_i}\mathrm{d}v$, $[S]=\sum_{e=1}^{ne}\int_e\frac{C(h_c)}{\Delta t}\cdot N_m N_n\mathrm{d}v$, $[F]=-\sum_{e=1}^{ne}\int_e k_{i3}^s k_r(h_c)\frac{\partial N_n}{\partial x_i}\mathrm{d}v-\sum_{e=1}^{ne}\int_{\Gamma_2^e}q_n N_n\mathrm{d}s$,

得渗流场求解的有限单元法迭代方程为:

$$[A]\{h_c\}+[S]\left\{\frac{\partial h_c}{\partial t}\right\}=[F] \tag{3-9}$$

由于饱和-非饱和、稳定-非稳定渗流场本身是一个非线性问题。渗透介质的渗透系数和容水度须在计算中根据其体积含水率的变化而不断地调整,式(3-9)需要通过迭代才能求解。在每一个时段内设定一个迭代收敛条件,比如 $|h^k-h^{k-1}|<\varepsilon$,其中上标 k 和 $k-1$ 分别代表第 k 次和 $k-1$ 次迭代,ε 为设定的允许误差。根据收敛条件判断前后

两次渗流场是否逼近，若不满足精度要求，则用修正式 $h^{k+\frac{1}{2}}=\frac{1}{2}(h^k+h^{k+1})$ 对水头进行修正，重新计算系数矩阵并求解方程组。如此重复迭代，直到相邻两次计算结果满足收敛条件为止，再转入下一时段。

3.1.4 有限元方程在时间上的差分近似格式

为求解常微分方程组式(3-9)，可将两边同乘 dt，并从 $t_0=l\Delta t$ 到 $t_1=(l+1)\Delta t$ 进行积分，得

$$\int_{t_0}^{t_1}[A]\{h_c\}\mathrm{d}t+\int_{t_0}^{t_1}[S]\left\{\frac{\partial h_c}{\partial t}\right\}\mathrm{d}t=\int_{t_0}^{t_1}[F]\mathrm{d}t \tag{3-10}$$

由于[A]、[S]、[F]矩阵中均不包含时间变量 t，可作为常量提到积分号外面。在时段初 ($t_0=l\Delta t$) 计算域内结点的初始压力水头 h_c^k 是已知的，而待求的是时段末 [$t_1=(l+1)\Delta t$] 域内结点的压力水头 h_c^{k+1} 。对式(3-10)各项进行积分得

$$\int_{t_0}^{t_1}\frac{\partial h_{c1}}{\partial t}\mathrm{d}t=h_{c1}^{k+1}-h_{c1}^{k}\ ,\cdots,\int_{t_0}^{t_1}\frac{\partial h_{cn}}{\partial t}\mathrm{d}t=h_{cn}^{k+1}-h_{cn}^{k} \tag{3-11}$$

将式(3-11)代入式(3-9)，形成有限单元法的时间差分格式：

$$[A]\{\overline{h_c}\}+[S]\left\{\frac{h_c^{k+1}-h_c^k}{\Delta t}\right\}=[F] \tag{3-12}$$

在地下水计算中，在每个时段内水位的变化比较缓慢，$\overline{h_c}$ 值可近似地写成时段初和时段末水头 h_c^k 和 h_c^{k+1} 的加权平均值，即 $\overline{h_c}=\theta h_c^{k+1}+(1-\theta)h_c^k$ ，得

$$[A]\{\theta h_c^{k+1}+(1-\theta)h_c^k\}+[S]\left\{\frac{h_c^{k+1}-h_c^k}{\Delta t}\right\}=[F] \tag{3-13}$$

式中：$0\leqslant\theta\leqslant1$，$\Delta t$ 为时间步长。由于选取的 θ 值不同，加权平均值 $\overline{h_c}$ 的含义也不同，从而就形成有限元方程在时间上的不同差分格式。

(1) 当 $\theta=0$ 时，$\overline{h_c}=h_c^k$ ，即取时段初水头值 h_c^k 近似地代表整个时段 Δt 的平均水头值，在这种情况下，$[A]\{h_c^k\}+[S]\left\{\frac{h_c^{k+1}-h_c^k}{\Delta t}\right\}=[F]$，称为显式差分格式。

(2) 当 $\theta=1$ 时，$\overline{h_c}=h_c^{k+1}$ ，即取时段末水头值 h_c^{k+1} 近似地作为整个时段 Δt 的平均水头值，有 $[A]\{h_c^{k+1}\}+[S]\left\{\frac{h_c^{k+1}-h_c^k}{\Delta t}\right\}=[F]$，此时称为隐式差分格式。本章编制的程序采用的就是这种隐式差分格式，以确保解的收敛性。

(3) 当 $\theta=\frac{1}{2}$ 时，$\overline{h}=\frac{h_c^{k+1}+h_c^k}{2}$ ，即取时段初和时段末水头值的平均值近似地作为整个时段 Δt 的平均水头值，得 $[A]\left\{\frac{h_c^{k+1}+h_c^k}{2}\right\}+[S]\left\{\frac{h_c^{k+1}-h_c^k}{\Delta t}\right\}=[F]$，此时称为中心差

分格式。

3.1.5 有限元法的实施步骤

对于渗流问题，有限元法最终将微分方程转化为求解渗流场中水头函数 h 的方程组，其形式一般为 $[K]\{h\}=\{f\}$，式中 $[K]$ 为渗透矩阵；$\{h\}$ 为未知水头列向量；$\{f\}$ 为已知水头结点贡献列向量。渗流有限元方法的实施步骤如下：

(1) 将偏微分方程的定解问题转化为相应的变分问题。

(2) 将求解域划分为具有一定几何形状的单元 $e_1, e_2, \cdots, e_m$。

(3) 以单元结点水头函数值的插值函数来逼近变分泛函方程中的水头函数，求出单元渗透矩阵。

(4) 由单元渗透矩阵组合成整体渗透矩阵，并把定解条件代入，从而得出整个求解区域上的有限元方程。

(5) 求解线性代数方程组，得到各结点水头值。

(6) 结果分析及其他相应所需物理量的计算。

3.2 缝隙流立方定律

在水闸长期运行的过程中，上游止水结构可能会发生破坏或铺盖产生裂缝，这对闸基来说是极为不利的，特别是对透水性较弱的黏性土闸基。现可用缝隙流"立方定律"[14]来作定量分析。计算公式如式(3-14)和式(3-15)所示，其中式(3-15)为"立方定律"。

$$V=\frac{gd_f^2}{12\mu}I=k_fI \tag{3-14}$$

$$q=Vd_f=\frac{gd_f^3}{12\mu}I \tag{3-15}$$

式中：V 为缝隙的平均流速，m/s；g 为重力加速度，$g=9.8\ \text{m/s}^2$；d_f 为缝隙的水力等效隙宽，m；μ 为水的运动黏滞系数，在水温 10℃时，$\mu\approx1.3\times10^{-6}\ \text{m}^2/\text{s}$；$I$ 为沿缝隙切向渗透坡降；q 为缝隙单宽流量，m^3/s；k_f 为缝隙水力等效渗透系数，$k_f=\frac{gd_f^2}{12\mu}$。若模拟缝隙单元的厚度为 D，则该模拟单元在缝隙切向的等效渗透系数为 $\frac{gd_f^3}{12\mu D}$，缝隙法向的渗透系数可取一大值。

由于缝隙的透水能力与隙宽的立方成正比，随着隙宽的变大，缝隙的透水能力会迅速增大。如果上游混凝土铺盖或闸底板上游止水结构失效(比如有 1 mm 宽的缝隙存在)，则整个铺盖的防渗功能可能就会形同虚设。因此，实际工程中对上游各种止水设施的要求应是非常高的。

3.3 排水子结构方法基本理论

排水子结构方法[15-16]就是针对某一包含密集排水孔幕的大型复杂渗流场，为了在精确模拟排水孔幕排水渗流行为的基础上降低计算规模，提高计算效率，将相应位置一定数量排水孔周围一定范围内的单元合并在一起，即所谓排水子结构，若干排水子结构和其他所有非排水子结构单元一起组成了全部计算空间域。排水子结构实际相当于超单元，排水子结构内部重新编号，和外部其他排水子结构或普通单元相连的结点称为外部结点（若为未知结点水头的结点，则也可称为出口结点），否则称为内部结点，内部结点和外部结点一般要分开连续编号。排水子结构方法就是要将排水子结构内部结点全部凝聚，排水子结构对渗流场的作用只能通过外部结点显现。计算中先求出所有排水子结构所有出口未知结点相互作用形成的出口传导矩阵及排水子结构内部已知边界条件作用的出口流量列阵，并和其他非排水子结构普通单元的单元传导矩阵组合起来，再引入相应非排水子结构内部的总体边界条件即可求得计算域内全部非排水子结构内部结点的结点水头，然后再通过外部结点的回代，求得排水子结构内部未知结点的结点水头，从而完整求得计算域全部渗流场水头分布。

因此，排水子结构方法的核心包含 3 部分，(1) 排水子结构内部单元分析；(2) 排水子结构内部结点的凝聚；(3) 排水子结构内部渗流场回代求解。子结构和子结构以及子结构和普通总体单元还可以再合并在一起组成新的排水子结构，此时原来的排水子结构称为二重排水子结构，新的排水子结构称为单重排水子结构，类似地，还可以构造多重排水子结构。下面以包含单排水孔的排水子结构为例说明排水子结构方法的应用过程。

如图 3-1 所示，将网格中结点 13～16 范围内所有单元合并在一起形成排水子结构，显然子结构中 1～12 为内部结点，13～16 为外部结点，其中 9～12 为排水孔结点且假定为已知结点水头结点，对子结构包含的全部单元进行单元分析，引入已知结点 9～12 的水头，则可形成子结构未知结点 1～8 及 13～16 组成的总体传导矩阵$[K^s]$及相应流量列阵$[q^s]$，将分别和内部未知结点及出口未知结点有关项分开，则可得到排水子结构总传导矩阵及相应流量列阵的分块形式，如式(3-16)所示。

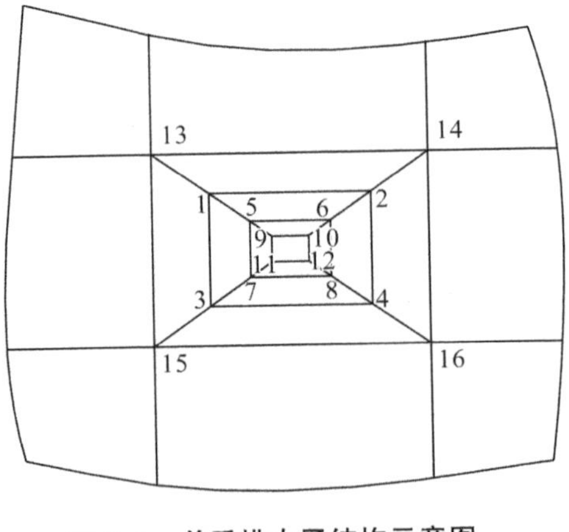

图 3-1 单重排水子结构示意图

$$\left[\begin{array}{c|c} K_{ii} & K_{ib} \\ \hline K_{bi} & K_{bb} \end{array}\right]\begin{Bmatrix} h_i \\ h_b \end{Bmatrix}=\begin{Bmatrix} q_i \\ q_b \end{Bmatrix} \tag{3-16}$$

式中：$[K_{ii}]$为子结构内部未知结点相互作用传导矩阵；$[K_{ib}]$、$[K_{bi}]$分别为子结构内部未知结点对出口未知结点作用和出口未知结点对内部未知结点作用的传导矩阵；$[K_{bb}]$为子结构出口未知结点相互作用传导矩阵；$\{h_i\}$、$\{h_b\}$分别为子结构内部未知结点和出口未知结点列阵；$\{q_i\}$、$\{q_b\}$分别为子结构已知结点水头对内部未知结点和出口未知结点流量贡献列阵。

式(3-16)实际等价于式：

$$\left.\begin{aligned}[K_{ii}]\{h_i\}+[K_{ib}]\{h_b\}=\{q_i\}\\ [K_{bi}]\{h_i\}+[K_{bb}]\{h_b\}=\{q_b\}\end{aligned}\right\} \tag{3-17}$$

由此可得式(3-18)：

$$[K_{bb}^{*}]\{h_b\}=\{q_b^{*}\} \tag{3-18}$$

式中：$[K_{bb}^{*}]$、$\{q_b^{*}\}$分别为相应未知结点出口传导矩阵及相应流量贡献列阵。

上式中$[K_{bb}^{*}]$和$\{q_b^{*}\}$分别按式(3-19)和式(3-20)计算。

$$[K_{bb}^{*}]=[K_{bb}]-[K_{bi}][K_{ii}]^{-1}[K_{ib}] \tag{3-19}$$

$$[q_b^{*}]=\{q_b\}-[K_{bi}][K_{ii}]^{-1}\{q_i\} \tag{3-20}$$

式(3-19)、式(3-20)中，若用常规方法计算矩阵$[K_{ii}]^{-1}$，将是十分困难的，文献[16]给出了巧妙的改进算法。首先将计算$[K_{ii}]^{-1}$转化为计算$[K_{ii}]^{-1}[K_{ib}]$，因为只要计算出$[K_{ii}]^{-1}[K_{ib}]$就可以计算式(3-19)。令$[K_{ii}]^{-1}[K_{ib}]=[X_{ib}]$，由此有

$$[K_{ii}][X_{ib}]=[K_{ib}] \tag{3-21}$$

上式实际也等价于求式(3-22)所示的系列线性方程组。

$$\left.\begin{aligned}[K_{ii}]\{X_{i1}\}=\{K_{i1}\}\\ [K_{ii}]\{X_{i2}\}=\{K_{i2}\}\\ \vdots\qquad\\ [K_{ii}]\{X_{ib}\}=\{K_{ib}\}\end{aligned}\right\} \tag{3-22}$$

显然对式(3-22)中每一个线性方程组都可以用常用的线性方程组求解方法来求解，求解中要注意到式(3-22)中所有线性方程组的系数矩阵都是相同的，只是常数项不同。全部线性方程组求解完毕后就得到了矩阵乘积$[K_{ii}]^{-1}[K_{ib}]$的计算值，因此就可以利用式(3-19)计算出$[K_{bb}^{*}]$。

用上述同样的原理也可以求出$[K_{ii}]^{-1}\{q_i\}$，再利用式(3-20)可以计算出$\{q_b^{*}\}$，将求得的$[K_{bb}^{*}]$与$\{q_b^{*}\}$和图3-1中排水子结构以外的引入已知结点水头后其他单元传导矩阵形成的总传导矩阵及相应流量贡献列阵组合在一起形成的计算全域的新的总传导矩阵及相应流量贡献列阵，求解矩阵方程组获得总体结点水头解，找出图3-1中排水子结构出口结点13～16的水头组成的水头列阵$\{h_b\}$，求出排水子结构内部结点水头回代式(3-17)。

$$\{h_i\}=[K_{ii}]^{-1}\{q_i\}-[K_{ii}]^{-1}[K_{ib}]\{h_b\} \tag{3-23}$$

显然上式中$[K_{ii}]^{-1}\{q_i\}$和$[K_{ii}]^{-1}[K_{ib}]$都是已知量，代入$\{h_b\}$即可求得图 3-1 中内部未知结点 1～8 的水头组成的水头列阵$\{h_i\}$。

排水子结构法可以用来精确模拟排水孔、减压井等渗控措施，并且该技术已经十分成熟。通过对多个实际工程的情况和模拟计算进行对比，运用排水子结构法模拟排水孔等设施，可以正确反映渗流场情况，满足工程精度要求。

3.4 多孔介质的渗流力

3.4.1 渗透力

渗流作用力有两个分力：动水压力和静水压力。渗透力[17]（$\gamma_\omega J$）是渗流场内水流的外力转化为作用在土体的内力或体积力，或者说是由动水压力转化为作用于土体的体积力的结果。静水压力是由浮力（$-\gamma_\omega$）转化而来的。这两个力都是外力转化为均匀分布的内力，是体力，这是与扬压力不同的地方。

渗透力单位土体沿渗流方向所受的渗透力：

$$f_s=\gamma_\omega J \tag{3-24}$$

若已知渗流场水头 $H(x,y,z)$，$H(x,y,z)=\dfrac{p}{\gamma_\omega}+z$，则可导出空间位置的渗透力为：

$$f_x=-\frac{\partial p}{\partial x}=-\gamma_\omega\frac{\partial H}{\partial x} \tag{3-25-a}$$

$$f_y=-\frac{\partial p}{\partial y}=-\gamma_\omega\frac{\partial H}{\partial y} \tag{3-25-b}$$

$$f_z=-\frac{\partial p}{\partial z}=-\gamma_\omega\frac{\partial H}{\partial z}+\gamma_\omega \tag{3-25-c}$$

式(3-25-c)中：γ_w 即为渗流在铅直方向产生的浮托力；p 为渗透压力，kN/m^3。

总渗透力：

$$F=\iiint_v \gamma_\omega J\,dV \tag{3-26}$$

3.4.2 扬压力

坝基和坝体材料在某种程度上都是透水的，水渗入地基或坝体内便形成孔隙水压力。对于接近水平的坝基面或坝体的水平截面来说，分布在截面上的向上的孔隙水压力叫作扬压力[18]。它是作用在表面上的力，其值为浮托力和渗透压力之和。计算某点扬压力水头的一般公式为：

$$p/\gamma = h_y H + (h_2 - z) \tag{3-27}$$

式中：H 为上下游水头差；h_y 为计算点的水头线百分数；h_2 为下游最低水位；z 为计算点的高程，与 h_2 取同一高程。

3.5 流网数值计算方法

3.5.1 基本理论[19]

流网是由渗流场中流线和等水头线交织而成的网络图。它直观地概括了渗流场中水力要素和特征，从流网中可以获取有关评估渗流场特性及工程渗流控制设计所需的水头、水力坡降、渗透流速、渗透压力及通过每一子区域或过流断面上的渗流量等；也可根据流网的变化特征、流线及等水头线的变化形态来了解和判断渗透水的渗径、历程、渗流场中各子域间的水量互补关系、子域的相对透水性和相对潜在的可能渗透变形区等。

渗流场中任一流线段流线方程为：

$$\tan\alpha = \frac{\mathrm{d}y}{\mathrm{d}x} = \frac{V_y}{V_x} \tag{3-28}$$

或

$$V_x \mathrm{d}y - V_y \mathrm{d}x = 0 \tag{3-29}$$

式中：α 为 V 与 x 轴的夹角；V_x 与 V_y 分别为 V 在 x 轴和 y 轴向的分量。

式(3-29)为描述流线的方程，对二维渗流场也适用。

在地下水(假定为不可压缩)的渗流问题中，有渗流连续性方程：

$$\frac{\partial V_x}{\partial x} + \frac{\partial V_y}{\partial y} = 0 \tag{3-30}$$

故流线方程式的全微分方程为：

$$\psi(x,y) = \int V_x \mathrm{d}y - \int V_y \mathrm{d}x \tag{3-31}$$

流函数和水头函数存在着如下关系：

$$\frac{\partial^2 \psi}{\partial x^2} + \frac{\partial^2 \psi}{\partial y^2} = (k_{yy} - k_{xx}) \frac{\partial^2 \varphi}{\partial x \partial y} + k_{xy}\left(\frac{\partial^2 \varphi}{\partial x^2} - \frac{\partial^2 \varphi}{\partial y^2}\right) \tag{3-32}$$

式中：k_{xx}、k_{xy}、k_{yy} 为 Darcy 渗透系数；$\varphi(x,y)$ 为水头函数。

可见，当渗流域为各向同性体时($k_{xx} = k_{yy}, k_{xy} = k_{yx} = 0$)，流函数 $\psi(x,y)$ 满足 Laplace 微分方程；当域中介质为各向异性体时($k_{xx} \neq k_{yy}, k_{xy} = k_{yx} \neq 0$)，流函数 $\psi(x,y)$ 不满足 Laplace 微分方程。

因此，当渗流域由各向同性体组成时，有

$$\frac{\partial \psi}{\partial x}\frac{\partial \varphi}{\partial x}+\frac{\partial \psi}{\partial y}\frac{\partial \varphi}{\partial y}=0 \tag{3-33}$$

表明流网中流线与等水头线互为正交，流网为一正交型曲线网络图。反之，在各向异性体渗流场中，式(3-28)或式(3-29)均不等于0。即流网流线与等水头线不正交，流网为斜交型曲线网络图。

在渗流域 S 内，流函数的 Poisson 微分方程为：

$$\frac{\partial^2 \psi}{\partial x^2}+\frac{\partial^2 \psi}{\partial y^2}+\frac{\partial^2 V_y}{\partial x}-\frac{\partial^2 V_x}{\partial y}=0 \tag{3-34}$$

再沿面域 S 得边界曲线 Γ，有 Neumann 边界条件：

$$n_x\frac{\partial \psi}{\partial x}+n_y\frac{\partial \psi}{\partial y}=n_yV_x-n_xV_y \tag{3-35}$$

式中：n_x 和 n_y 为边界曲线 Γ 的外法线方向余弦；渗流速度 V_x 和 V_y 是水头函数的梯度函数，可用有限元法先计算出水头函数在域中的分布，再求得 V_x 和 V_y。

如引入单元内水头函数 $\varphi(x,y)$ 的有限元插值式：

$$\varphi(x,y)=\sum_{i=1}^{m}N_i\varphi_i \tag{3-36}$$

则有

$$\left.\begin{aligned}V_x&=-\sum_{i=1}^{m}\left(k_{xx}\frac{\partial N_i}{\partial x}+k_{xy}\frac{\partial N_i}{\partial y}\right)\varphi_i\\V_y&=-\sum_{i=1}^{m}\left(k_{yx}\frac{\partial N_i}{\partial x}+k_{yy}\frac{\partial N_i}{\partial y}\right)\varphi_i\end{aligned}\right\} \tag{3-37}$$

式中：φ_i、N_i 和 m 分别是单元结点的水头值、插值基函数和单元结点数。因已有水头函数的有限元离散解 φ_i，故 V_x 和 V_y 只是位置坐标的函数。

根据变分原理，流函数的解为下述泛函 $\prod(\psi)$ 的驻值点：

$$\prod(\psi)=\iint_s\left[\frac{1}{2}\left(\frac{\partial \psi}{\partial x}\right)^2+\frac{1}{2}\left(\frac{\partial \psi}{\partial y}\right)^2-\psi\left(\frac{\partial V_y}{\partial x}-\frac{\partial V_x}{\partial y}\right)\right]\mathrm{d}s-\oint_\Gamma\psi(n_yV_x-n_xV_y)\mathrm{d}\Gamma \tag{3-38}$$

因有 $$\oint_\Gamma n_y\psi V_x\mathrm{d}\Gamma=\iint_s\frac{\partial}{\partial x}(\psi V_x)\mathrm{d}s$$

及 $$\oint_\Gamma n_x\psi V_y\mathrm{d}\Gamma=\iint_s\frac{\partial}{\partial x}(\psi V_y)\mathrm{d}s$$

式(3-38)可简化为

$$\prod(\psi)=\iint_{s}\left[\frac{1}{2}\left(\frac{\partial\psi}{\partial x}\right)^{2}+\frac{1}{2}\left(\frac{\partial\psi}{\partial y}\right)^{2}+\frac{\partial\psi}{\partial x}V_{y}-\frac{\partial\psi}{\partial y}V_{x}\right]\mathrm{d}s \tag{3-39}$$

在单元内引入流函数的有限元插值式：

$$\psi(x,y)=\sum_{j=1}^{m}N_{j}\psi_{j} \tag{3-40}$$

则在计算域 S 内，进行有限元的离散运算及单元传导矩阵和左、右端项的集合组装后，可得标准型有限元法线性支配方程：

$$[K]\{\psi\}=\{Q\} \tag{3-41}$$

式中：$\{\psi\}$ 为流函数的未知结点值向量。根据式(3-40)和式(3-41)，每个单元对系数矩阵 $[K]$ 和右端项 $\{Q\}$ 中相应元素的作用分别为：

$$k_{ij}=\iint_{s^{e}}\left(\frac{\partial N_{i}}{\partial x}\frac{\partial N_{j}}{\partial x}+\frac{\partial N_{i}}{\partial y}\frac{\partial N_{j}}{\partial y}\right)\mathrm{d}s \tag{3-42}$$

和

$$q_{j}=\iint_{s^{e}}\left(\frac{\partial N_{j}}{\partial x}V_{y}-\frac{\partial N_{j}}{\partial y}V_{x}\right)\mathrm{d}s$$

$$=\iint_{s^{e}}\left\{\frac{\partial N_{j}}{\partial y}\left[\sum_{i=1}^{m}\left(k_{xx}\frac{\partial N_{i}}{\partial x}+k_{xy}\frac{\partial N_{i}}{\partial y}\right)\varphi_{i}\right]-\frac{\partial N_{j}}{\partial x}\left[\sum_{i=1}^{m}\left(k_{yx}\frac{\partial N_{i}}{\partial x}+k_{yy}\frac{\partial N_{i}}{\partial y}\right)\varphi_{i}\right]\right\}\mathrm{d}s \tag{3-43}$$

式中：S^{e} 为单元 e 的面域；$i,j=1,2,\cdots,m$。式(3-41)的解为流函数 $\psi(x,y)$ 的有限元解。

有了水头函数 $\varphi(x,y)$ 和流函数 $\psi(x,y)$ 的有限元数值解，再经过有限元解后处理子程序的计算整理后，即可得绘制流网所需的所有技术数据或直接在计算机上绘制出高精度的流网。

事实上，式(3-35)把渗流场中的流函数的强制性第一类边界条件 $\psi(x,y)=\psi_{0}(x,y)$ 转化成了第二类自然边界条件，避开了渗出面上流函数事先不易确定的问题，使流网的数值计算大为简化。为了消除系数矩阵[K]的奇异性并使解唯一，在解式(3-41)前，可根据问题的性质及其物理意义，对某些结点直接引入已知 ψ_{0} 值，如位于浸润线上的结点的 ψ_{0} 值为 0.0；位于计算域底部不透水面上结点的 ψ_{0} 值为总渗流量 q（或取相对值 100）。

3.5.2 算例

图 3-2 为某一水闸下非均质成层各向异性地基中流网的计算结果。在计算域中，视闸体混凝土为不透水体，厚 2.0 m、深 40.0 m 的混凝土防渗板桩也为相对不透水体，约 40 m 深的强透水砂砾覆盖层为均质各向异性透水体，其 Darcy 渗透张量为：

$$[k]_a = \begin{bmatrix} 20.0 & 0.0 \\ 0.0 & 10.0 \end{bmatrix} (\text{m/d})$$

$$= \begin{bmatrix} 2.32 & 0.0 \\ 0.0 & 1.16 \end{bmatrix} (\times 10^{-4}\ \text{m/s})$$

覆盖层下为水平向层状岩体，其渗透张量为：

$$[k]_r = \begin{bmatrix} 2.32 & 0.0 \\ 0.0 & 1.16 \end{bmatrix} (\times 10^{-5}\ \text{m/s})$$

闸坝上、下游水位分别为 20.0 m 和 5.0 m，计算中令位于闸底板面上结点的 ψ_0 值为 0.0，位于 $x=-100.0$ m，$x=150.0$ m 和 $y=-100.0$ m 的边界面上的结点满足 $\psi_0=q_0$（q_0 为总渗流量）。

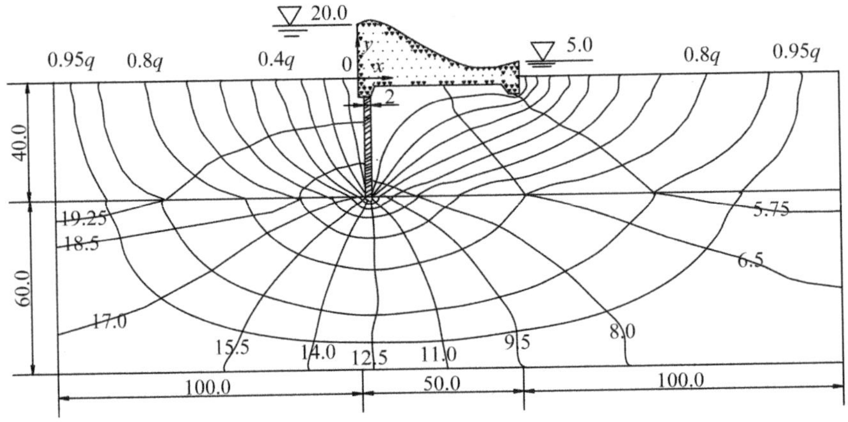

图 3-2　非均质各向异性闸基域中的斜交型流网（单位：m）

如图 3-2 所示，在 $y=-40.0$ m 的地基材料分界面上，因受渗流域流量连续性条件的约束，流线与等势线均发生折射；又因材料为各向异性体，尽管渗流方向与整体坐标 x 轴和 y 轴同向（$k_{xy}=k_{yx}=0$），但流线斜交于等水头线，流网为斜交网络图，因而这种流网难以徒手勾画，也不便由模型试验中得到。

3.6　非稳定渗流场计算程序开发及算例

3.6.1　程序开发

根据本章前文所介绍的非稳定渗流问题的基本理论，进行了饱和非稳定渗流程序设计，图 3-3 为程序的流程图。

整个程序主要分为一系列应力期，在每个应力期中又分为若干时间段，对每个时间段的渗流场进行自由面的迭代求解，得到每个时间段结束时的水头值。所以本程序主要包括三大循环:应力期循环、时段循环以及迭代求解循环。

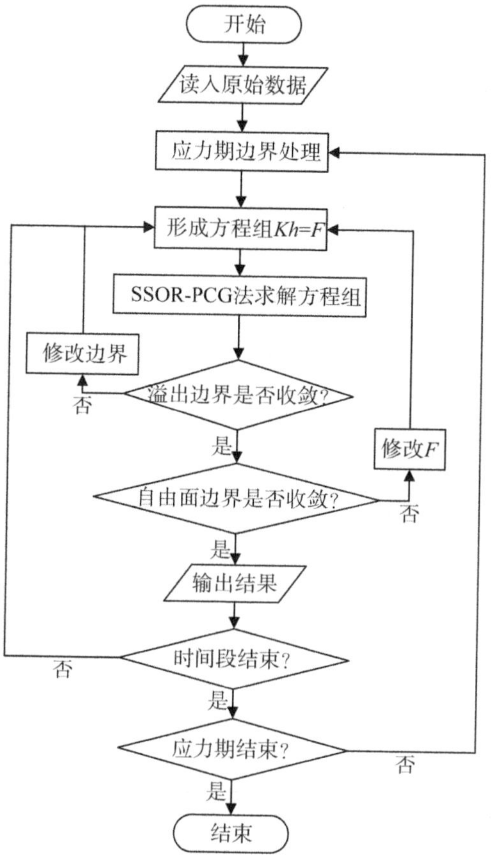

图 3-3 非稳定渗流程序流程

3.6.2 算例

现以赤井浩一等人做的模型试验[20]来检验非稳定程序的正确性。试验模型为长×宽×高=315 cm×23 cm×33 cm 的均质砂槽。试验介质为平均粒径约为 15 mm 的均质砂,孔隙率 $n=0.44$,渗透系数 $k=0.33$ cm/s。现选取两种情况的试验结果与计算结果相比较。

(1) 由于瞬时水位下降而产生的非稳定渗流的变化。初始时刻左右两侧水位均为 30 cm,右侧水位骤降至 10 cm,试验所得的自由面位置与本书程序计算结果的比较见图 3-4。图中自由面的时间点从上到下依次为 60 s、120 s、240 s、300 s 和 2 400 s。

(2) 由于瞬时水位上升而引起的非稳定渗流变化。初始时刻左右两侧水位均为 10 cm,左侧水位骤升至 30 cm,试验所得的自由面位置与本书程序计算结果的比较见图 3-5。图中自由面的时间点从下到上依次为 30 s、60 s、120 s、600 s 和 2 400 s。

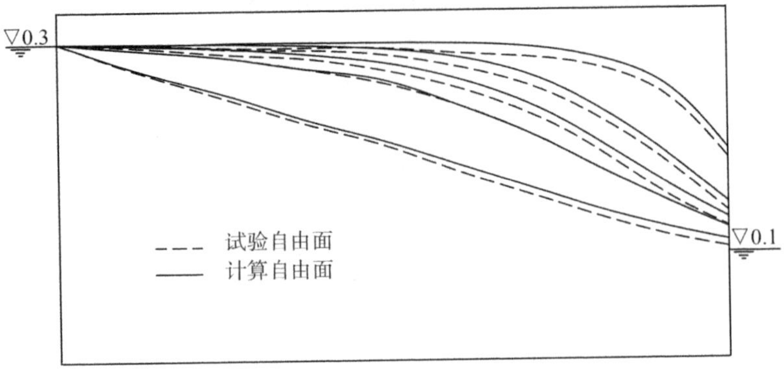

图 3-4　水位骤降时自由面变化

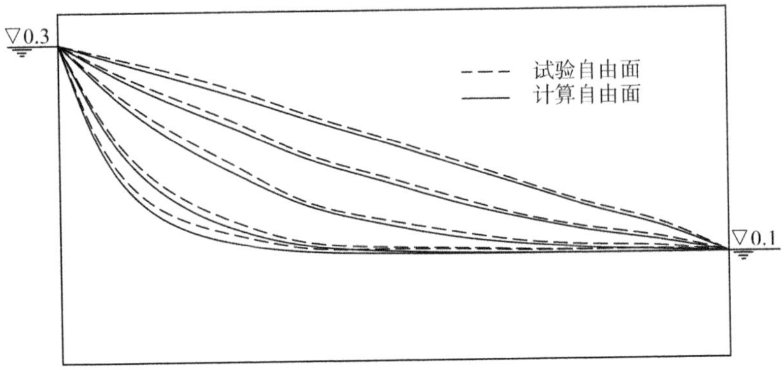

图 3-5　水位骤升时自由面变化

为了便于显示计算结果，图 3-4 和图 3-5 均在原模型的基础上将长度压缩为原来的 1/5。从图中可以看出，计算结果与试验结果比较接近，但仍然存在误差。误差存在的原因可能主要在于本书程序计算的是饱和非稳定渗流，这与非饱和试验存在差距，另外，本书程序在计算自由面边界积分项时仍然存在误差。

3.7　本章小结

(1) 阐述了三维非稳定渗流场有限单元法的基本理论。

(2) 建立了饱和非稳定渗流有限元数学模型，讨论了有限元方程求解的实现步骤。

(3) 研究了运用排水子结构法模拟排水孔等排水渗控设施。

(4) 研究了非稳定渗流理论和算法技术，包括渗透各向异性复杂地基的流网数值计算方法、渗流体力(渗透力和浮托力)和扬压力本质的理论。

(5) 根据介绍的理论和方法，编制了饱和非稳定渗流有限元计算程序，并用实验数据验证了程序的正确性。

4 非稳定渗流场反问题求解方法及程序开发

渗流场求解的过程中，介质的水力学参数、边界条件的确定是求解的重要前提。由于地质勘探及水力学试验精度的不足，一些很重要的计算参数难以得到有效观测和确定，因而其反问题(反分析)就显得十分重要。

目前，反分析的求解方法很多，如单纯形法、复合形法、鲍威尔法、人工神经网络法、遗传算法等，各种算法各有其优缺点，本书采用更为先进的改进加速遗传算法，它能很好地解决非稳定渗流场的反分析问题。

4.1 基本遗传算法

基本遗传算法[21](Basic Genetic Algorithm，BGA)是模拟自然界中的进化过程或演变的算法，它把适者生存原则和结构化及随机化的信息交换结合在一起，形成了具有某些人类智能的特征，这正好能很好地克服传统计算结构可靠指标等方法的不足。基本遗传算法主要包括：编码、初始化过程、构造适应度函数、染色体的结合等，其中染色体的结合包括选择算子、交叉算子、变异算子等运算。

(1) 编码

遗传算法中表示参数向量结构的常用编码方式有 3 种，即二进制编码、格雷编码和浮点编码。三种编码方式相比，浮点编码长度等于参数向量的维数，达到同等精度要求的情况下，编码长度远小于二进制编码和格雷编码，并且浮点编码使用计算变量的真实值，无须数据转换，便于运用，因此本书采用浮点编码方式。

(2) 初始化过程

设 pop_size 为初始种群数目，随机产生 pop_size 个初始染色体。对于一般反分析问题，很难给出解析的初始染色体，通常采用以下方法：给定可行集 $\boldsymbol{\Phi}=\{(\phi_1,\phi_2,\cdots,\phi_m)\mid\phi_k\in[ak,bk],k=1,2,\cdots,m\}$，其中，$m$ 为染色体基因数，即本书中的反分析参数个数，$[ak,bk]$ 是向量$(\phi_1,\phi_2,\cdots,\phi_m)$第 k 维参变量 ϕ_k 的限制条件。在可行集 $\boldsymbol{\Phi}$ 中选择一个合适内点 $\boldsymbol{V}_0$，并定义大数 M，在 $\mathbf{R}_m$ 中取一个随机单位方向向量 $\boldsymbol{D}$，即 $\|\boldsymbol{D}\|=1$，记 $\boldsymbol{V}=\boldsymbol{V}_0+M\cdot\boldsymbol{D}$，若 $\boldsymbol{V}\in\boldsymbol{\Phi}$，则 $\boldsymbol{V}$ 为一合格的染色体，否则置 M 为 0 和 M 之间的一个随机数，至 $\boldsymbol{V}\in\boldsymbol{\Phi}$ 为止。重复上述过程 pop_size 次，获取 pop_size 个合格的初始染色体 $\boldsymbol{V}_1,\boldsymbol{V}_2,\cdots,\boldsymbol{V}_{pop\_size}$。

(3) 构造适应度函数

构造适应度函数是遗传进化运算的关键，应根据具体的问题构造合适的适应度评价函数，关键是引导遗传进化运算向获取优化问题的最优解方向进行。本书建立基于序的适应度评价函数，让染色体 $\mathbf{V}_1,\mathbf{V}_2,\cdots,\mathbf{V}_{pop\_size}$ 按个体目标函数值的大小降序排列，使得适应性强的染色体被选择产生后代的概率更大。设 $\alpha\in(0,1)$，定义基于序的适应度评价函数

$$eval(\mathbf{V}_i)=\alpha(1-\alpha)i-1, i=1,2,\cdots,pop\_size \tag{4-1}$$

(4) 选择算子

本书采用回放式随机采样方式，以旋转赌轮 pop_size 为基础，每次旋转都以建立的适应度评价函数为基础，为子代种群选择一个染色体。具体操作过程如下：

第 1 步　计算累积概率 p_i，$p_i=\sum_{j=1}^{i}eval(V_j), i=1,2,\cdots,pop\_size, p_0=0$；

第 2 步　从区间 $(0,p_{pop\_size}]$ 中产生一个随机数 θ；

第 3 步　若 $\theta\in(p_{i-1},p_i]$，选择 V_i 进入子代种群；

第 4 步　重复第 1～2 步共 pop_size 次，从而得到子代种群所需的 pop_size 个染色体。

(5) 交叉算子

交叉算子是使种群产生新个体的主要方法，其作用是在不过多地破坏种群优良个体的基础上，有效产生一些较好的个体。本书采用线性交叉的方式，依据交叉概率 P_c 随机产生父代个体，并两两配对，对任一组参与交叉的父代个体 (V_i^l,V_j^l)，产生的子代个体 (V_i^{l+1},V_j^{l+1}) 为：

$$\left.\begin{aligned}V_i^{l+1}&=\lambda V_j^l+(1-\lambda)V_i^l\\V_j^{l+1}&=\lambda V_i^l+(1-\lambda)V_j^l\end{aligned}\right\} \tag{4-2}$$

式中：λ 为进化变量，由进化代数决定，$\lambda\in(0,1)$；l 为进化代数。

(6) 变异算子

变异算子的主要作用是改善算法的局部搜索能力，维持种群的多样性，防止出现早熟现象，本书采用非均匀变异算子进行种群变异运算。依据变异概率 P_m 随机参与变异的父代个体 $V_i^l=(v_1^l,v_2^l,\cdots,v_m^l)$，对每个参与变异的基因 v_k^l，若该基因的变化范围为 $[ak,bk]$，则变异基因值 v_k^{l+1} 由下式决定：

$$v_k^{l+1}=\begin{cases}v_k^l+f(l,b_k-\delta_k), rand(0,1)=0\\v_k^l+f(l,\delta_k-a_k), rand(0,1)=1\end{cases} \tag{4-3}$$

式中：$rand(0,1)$ 为以相同概率从 $\{0,1\}$ 中随机取值；δ_k 为第 k 个基因微小扰动量；$f(l,x)$ 为非均匀随机分布函数，按下式定义：

$$f(l,x)=x(1-y^{\mu\cdot(1-l/L)}) \tag{4-4}$$

式中：x 为分布函数参变量；y 为 $(0,1)$ 区间上的随机数；μ 为系统参数，本书取 $\mu=2.0$；l 为允许最大进化代数。

4.2 加速遗传算法

遗传算法从可行解集组成的初始种群出发，同时使用多个可行解进行选择、交叉和变异等随机操作，使得遗传算法在隐含并行多点搜索中具备极强的全局搜索能力。也正因为如此，基本遗传算法(BGA)的局部搜索能力较差，对搜索空间变化适应能力差，并且易出现早熟现象。为了在一定程度上克服上述缺陷，控制进化代数，降低计算工作量，需要引入加速遗传算法[22](Accelerating Genetic Algorithm，AGA)。加速遗传算法是在基本遗传算法的基础上，利用最近两代进化操作产生的 NA 个优秀个体的最大变化区间重新确定基因的限制条件，重新生成初始种群，再进行遗传进化运算。如此循环，可以进一步充分利用进化迭代产生的优秀个体，可快速压缩初始种群基因控制区间的大小，提高遗传算法的运算效率。

4.3 改进加速遗传算法

加速遗传算法(AGA)和基本遗传算法(BGA)相比，虽然进化迭代的速度和效率有所提高，但并没有从根本上解决算法局部搜索能力低及早熟收敛的问题，另外，基本遗传算法及加速遗传算法都未能解决存优的问题。因此本书在此基础上提出了改进加速遗传算法[23](Improved Accelerating Genetic Algorithm，IAGA)。改进加速遗传算法的核心：一是按适应度对染色体进行分类操作，5%的最优染色体直接复制，75%的普通染色体参与交叉运算，20%的最劣染色体参与变异运算，从而产生拟子代种群，这主要解决存优问题及提高算法的局部搜索能力；二是引入小生境淘汰操作，先将分类操作前记忆的前 NR 个个体和拟子代种群合并，再对新种群两两比较海明距离，令 $NT=NR+pop\_size$，定义海明距离为：

$$s_{ij}=\|\mathbf{V}_i-\mathbf{V}_j\|=sqrt\left(\sum_{k=1}^{m}(v_{ik}-v_{jk})^2\right) \tag{4-5}$$

式中：$i=1,2,\cdots,NT-1$；$j=i+1,\cdots,NT$。设定 S 为控制阈值，若 $s_{ij}<S$，比较$\{\mathbf{V}_i,\mathbf{V}_j\}$个体间适应度大小，对适应度较小的个体处以较大的罚函数，极大地降低其适应度，这样，受到惩罚的个体在后面的进化过程中被淘汰的概率极大，从而保持种群的多样性，消除早熟收敛现象。

另外，本书对通常的种群收敛判别条件提出改进，设第 l 和 $l+1$ 代运算并经过优劣降序排列后前 NS 个(一般取 $NS=5\%\sim10\%\cdot pop\_size$)个体目标函数值分别为 $f_1^l,f_2^l,\cdots,f_{NS}^l$ 和 $f_1^{l+1},f_2^{l+1},\cdots,f_{NS}^{l+1}$，记

$$\widetilde{f}_1=\left(NS\cdot f_1^{l+1}-\sum_{j=1}^{NS}f_j^{l+1}\right)/(NS\cdot f_1^{l+1})\ ,\ \widetilde{f}_2=\sum_{j=1}^{NS}\left|(f_j^{l+1}-f_j^l)/f_j^{l+1}\right|$$

$$EPS=n_1\widetilde{f}_1+n_2\widetilde{f}_2 \tag{4-6}$$

式中：n_1 为同一代种群早熟收敛指标控制系数；n_2 为不同进化代种群进化收敛控制系数。

4.4 改进加速遗传算法反演程序开发及算例

4.4.1 程序开发

根据本章提出的改进加速遗传算法，将之应用于稳定-非稳定渗流场的反分析问题，并编制了相应的计算程序，图 4-1 即为该方法的算法流程图。

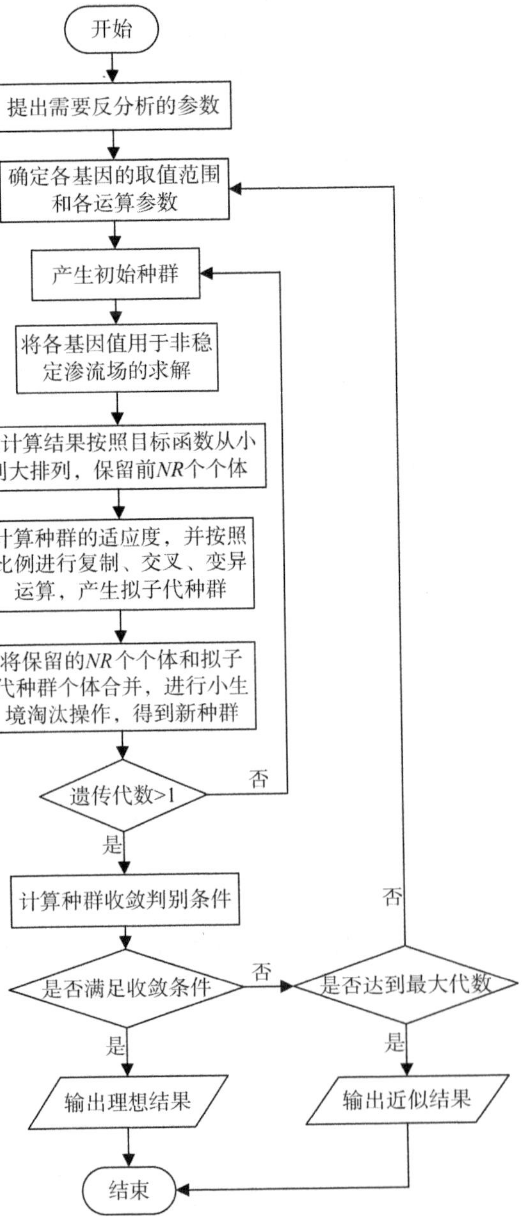

图 4-1 非稳定渗流场反分析程序流程

4.4.2 算例

假设一挡水建筑物基础的简单模型：长×宽×高=100 m×10 m×40 m，地基材料为均质、渗透各向同性体，渗透系数为 1.0×10^{-6} m/s，贮水系数为 1.0×10^{-3} m^{-1}。在基础中布置 5 个测点(图 4-2)。初始时刻地基渗流场为上、下游水头分别为 56 m 和 52 m 时的稳定渗流场；在短时间内上、下游水位变化为 60 m 和 54 m。

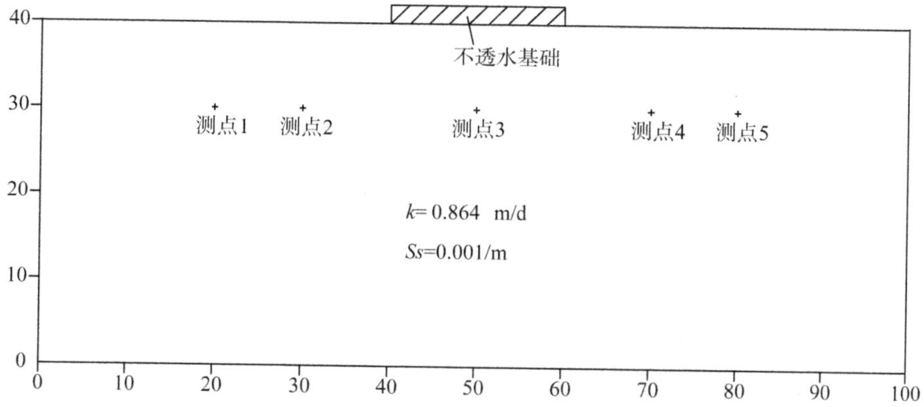

图 4-2 反演分析算例示意(单位:m)

先利用上述参数计算出 10 天内的渗流场变化，并分 5 个时刻记录了测点的水头值，作为反分析时的“实测值”。

反分析参数为：染色体数为 10；每个染色体的基因数为 2；渗透系数 k 的取值范围为 $10^{-8}\leqslant k\leqslant10^{-3}$；贮水系数 S_s 的取值范围为 $10^{-5}\leqslant S_s\leqslant10^{-1}$；选择算子为 5%；交叉算子为 85%；变异算子为 10%。

通过 6 代遗传运算，得到的解中最优的一组为：$k=1.01\times10^{-6}$ m/s，$S_s=8.68\times10^{-4}$ m^{-1}，5 个测点 5 个时刻的水头与对应的“实测”水头之差的 2 -范数为 0.348 m。表 4-1 为计算结果，仅列举了各代适应度较高的个体。

从表 4-1 中可以看出，在每个子代中，反演参数的取值遍及该参数在该代的取值范围，能够一直保持物种的多样性；计算结果一直向着收敛的方向进行，搜索的范围也逐渐趋向于真实解；每个父代中的最优个体能够以较大的可能性直接遗传给下一代，减少出现局部最优的可能性。

表 4-1 参数反演算例计算结果

遗传代数	渗透系数 k/(m/s)	贮水系数 S_s/m^{-1}	水头差的 2 -范数值/m
1	1.146×10^{-7}	1.387×10^{-4}	0.443
	2.009×10^{-6}	3.745×10^{-3}	1.465
2	1.146×10^{-7}	1.387×10^{-4}	0.443
	7.674×10^{-7}	4.968×10^{-4}	0.994

续表

遗传代数	渗透系数 k/(m/s)	贮水系数 S_s/m^{-1}	水头差的 2-范数值/m
3	1.552×10^{-6}	1.327×10^{-3}	0.360
	5.062×10^{-6}	4.032×10^{-3}	0.523
	1.175×10^{-5}	1.678×10^{-2}	0.831
4	1.552×10^{-6}	1.327×10^{-3}	0.360
	2.160×10^{-6}	1.661×10^{-3}	0.603
	1.678×10^{-5}	1.219×10^{-2}	0.733
5	2.069×10^{-6}	1.611×10^{-3}	0.574
	3.903×10^{-6}	2.934×10^{-3}	0.655
	1.430×10^{-5}	1.043×10^{-2}	0.724
6	1.010×10^{-6}	8.684×10^{-4}	0.348
	2.069×10^{-6}	1.611×10^{-3}	0.574
	2.344×10^{-6}	1.810×10^{-3}	0.594
	4.142×10^{-5}	3.064×10^{-2}	0.691

通过 5 个测点的水头“实测值”历时曲线和采用反演结果计算的水头历时曲线的对比(图 4-3),发现两者非常接近。

根据以上结果,我们可以验证该程序是正确的,可以将本程序应用于具体的工程,对工程参数进行反分析。

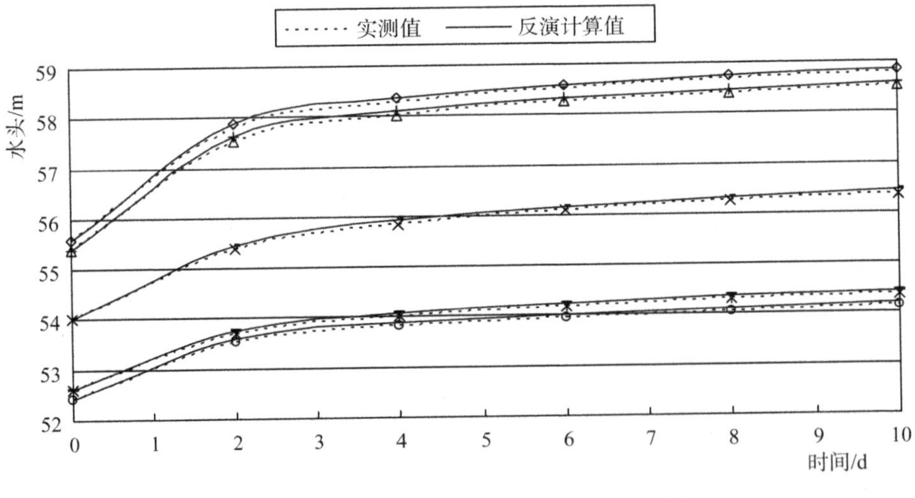

图 4-3 实测与反演的测点水头历时曲线对比

4.5 本章小结

(1) 在现有研究基础上,提出了改进加速遗传算法概念,解决存优问题,提高算法的局部搜索能力,消除早熟收敛现象,改进了种群收敛判别条件。

(2) 编制了计算稳定-非稳定渗流场的反分析问题的程序,引进了改进加速遗传算法。通过算例验证了程序的正确性。

5　闸基渗透破坏机理及有限元计算分析

5.1　闸基渗透管涌破坏机理

在水利水电工程中，水对工程的破坏作用是主要的，地表水流的破坏作用常会引起人们注意，也较容易发现；而地下水流的渗流冲刷不易发现，常被忽视，有时发现时工程已破坏或不易补救。

水闸闸基处在上下游水位差的作用下产生有压流，在岸边土体内产生无压渗流。水的流动给通道介质作用一个渗压力。渗压力与渗流通道的大小和水流速度成比例。渗压力减小了土颗粒的有效应力，而土的抗剪强度和它的有效应力成比例。比如，当垂直向上作用的渗压力和土的浮容重相等时，土体就会发生"液化"现象，此时土体的抗剪强度降低为零，土体就失去部分承载力及渗流阻力而产生变形，即为渗透变形。若渗透变形不能终止而继续发展，将导致水闸结构塌陷破坏，工程失事。

通过工程实践经验和从室内模型试验观察到[24]，土体和水工建筑物的渗透破坏总是开始于渗流出口，然后向深部发展。其原因不仅是渗流出口的水力坡降最大，还因为其表面处于无应力状态。另外，如果土层内部有可移动的细颗粒而无出口，渗流最终将自行停止，不会给建筑物带来危害。工程破坏实例还表明，渗流出口的概念不仅是指下游河床表面，当渗流由弱透水层进入无压的强透水层时，强透水层将是弱透水层的渗流出口。因为在渗流进入强透水层后，渗透压力可能全部消失，在弱透水层中出现较大的水力坡降。若强透水层的孔隙过大，渗流就会将细颗粒带进强透水层，使弱透水层遭破坏。工程实际中有些防渗铺盖的渗透破坏就是由于铺盖的土颗粒进入强透水的砂砾石层所造成的，此时强透水层成为防渗铺盖的渗流出口。

由于土类的不同，渗透变形常以管涌或流土的形式出现[25]。

管涌是在渗透力的作用下，土体中的细颗粒（填料颗粒）沿着土骨架颗粒间的孔道移动或被带出土体的现象。其多发生在不均匀的无黏性土中。一般说来，管涌造成水闸失事，总有一段较长的发展过程，不会突然发生。管涌现象也有自行终止的现象。其原因是小颗粒被渗流带至某处，不能通过该处土粒间的孔隙而被阻拦住，因此减小了该处土孔隙的尺寸，导致更小的颗粒被阻拦。

流土是在渗透力作用下，土体表面一定范围内所有颗粒被渗流推动的现象。在水闸下游，大片的整块土体被渗流浮起，就是典型的流土现象。但由于土层分布不均匀，有时被浮动的土体较小；还有以泉眼形式出现的流土，类似管涌，但不是管涌。因为它不是细颗粒穿过粗颗粒孔隙的流失，而是大小颗粒一起移动，仍然属于流土性质。

5.2　渗透变形形式

渗透变形的形式及其发生过程与地质条件、土粒级配、水力条件、防渗排渗措施有关，通常可归结为下列 4 种类型：

（1）流土。在渗透力作用下，土体中的某一颗粒群同时起动而流失的现象称为流土。发生流土破坏的土又叫流土型土，这种破坏形式在黏性土和无黏性土中均可以发生。发生流土破坏的土体，其中的土颗粒之间都是紧密结合的，相互之间具有较强的约束力，可以承受较大的水头。但是流土破坏的危害性却是最大的，因为流土破坏一旦发生，就是土体的整体破坏，流土通道会迅速向上游或横向延伸，一旦抢险不及时或措施不得当，就有造成土体结构破坏、引发溃堤灾难的危险。

（2）管涌。在渗透力的作用下，土体中的细颗粒（填料颗粒）沿着土骨架颗粒间的孔道移动或被带出土体，这种现象叫管涌。发生管涌破坏的土又叫管涌型土，管涌的发生表明土体内有一部分细颗粒没有紧密接触，甚至是处于自由状态，粗颗粒无法制约细颗粒，所以抗渗强度低，它通常发生在砂砾石地层中。由于管涌破坏并不会直接造成土体结构破坏，所以其危险性不大。但是管涌型土和流土型土的区别并不是绝对的。当管涌型土发生管涌破坏，管涌通道贯通上游后，若渗透坡降继续增大，管涌型土也会发生流土破坏。可以说，渗透破坏的最终形式为流土破坏。

（3）接触流土。在层次分明、渗透系数相差很大的两层土中，当渗流垂直于层面运动，将细颗粒层中的细颗粒带入粗颗粒层中的现象称为接触流土。表现形式可能是单个颗粒进入邻层，也可能是颗粒群进入邻层，所以包含接触流土和接触管涌两种形式。

（4）接触冲刷。渗流沿着两种不同粒径组成的土层层面带走颗粒的现象称为接触冲刷。在自然界中沿两种介质界面，如建筑物与地基、土坝与涵管等接触面流动而造成的冲刷，都属于此类破坏。

对流土来说，作用力是单位土体的渗透力；对于管涌来说，则为单个颗粒的渗透力。只是当土体中的细粒含量不断增加直至土颗粒所形成的孔隙被全部填满，形成一个实体时，管涌才转化为流土。土体孔隙中含细粒的多少，是影响渗透变形的关键。若孔隙中只有少量细粒，则细粒处于自由状态，在较小的水力坡降下，细粒将在渗流作用下由静止状态起动而流失。若孔隙中细粒不断增加，虽然仍处于自由状态，但因阻力增大，则需较大的水力坡降，才足以推动细颗粒运动。若孔隙全被细粒所充填，此时孔隙中的砂粒就像微小体积的砂土一样，互相挤在一起，阻力更大，渗流在这些砂粒中的运动与一般砂土中的渗流运动一样，因此这时的渗透破坏就是流土变形，需要更大的水力坡降。

对于任何水工建筑物及地基而言，渗透变形可以是单一形式出现，也可以是多种形式出现于各个不同的部位，因此不要因为某一种形式的渗透变形出现，而忽视其他形式或部位的渗透变形。

纯粹就土本身的性质而言，其破坏形式只有管涌和流土两种，有时也将无黏性土分为管涌土和非管涌土两类，非管涌土实际上是上述的流土型土。

同为管涌型土，渗透破坏形式又有不同。有一种土，一旦出现渗透破坏，细颗粒连续不断地被带出土体以外，土体无能力承受更大的水头，有的土还会出现承受水头下降的情况，这类土属于发展型管涌土。另一种土，在出现管涌现象后不久，细颗粒停止流出，只有增大水头，管涌才重新出现。土体承受的水力坡降还可以继续增大，最后土表面形成许多泉眼，流量不断增大，后者最后以流土的形式破坏，这种土有时称为非发展型管涌土，其实是属于流土和管涌的过渡型。所以若进行更细的划分，单一土层的渗透破坏形式可分为流土、管涌和过渡型三种类型。

以上情况说明，不同渗透破坏形式反映了不同的破坏机理，以流土破坏的危险性最大。因此在研究土体的渗透破坏特性时，应先区分破坏形式，可使问题简单化，以利于进一步确定临界渗透坡降。

5.3 渗透破坏阶段

管涌破坏大致可分为 4 个阶段[26]：

(1) 化学管涌阶段。化学管涌是指在水的物理化学作用下，砂土层的胶结物质被溶解，细小颗粒被携带冲出流失的过程。虽然其不被重视(主要原因是它的破坏性不能直接反映出来)，但化学管涌会改变含水层的结构状态和颗粒组成，可能促进渗流作用的进一步发展。在化学管涌阶段，可以采用试验方法，确定化学管涌的形成条件及其发展结果。

(2) 管涌发生初期阶段。在渗流水的作用下，粉土、极细砂以至细砂被带出粗粒的砂砾层孔隙。前人对管涌形成条件研究已经很多，但在研究中普遍忽略一个规律，即由于化学管涌和渗透变形作用，渗透系数在不断变化，故临界水力坡降也同时做相应变化。鉴于此，我们应在了解渗透系数变化规律的基础上，分析管涌的形成条件，确定管涌发生的临界水力坡降及其发展趋势，以便确定管涌发生的时间、地点和规模。在此阶段，首先要采用试验方法确定渗透系数的变化规律、管涌形成条件和临界状态，然后根据多组试验结果做统计分析和数学模拟。

(3) 管涌发展阶段。在此阶段，发生管道流，以冲刷作用和水击作用为主。因此，要根据水力学和土力学计算公式确定管道流的冲刷作用和水击作用对管涌产生的管道影响方式和影响程度。由于水力学和土力学理论公式比较成熟，在此阶段，采用理论公式推导比较可靠，也比较方便。

(4) 管涌破坏阶段。管涌破坏是指堤坝在渗流作用下失去承载力或渗透阻力。显然，管涌与管涌破坏不能混为一谈。有的管涌发生后会扩展为管涌破坏，有的则不然。前人研究结果显示，是否发生管涌破坏不仅与渗透坡降的大小有关，还取决于绝对渗流途径的长度。但管涌破坏是堤基的稳定性和管涌的破坏性之间相互作用的结果。因此，在研究时，更要注意堤基的工程地质条件和水文地质条件。所以，可以根据堤基的工程地质条件和水文地质条件计算管涌破坏的概率。显然，通过对各个阶段的研究，可以找出具体问题的关键所在，同时针对问题提出相应的防御措施。

5.4 渗透破坏理想模型[27]

5.4.1 完整井模型

渗透水流从主渗漏层的底部开始向上形成冒水孔，当主渗漏层相对较薄或存在基岩强渗透水流时，喷水冒砂一经发生即穿透整个主渗漏层，细小颗粒通过整个主渗漏层流向完整井并涌出地面。

根据地下水动力学的完整井和镜像理论（图 5-1），推出了任一点 $P(x,y)$ 处因冒水口冒水而引起的水位下降 $S(x,y)$ 和水力坡降 J 为：

$$S(x,y)=\frac{Q}{2\pi T}\ln\frac{r_2}{r_1} \tag{5-1}$$

$$J_x=\frac{Q}{2\pi T}\left[\frac{a-x}{r_1^2}+\frac{a+x}{r_2^2}\right] \tag{5-2}$$

$$J_y=\frac{Q}{2\pi T}\left[\frac{-y}{r_1^2}+\frac{y}{r_2^2}\right] \tag{5-3}$$

$$J=\sqrt{J_x{}^2+J_y{}^2}=\frac{Q}{\pi T}\frac{a}{r_1 r_2} \tag{5-4}$$

式中：$r_1=\sqrt{(x-a)^2+y^2}$，$r_2=\sqrt{(x+a)^2+y^2}$。

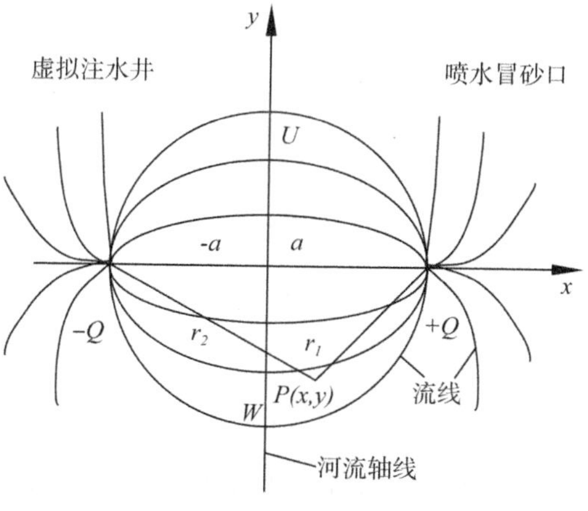

图 5-1 直线补给边界镜像示意

5.4.2 半球形井底非完整井模型

渗透水流从主渗漏层的顶部开始向上形成冒水孔，当主渗漏层相对较厚或与上覆的弱透水层之间存在接触冲刷时，喷水冒砂一经发生即沿接触面扩展，细小颗粒呈似层状向非完整井流动并涌出地面。

根据地下水动力学原理同样可推出主渗漏层的顶部任一点 $P(x,y)$ 处因冒水口冒水而引起的水位下降 $S(x,y)$ 和水力坡降 J 为：

$$S(x,y)=\frac{Q}{2\pi K}\left(\frac{1}{r_1}-\frac{1}{r_2}\right) \tag{5-5}$$

$$J_x=\frac{Q}{2\pi K}\left[\frac{a-x}{r_1^3}+\frac{a+x}{r_2^3}\right] \tag{5-6}$$

$$J_y=\frac{Q}{2\pi K}\left[\frac{-y}{r_1^3}+\frac{y}{r_2^3}\right] \tag{5-7}$$

$$J=\sqrt{J_x^2+J_y^2}=\frac{Q}{2\pi K}\sqrt{\frac{1}{r_1^4}+\frac{1}{r_2^4}+\frac{2(a^2-x^2-y^2)}{r_1^3 r_2^3}} \tag{5-8}$$

其中，r_1 和 r_2 的意义同上。

由 $J=J_{cr}$ 可求得渗透变形刚产生时的临界面方程，从而确定临界面在平面上呈椭圆状。若令 $J=J_{pr}$，J_{pr} 为破坏坡降，则所得到的是渗透破坏的临界面方程，并且渗透破坏的临界面在渗透变形的临界面内部。

5.5 渗透破坏数值程序开发

5.5.1 程序开发

人们习惯上把管涌和流土统称为管涌破坏，本程序的研究对象就是统称的管涌。由于管涌的发生与地层中土的组成成分、结构、土的级配、水力坡降、管涌发生的深度、表面覆盖黏土层的内摩擦角、覆盖层厚度、黏滞系数、土的饱和度、固结系数、浸泡时间等因素有关，是一个多元的复杂问题，因此对管涌发展的三维动态模拟在理论和数值分析上的难度都非常大，目前尚没有满意的数学模型和相应的数值分析软件。为了实现对管涌发展的近似模拟，本书编制了相应的闸基三维非稳定渗透破坏的有限元程序，并引入了破坏单元的概念。

判别管涌破坏单元的方式主要有两种：一种是采用单元形心处的渗透坡降和临界渗透坡降相比较；另一种是采用单元临空面上形心处的渗透坡降和临界渗透坡降相比较。本程序采用后一种方式。计算某时刻的各个单元形心处的渗透坡降，若大于临界渗透坡降并且此单元有临空面，则为破坏单元。在原网格中，剔除这些单元，反之保留形成新的网格，新网格中保留的都是没有临空面或有临空面但渗透坡降小于临界渗透坡降的单元。本程序实现了变网格法，可以通过后处理程序显示发生渗透破坏后保留下的单元。

单元破坏后，会形成新的边界条件，由于渗流破坏总是始于渗流出口(闸基下游)，所以在程序中把下游水头作为破坏单元周围的水头边界条件。把这些已知边界水头重新代入计算，就可以知道下一刻闸基的渗流场水头分布。然后重新判断破坏单元并剔除。经过多步迭代计算，就可以看到闸基渗透破坏的发生与发展全过程。闸基非稳定渗透破坏计算程序流程见图 5-2。

本程序采用 FORTRAN 语言编写，采用 8 结点六面体等参数单元，并用分块直接解法进行求解。在分块直接解法中，整体劲度矩阵被分成若干块，随后逐块在内存中形成、分解与前代，再逐块在内存中回代，解得全部未知解。

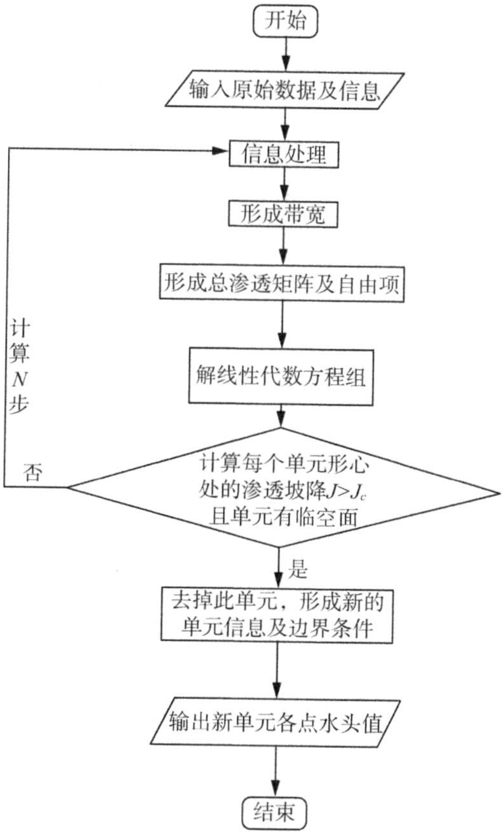

图 5-2 闸基非稳定渗透破坏计算程序流程

5.5.2 算例

算例一：采用姚秋玲等人的单层堤基管涌模型试验的模型[28]。试验模型槽长 2.8 m、宽 0.8 m、高 0.7 m，其中进水室高 2.2 m。砂样长 2.25 m、宽 0.8 m、高 0.6 m。为得到偏于安全的试验结果，同时也为方便观察试验现象，砂样上部覆盖长 1.4 m、厚1.5 cm 的有机玻璃板，以模拟堤身，模型示意图如图 5-3 所示。

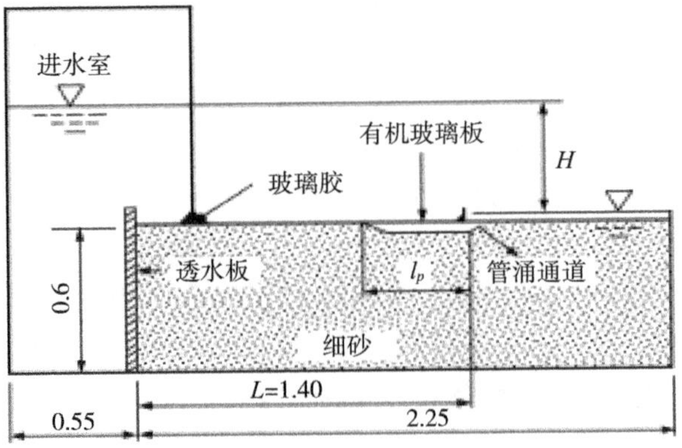

图 5-3 单层堤基模型示意(单位:m)

模型砂为永定河粉细砂,颗分曲线见图 5-4,砂模型的基本性质见表 5-1。

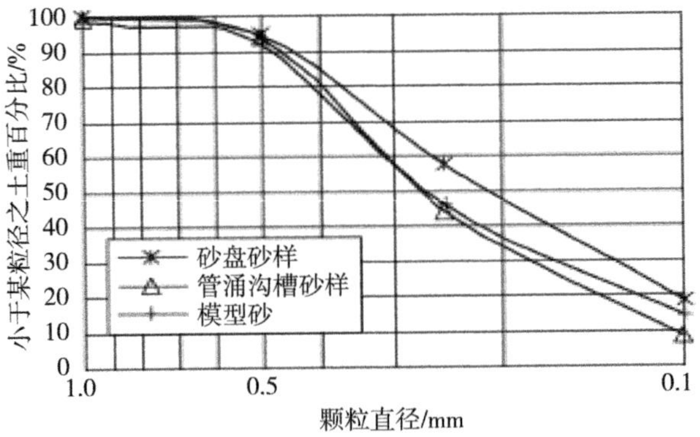

图 5-4 试样砂样颗分曲线

表 5-1 砂模型的物理力学性质

土料	d_{60} /mm	d_{20} /mm	干密度/ [ρ_d/(g·cm^{-3})]	相对密度 G_S	孔隙率 n	渗透系数/ (cm·s^{-1})
粉细砂	0.28	0.13	1.59	2.70	0.41	2.6×10^{-3}

该试验采用水下分层抛填法装样,最后将顶面抹平,盖上有机玻璃板,用螺杆压紧,有机玻璃板两侧及与进水室连接处用玻璃胶密封。试样饱和后,逐级增加水头进行试验,当前一级水头渗透变形稳定后,再抬高水头进行后续试验。

该试验结果如表 5-2 所示,其中前 9 级水头下的试验结果为渗透变形稳定后的测量结果。其中:N 为水头级数;H 为进水室水位与管涌口水位之差;T 表示距试验开始时刻的总时间;$\overline{J}=H/L$ 称为水平平均比降;L 为管涌口到进水口的距离;$\overline{J}_{出口}=H_{\min}/L_{\min}$ 为距离管涌口最近的一根测压管水位与管涌口水位之差;$L_{\min}$ 为该管到背水侧堤脚(有机玻璃板末端边缘)的距离,模型中为 10 cm;Q 为模型渗流量;l_p 为管涌通道前端距离背水侧堤脚的水平距离,见图 5-3。

表 5-2 单层堤基试验结果

N	H /cm	T	$\overline{J}_{出口}$	$\overline{J}$	Q/(mL · s^{-1})	l_p/cm
1	8.5	20 min	0.28	0.061	2.1	0
2	12.1	50 min	0.37	0.086	2.9	0
3	17.5	1 h 20 min	0.47	0.125	4.2	0
4	22.2	1 h 50 min	0.60	0.159	5.3	0
5	27.3	2 h 20 min	0.69	0.195	6.6	0
6	30.2	2 h 50 min	0.74	0.216	7.35	0
7	32.3	3 h 20 min	0.77	0.231	8.1	2
8	35.1	3 h 50 min	0.89	0.251	8.8	2
9	37.6	5 h 37 min	0.46	0.269	10.0	140
10	40.0	8 h 57 min	0.45	0.286	12.3	140

本算例旨在模拟该试验过程，单层堤基管涌破坏的水平平均临界比降为 0.278，得到各典型时刻的水头等值线图和渗透坡降等值线图如图 5-5～图 5-13 所示。

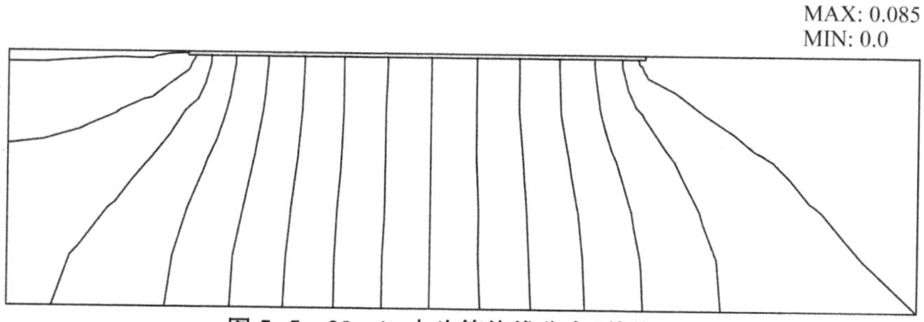

图 5-5 20 min 水头等值线分布(单位:m)

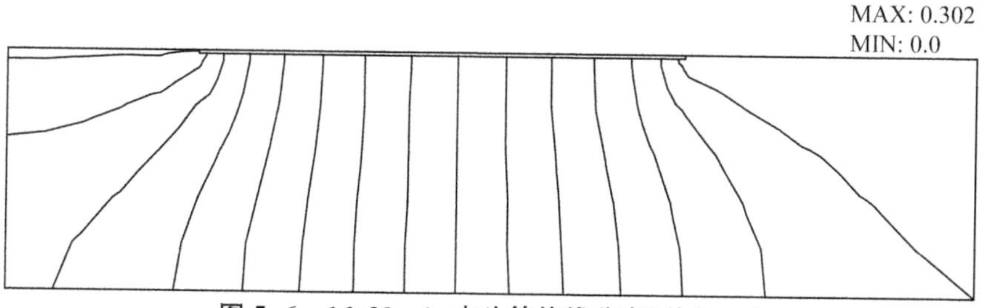

图 5-6 1 h 20 min 水头等值线分布(单位:m)

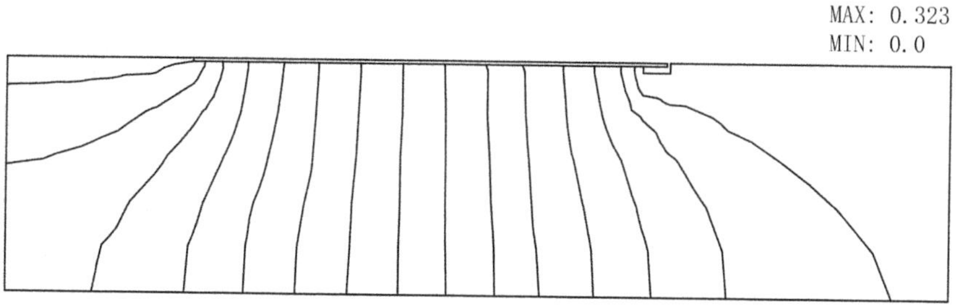

图 5-7 3 h 20 min 水头等值线分布(单位:m)

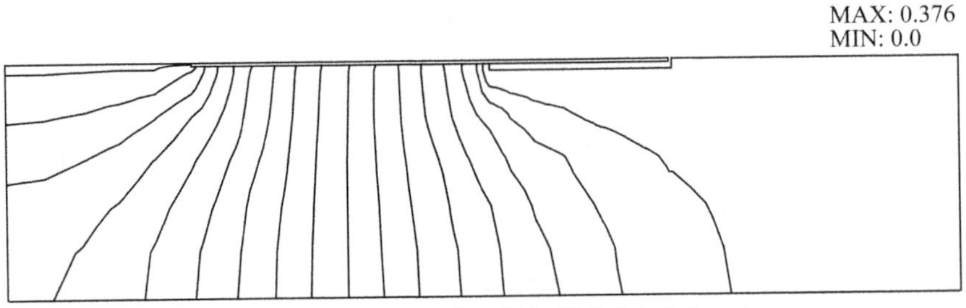

图 5-8　5 h 37 min 水头等值线分布(单位:m)

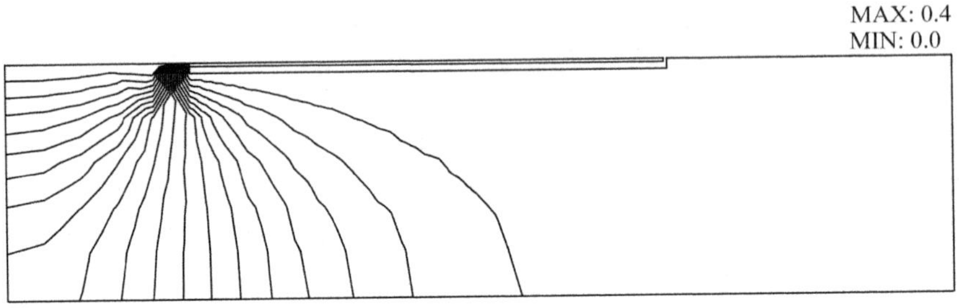

图 5-9　8 h 57 min 水头等值线分布(单位:m)

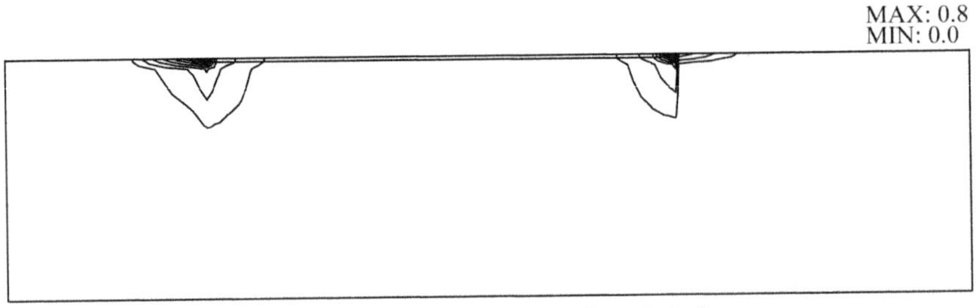

图 5-10　20 min 渗透坡降等值线分布

图 5-11　3 h 20 min 渗透坡降等值线分布

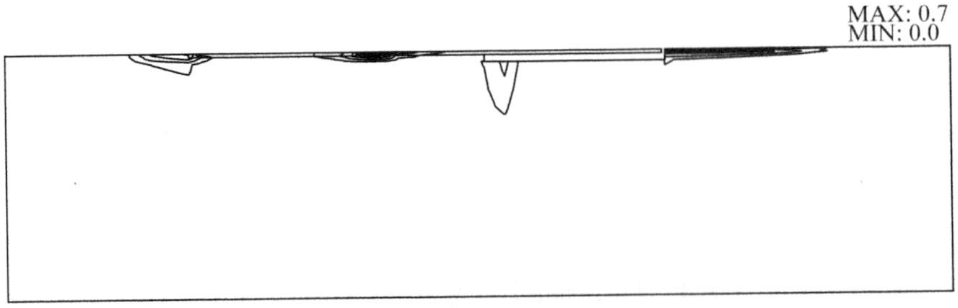

图 5-12　5 h 37 min 渗透坡降等值线分布

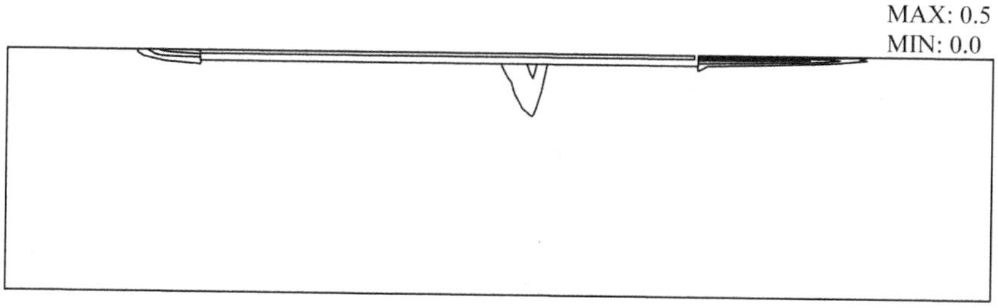

图 5-13　8 h 57 min 渗透坡降等值线分布

从图 5-5 和图 5-6 可以看出，当水头由第 1 级 8.5 cm 加到第 6 级 30.2 cm 时，没有出现破坏单元，即没有发生渗透破坏，这与姚秋玲等人的试验是吻合的。图 5-7 中水头增为 32.3 cm 时，在渗流出口处出现了破坏单元，发生了渗透破坏，这也验证了渗流破坏始于出口的理论。还可以看到，渗透变形向堤基内水平发展约 8 cm(大于试验值)，持续一段时间后，渗透变形趋于稳定。继续增加水头，管涌通道继续朝堤基内水平发展，当水头为 37.6 cm 时，管涌通道在堤基内发展的水平长度为 46 cm(大于试验值)。增加水头至 40.0 cm 时，管涌通道发展迅速，在总时刻 8 h 57 min 后，与进水室连通，见图 5-9。由于网格细度的原因，本算例中各时刻管涌通道的长度要大于试验值，但是整个过程还是和试验非常吻合的(计算值与试验值的对比见图 5-14)，由此也验证了本程序的正确性。

图 5-10～图 5-13 是渗透坡降等值线图，可以看到在渗流进出口的渗透坡降较大，随着管涌通道的形成，最大的渗透坡降由 0.8 减到 0.5，而试验中，$\overline{J}_{出口}$ 的最大值为 0.89，最小为 0.28，这也说明了本程序具有一定的准确性。

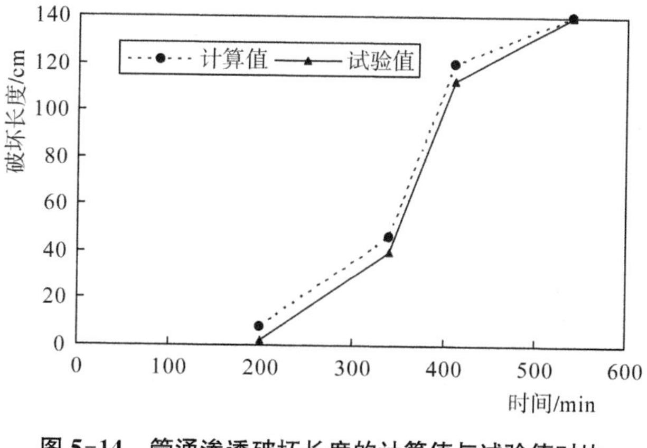

图 5-14　管涌渗透破坏长度的计算值与试验值对比

算例二：采用姚秋玲等人的双层堤基管涌模型试验的模型[28]。模型的用料、尺寸及制作方法与单层堤基试验相同，不同的是，砂层顶面全部用有机玻璃板覆盖，四周用玻璃胶密封止水，仅在玻璃板中心线上距进水口 140 cm 处预留一直径 4 cm 的圆孔模拟管涌孔，试验过程中仅有管涌孔出流。采用逐级增加水头的方式进行试验，每级水头下，待渗透变形稳定后再继续抬高水头进行后续试验。试验结果见表 5-3，末级水头是管涌沟槽刚刚与进水箱连通、通道尚未被连通管流冲刷时的测量结果，其他均为每级水头渗透稳定时的测量结果。其中，$\overline{J}_{出口}$是由距离管涌孔中心 10 cm 的测压管水位计算得到的，l_p为管涌口中心到管涌通道前端的水平距离。

表 5-3　双层堤基试验结果

N	H /cm	T	$\overline{J}_{出口}$	$\overline{J}$	Q/(mL·s^{-1})	l_p/cm
1	3.6	1 h	>0.41	0.026	0.17	0
2	6.1	2 h 44 min	>0.60	0.044	0.23	2
3	9.7	3 h 37 min	>0.43	0.069	0.95	<20
4	14.8	4 h 32 min	>0.36	0.106	2.20	<20
5	19.5	6 h 13 min	>0.30	0.139	3.30	<20
6	24.5	21 h 44 min	>0.38	0.175	4.75	37
7	26.8	23 h 36 min	>0.39	0.191	5.40	37
8	28.9	68 h 56 min	>0.41	0.206	6.30	113
9	31.1	71 h 23 min	—	0.222	7.50	140

本算例旨在模拟该试验过程，双层堤基管涌破坏的水平平均临界比降为是 0.214，得到各典型时刻的水头等值线图，如图 5-15～图 5-19 所示。

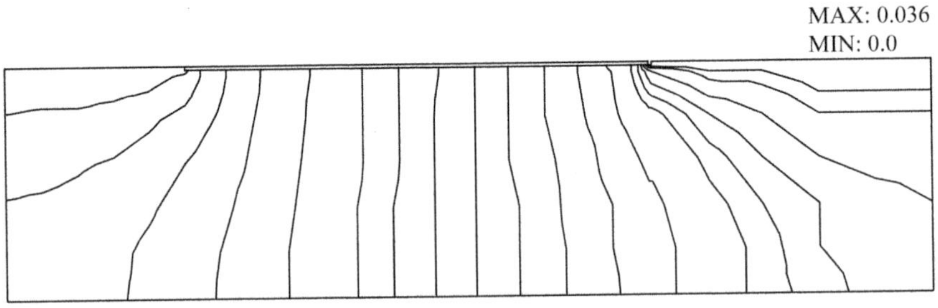

图 5-15　1 h 水头等值线分布(单位:m)

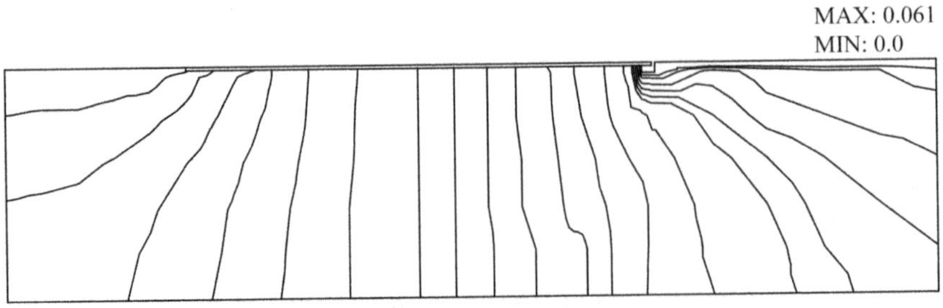

图 5-16　2 h 44 min 水头等值线分布(单位:m)

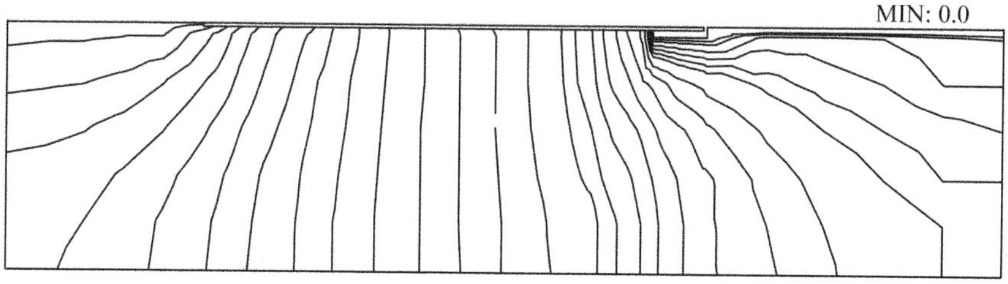

图 5-17　6 h 13 min 水头等值线分布(单位:m)

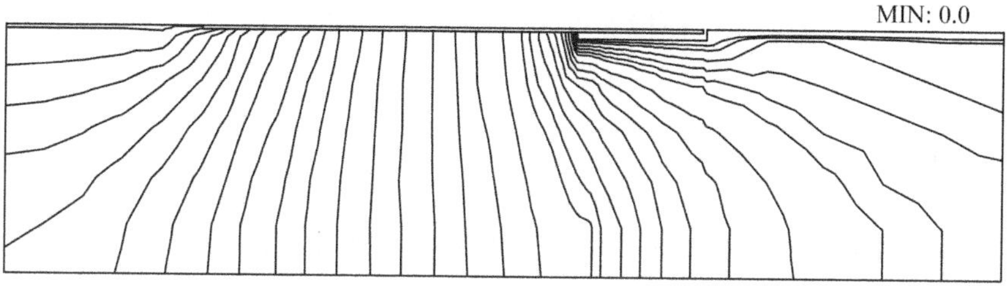

图 5-18　23 h 36 min 水头等值线分布(单位:m)

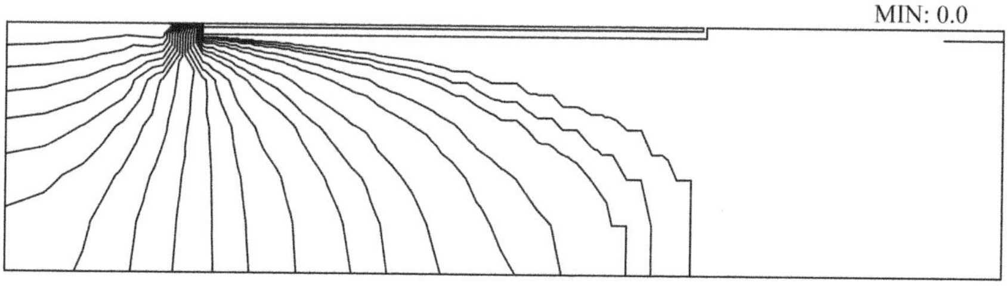

图 5-19　71 h 23 min 水头等值线分布(单位:m)

从图 5-15 可以看出,当水头为 3.6 cm 时,预留管涌口的周围没有出现破坏单元,即没有发生渗透破坏,这与姚秋玲等人的试验是吻合的。图 5-16 中水头增为 6.1 cm 时,在管涌口朝堤基内 3 cm(试验值 2 cm)范围出现了破坏单元,发生了渗透破坏。持续一段时间后,渗透变形趋于稳定。继续增加水头,管涌通道继续朝堤基内水平发展,图 5-17 中,当水头为 19.5 cm 时,管涌通道在堤基内发展的水平长度为 15 cm(试验值也小于 20 cm)。继续增加水头为 26.8 cm 时(图 5-18),渗透破坏继续发生,管涌通道在堤基内发展的水平长度为 34 cm(试验值为 37 cm)。当水头增至 31.1 cm 时,管涌通道发展迅速,在总时刻 71 h 23 min 后,与进水室连通,见图 5-19。整个数值计算过程与试验非常吻合,进一步验证了本程序的正确性(计算值与试验值的对比见图 5-20)。

在这两个算例中,时间步长取 10 min。可以看到,若能达到颗粒直径,而且时间步长越小,则当网格画得越细,越能精确地反映管涌的发展过程。但由于受到计算机运算能力的限制,网格不可能划分到颗粒直径的程度,所以数值计算还有一定的误差。

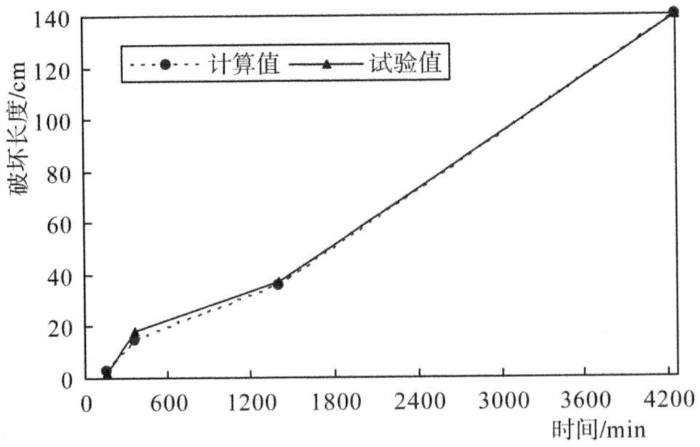

图 5-20　管涌渗透破坏长度的计算值与试验值对比

5.6　本章小结

（1）编制了闸基三维非稳定渗透破坏的有限元计算程序，引入了破坏单元的概念。

（2）根据本程序的设计思想和原理，基本弄清发生管涌破坏的过程。

（3）通过该程序计算结果和试验模型结果的对比，验证了本程序的正确性。

6 浅埋深承压含水层闸基底板的渗透压力计算

在现有《水闸设计规范》(SL 265—2016)中，对于岩基上的水闸，渗透压力计算采用全截面直线分布法；对于土基上的水闸，渗透压力计算推荐采用改进阻力系数法和流网法；对于复杂地基上的重要水闸，渗透压力计算采用数值计算法。从第 4 章的研究结果可以看到，对于黏土地基，当闸基下有浅埋深承压含水层时，承压水头对闸底板产生明显的向上顶托作用，使闸底板的渗透压力增大。虽然数值计算能够较精确地反映出闸底板上的渗透压力分布，但是如果希望方便快速地计算渗透压力，则考虑对改进阻力系数法进行修正。

我们认为可以先不考虑承压水头的影响，仍采用改进阻力系数法，计算正常的理论渗透压力值，然后再计入承压水头作用下渗透压力的增加量，把这两项相加即得在承压水头作用下，闸底板真实的渗透压力分布。按照这个思路，重点在于怎么计算渗透压力增加量。由于没有实际工程的观测数据，不能找出在承压水头作用下渗透压力增加量的变化规律，所以，采用本项目组开发并运用成熟的三维稳定渗流场有限元计算程序，通过计算三个模型在不同上、下游水头差及不同的承压水头下的渗透压力水头增加量，找到了其中的变化规律。

6.1 计算模型Ⅰ

计算模型的长×高×宽=50 m×20 m×1 m，闸基底板长 10 m，厚 1 m，地基土壤渗透系数为 3.5×10^{-6} m/s，混凝土底板渗透系数为 1.0×10^{-9} m/s，在距离闸底板 20 m 深处有一承压含水层。模型见图 6-1，点 A、B、C 分别在闸底板上 1/8 处、1/2 处、7/8 处。

固定上、下游水头差 ΔH =4.0 m，当承压水头分别为 0.0 m、4.0 m、6.0 m、8.0 m、10.0 m、12.0 m 时，闸底板的渗透压力水头分布见图 6-2。曲线 1 表示无承压水头的渗透压力分布。曲线 2、3、4、5、6 依次为承压水头是 4.0 m、6.0 m、8.0 m、10.0 m、12.0 m 时的渗透压力分布。由图 6-2 可以看出，承压水头越大，渗透压力越大。在无承压水头时，渗透压力为反余弦曲线，当承压水头逐渐增大时，渗透压力分布也渐渐呈椭圆积分曲线分布。

以曲线 1 为基准线，分别把曲线 2～6 与曲线 1 进行比较，就可以得出在不同的承压水头作用下，闸底板各处渗透压力水头增加的量，本章仅取三个典型位置的数据。见表 6-1。

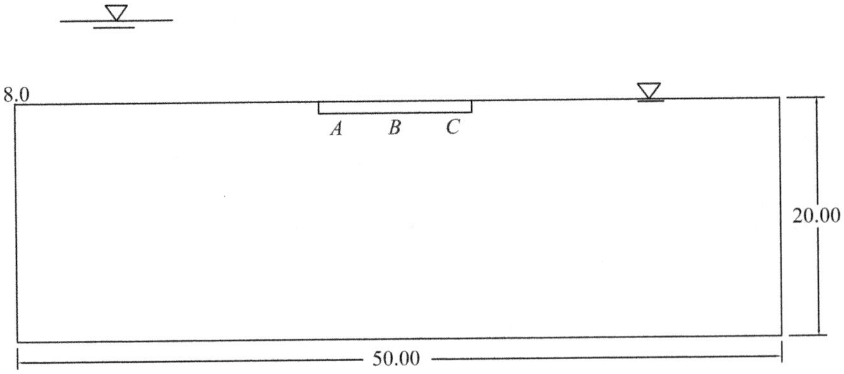

图 6-1 计算模型示意(单位:m)

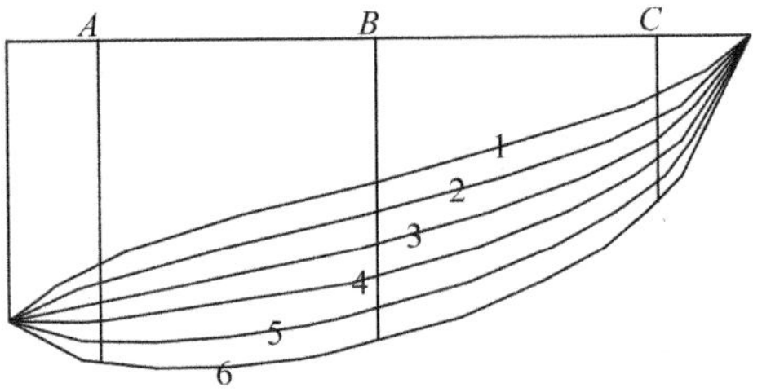

图 6-2 不同承压水头下闸底板渗透压力水头分布(ΔH=4.0 m)

表 6-1 不同承压水头下典型部位的渗透压力水头增加量(ΔH=4.0 m) 单位:m

承压水头	A 处渗透压力水头增加量	B 处渗透压力水头增加量	C 处渗透压力水头增加量
4.0	0.269 5	0.420 2	0.330 3
6.0	0.548 5	0.881 8	0.642
8.0	0.812 3	1.340 8	0.913 7
10.0	1.107 1	1.798	1.242 2
12.0	1.403 2	2.257	1.509

通过表 6-1,可以发现典型部位的渗透压力水头增加量与承压水头的关系,见图 6-3。A、B、C 点处的渗透压力水头增加量与承压水头都成线性比例关系,即 $y=ax+b$,由于 A 与 C

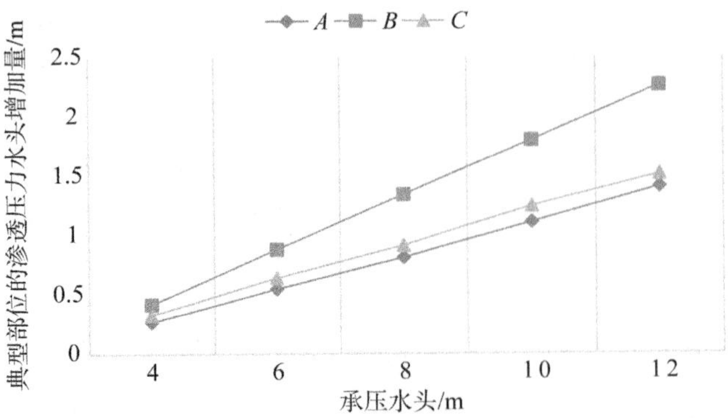

图 6-3 典型部位的渗透压力水头增加量与承压水头的关系(ΔH=4.0 m)

点所在的两条直线逼近，可以选取一个中间方程来表示，计算得 $y=0.145x-0.3$，B 点的线性方程为 $y=0.230x-0.4$。这两式中，x 为承压水头，y 为渗透压力水头增加量，单位为 m。

同理，当固定 $\Delta H=8.0$ m，承压水头分别为 0.0 m、8.0 m、10.0 m、16.0 m、20.0 m、24.0 m 时，得到 A、B、C 点处的渗透压力水头增加量，见表 6-2。

表 6-2　不同承压水头下典型部位的渗透压力水头增加量（$\Delta H=8.0$ m） 单位：m

承压水头	A 处渗透压力水头增加量	B 处渗透压力水头增加量	C 处渗透压力水头增加量
8.0	0.549 6	0.880 3	0.615 7
10.0	0.856 9	1.347 7	0.933 4
16.0	1.724 7	2.738 4	1.818 1
20.0	2.308 7	3.665 3	2.406 1
24.0	2.897 7	4.597 2	2.993 9

通过表 6-2，同样可以找到典型部位的渗透压力水头增加量与承压水头的关系，见图 6-4，A、B、C 点处的渗透压力水头增加量与承压水头的大小成线性比例关系，即 $y=ax+b$，A 与 C 点两条直线逼近，计算得 $y=0.147x-0.6$，B 点的线性方程为 $y=0.232x-0.9$。这两式中，x 为承压水头，y 为渗透压力水头增加量，单位为 m。

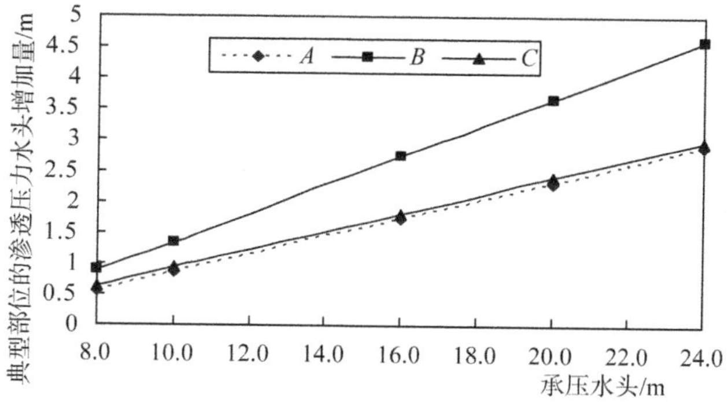

图 6-4　典型部位的渗透压力水头增加量与承压水头的关系（$\Delta H=8.0$ m）

同理，固定 $\Delta H=12.0$ m，承压水头分别为 0.0 m、12.0 m、20.0 m、24.0 m、30.0 m、36.0 m 时，得到 A、B、C 点处的渗透压力水头增加量，见表 6-3。

表 6-3　不同承压水头下典型部位的渗透压力水头增加量（$\Delta H=12.0$ m） 单位：m

承压水头	A 处渗透压力水头增加量	B 处渗透压力水头增加量	C 处渗透压力水头增加量
12.0	0.851 2	1.414 5	0.932 3
20.0	2.014 9	3.266 8	2.109 3
24.0	2.611 9	4.179 2	2.697 3
30.0	3.490 7	5.586 0	3.579 7
36.0	4.280 2	7.042 1	4.462 3

通过表 6-3，可以找到典型部位的渗透压力水头增加量与承压水头的关系，见图 6-5，A、B、C 点处的渗透压力水头增加量与承压水头的大小成线性比例关系，即 $y=ax+b$，A 与 C 点两条直线逼近，计算得 $y=0.145x-0.9$，B 点的线性方程为 $y=0.235x-1.5$。这两式中，x 为承压水头，y 为渗透压力水头增加量，单位为 m。

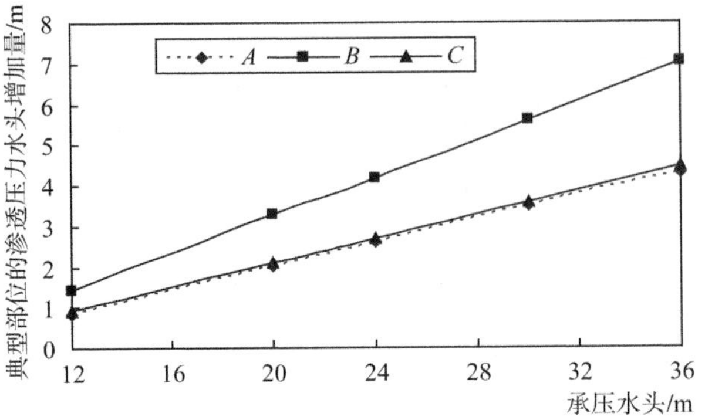

图 6-5　典型部位的渗透压力水头增加量与承压水头的关系（$\Delta H=12.0$ m）

由图 6-3～图 6-5 可以看出，$A(C)$ 点的线性方程 $a=0.145, 0.147, 0.145$；$b=-0.3, -0.6, -0.9$。B 点的线性方程 $a=0.230$、0.232、0.235，$b=-0.4, -0.9, -1.5$。笔者考虑，在承压含水层埋深相同的情况下，对于不同的上、下游水头差 ΔH，其 $A(C)$ 点的线性方程可以用同一斜率，即 a 值相同，B 点线性方程的斜率也相同，为另一 a 值，而两条直线的 b 值在不同的上、下游水头差下分别与 $\Delta H=4$ m 时的 b 值成正比关系。在本模型中，a 和 b 值如表 6-4。

表 6-4　不同的上、下游水头差（ΔH）下对应的 a 与 b 值（建基面下 20 m 深处有承压水头）

<table>
<tr><th rowspan="2">ΔH /m</th><th colspan="2">A(C)</th><th colspan="2">B</th></tr>
<tr><th>a</th><th>b</th><th>a</th><th>b</th></tr>
<tr><td>4.0</td><td rowspan="3">0.146</td><td>−0.3</td><td rowspan="3">0.232</td><td>−0.5</td></tr>
<tr><td>8.0</td><td>−0.6</td><td>−1.0</td></tr>
<tr><td>12.0</td><td>−0.9</td><td>−1.5</td></tr>
</table>

图 6-6～图 6-8 中，拟合 $A(C)$ 和 B 所在的直线方程系数是采用表 6-4 中的 a、b 值，实际 $A(C)$ 和 B 所在的直线方程系数是在不同的上、下游水头差 ΔH 下实际计算出来的 a、b 值。这三幅图中，实际值与拟合值非常接近，表明表 6-4 中的 a、b 值是正确的。这说明，在承压含水层埋深 20 m 的情况下，闸底板渗透压力水头增加量与承压水头的大小成线性关系，这一线性比例为某固定值，此固定值与上、下游水头差的大小无关，但与所在闸底板的位置有关。选取典型位置，闸底板长度的 1/8、7/8 处，$a=0.146$；1/2 处，$b=0.232$。对于上、下游水头差 ΔH 为其他值的情况，可按表 6-4 中的规律，采用数值插值方式来计算 b 值，这样就可以计算出不同的承压水头下典型部位的渗透压力水头增加量。然后把这个增加量添加到用改进阻力系数法计算的渗透压力分布图中相对应的位置（未考虑承压水头时），就能描出新的渗透压力分布图。

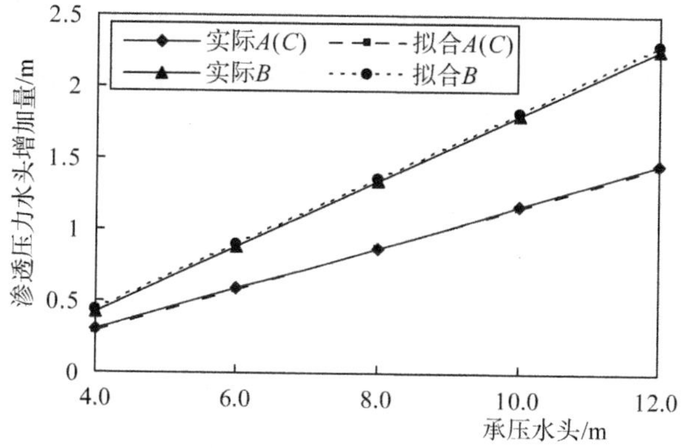

图 6-6　实际值与拟合值的对比（ΔH=4.0 m）

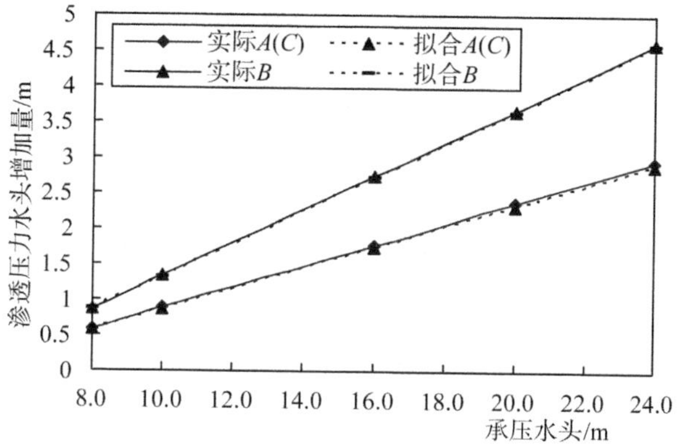

图 6-7　实际值与拟合值的对比（ΔH=8.0 m）

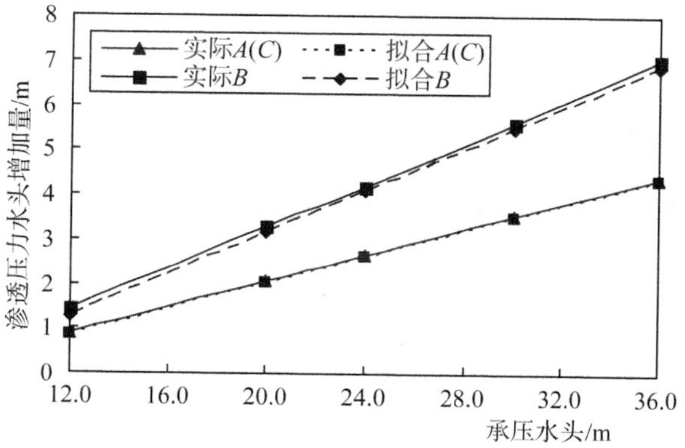

图 6-8　实际值与拟合值的对比（ΔH=12.0 m）

6.2　计算模型Ⅱ

只把模型Ⅰ的地基土厚度减少为 10 m，使承压含水层埋深 10 m，其他情况相同。同理，可以得到不同承压水头下典型部位的渗透压力水头增加量，见表 6-5、表 6-6，并可以找到典型部位的渗透压力水头增加量与承压水头的关系，见图 6-9、图 6-10。

表 6-5　不同承压水头下典型部位的渗透压力水头增加量(ΔH=4.0 m)　　单位：m

承压水头	A 处渗透压力水头增加量	B 处渗透压力水头增加量	C 处渗透压力水头增加量
4.0	0.465 7	0.838 2	0.681 6
6.0	0.975 8	1.697 5	1.243 7
8.0	1.529 5	2.620 8	1.797 5
10.0	2.002 6	3.502 8	2.353 2
12.0	2.567 6	4.300 0	2.906 5

表 6-6　不同承压水头下典型部位的渗透压力水头增加量(ΔH=8.0 m)　　单位：m

承压水头	A 处渗透压力水头增加量	B 处渗透压力水头增加量	C 处渗透压力水头增加量
8.0	0.978 5	1.738 9	1.254 7
10.0	1.444 7	2.620 2	1.819
16.0	3.140 2	5.226 9	3.477
20.0	4.271	7.048	4.583 5
24.0	5.378 7	8.710 8	5.690 2

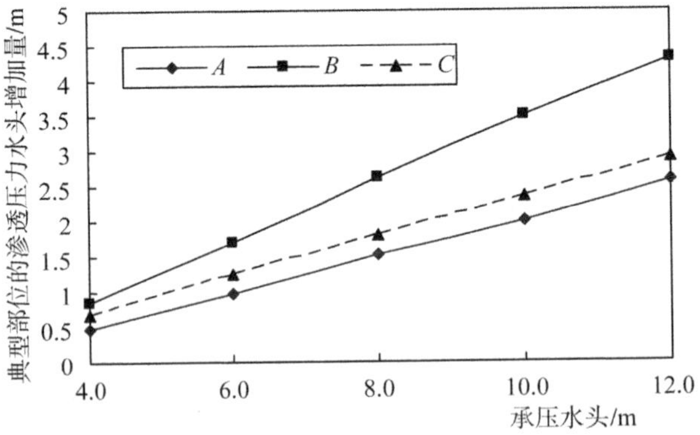

图 6-9　典型部位的渗透压力水头增加量与承压水头的关系(ΔH=4.0 m)

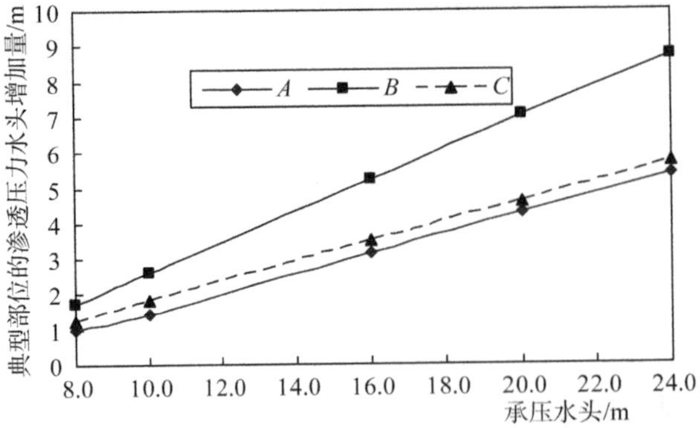

图 6-10　典型部位的渗透压力水头增加量与承压水头的关系(ΔH=8.0 m)

由图6-9、图6-10可以看到，A、B、C点处的渗透压力水头增加量与承压水头的大小成线性比例关系，即$y=ax+b$，式中，x为承压水头，y为渗透压力水头增加量，单位为m。A与C点两条直线接近，可以用一个共同的方程式表示。承压含水层埋深越浅，对闸底板的影响越大，由于承压含水层埋深10 m，是模型Ⅰ(承压含水层埋深20 m)中的一半，因此假设a和b值分别为后者的两倍关系，如表6-7。

表6-7 不同的上、下游水头差(ΔH)下对应的a与b值(建基面下10 m深处有承压水头)

ΔH/m	$A(C)$		B	
	a	b	a	b
4.0	0.292	−0.6	0.464	−1.0
8.0		−1.2		−2.0
12.0(推测)		−1.8		−3.0

分别绘制$A(C)$与B处实际的线性关系图以及按表6-7中的系数绘制直线，见图6-11、图6-12。从图中可以看到，在不同的上、下游水头差ΔH下，实际值与拟合值都十分接近，这说明假设的倍数关系成立，表6-7中的系数是正确可信的。这也说明，在承压含水层埋深10 m的情况下，闸底板渗透压力水头增加量与承压水头的大小成线性关系，这

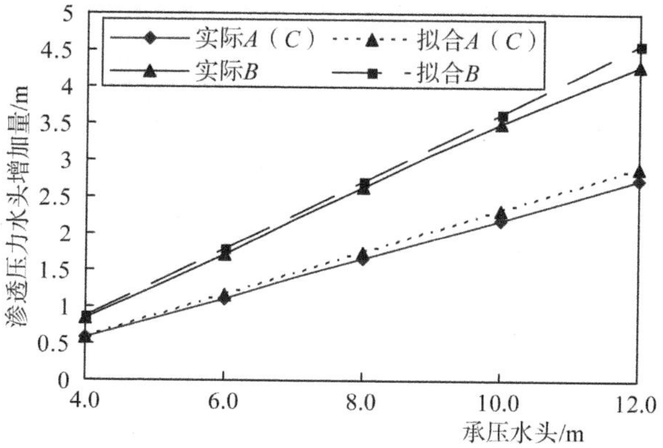

图6-11 实际值与拟合值的对比(ΔH=4.0 m)

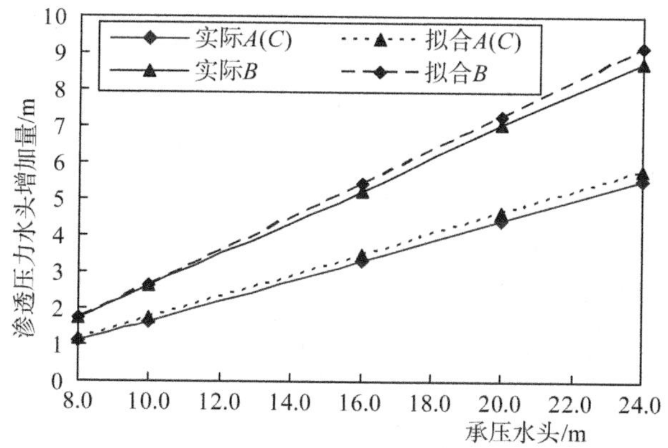

图6-12 实际值与拟合值的对比(ΔH=8.0 m)

一线性比例为某固定值,此固定值与上、下游水头差的大小无关,但与所在闸底板的位置有关。选取典型位置,闸底板长度的1/8、7/8处,$a=0.292$;1/2处,$a=0.464$。对于上、下游水头差 ΔH 为其他值的情况,可按表6-7中的规律,采用数值插值方式来计算 b 值。这样就可以计算出不同的承压水头下,典型部位渗透压力的增加值。然后把这个增加值添加到用改进阻力系数法计算的渗透压力分布图中相对应的位置(未考虑承压水头时),就能描出新的渗透压力分布图。

比较表6-4和表6-7可以发现,承压含水层距建基面越远,a 值越小,渗透压力增加值也越小,这验证了承压含水层离建基面越远对闸底板影响越小的理论。同时发现,当承压含水层离底板距离增大一倍时,其 a 值减少1/2倍,对应不同 ΔH 的 b 值也减少1/2。

6.3 计算模型Ⅲ

只把模型Ⅰ的地基土厚度变为30 m,使承压含水层埋深30 m,其他情况等同。同理,可以得到不同承压水头下典型部位的渗透压力水头增加量,见表6-8～表6-10。绘制典型部位的渗透压力水头增加量与承压水头的关系图,见图6-13～图6-15。

表6-8 不同承压水头下典型部位的渗透压力水头增加量(ΔH=4.0 m) 单位:m

承压水头	A处渗透压力水头增加量	B处渗透压力水头增加量	C处渗透压力水头增加量
4.0	0.179 7	0.284	0.256 4
6.0	0.354 8	0.594 8	0.410 8
8.0	0.564 9	0.915 9	0.648 4
10.0	0.757 7	1.216 9	0.847
12.0	0.938 9	1.532	1.018 5

表6-9 不同承压水头下典型部位的渗透压力水头增加量(ΔH=8.0 m) 单位:m

承压水头	A处渗透压力水头增加量	B处渗透压力水头增加量	C处渗透压力水头增加量
8.0	0.412 9	0.642 1	0.388 4
10.0	0.590 4	1.030 9	0.564 9
16.0	1.174 3	1.908 7	1.177 2
20.0	1.488 4	2.551	1.587 7
24.0	1.972 1	3.159 6	1.982 6

表6-10 不同承压水头下典型部位的渗透压力水头增加量(ΔH=12.0 m) 单位:m

承压水头	A处渗透压力水头增加量	B处渗透压力水头增加量	C处渗透压力水头增加量
12.0	0.595 6	0.975 8	0.619
20.0	1.410 4	2.220 1	1.415 6

续表

承压水头	*A* 处渗透压力水头增加量	*B* 处渗透压力水头增加量	*C* 处渗透压力水头增加量
24.0	1.811 9	2.852 5	1.812 5
30.0	2.316 7	3.795 4	2.408 2
36.0	2.986 1	4.738 6	3.005

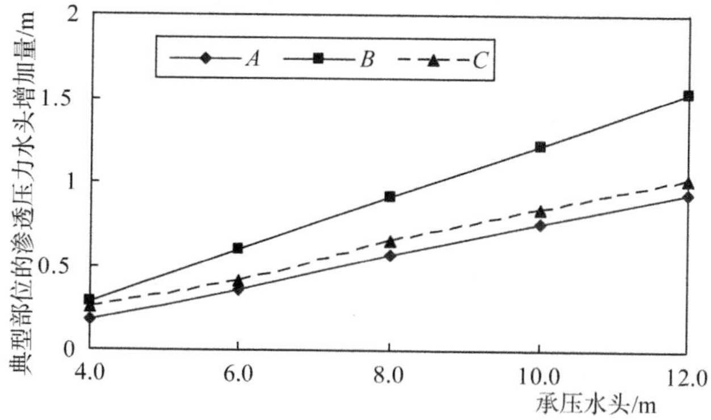

图 6-13　典型部位的渗透压力水头增加量与承压水头的关系($\Delta H=4.0$ m)

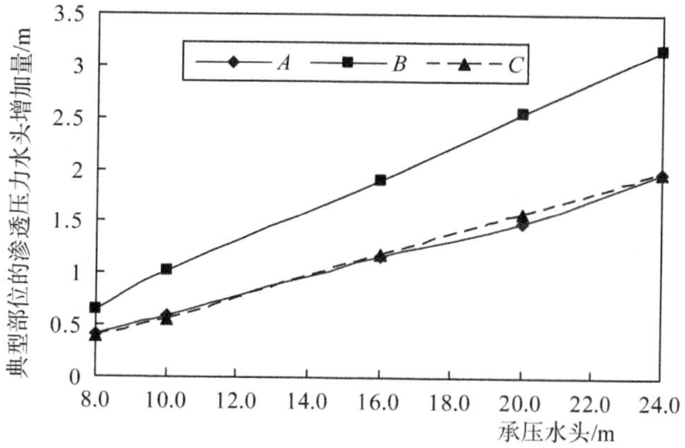

图 6-14　典型部位的渗透压力水头增加量与承压水头的关系($\Delta H=8.0$ m)

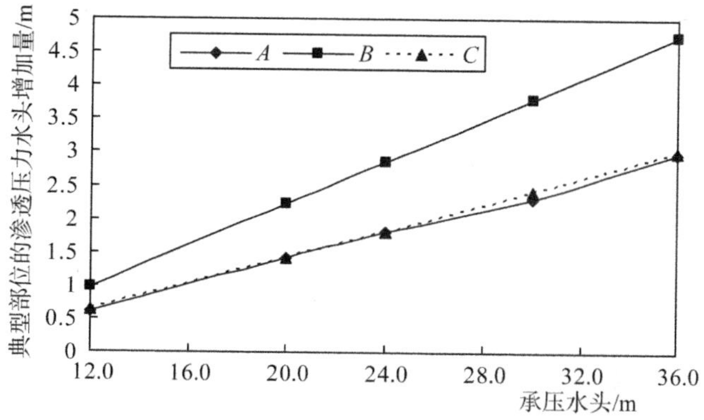

图 6-15　典型部位的渗透压力水头增加量与承压水头的关系($\Delta H=12.0$ m)

由图 6-13～图 6-15 可以看到，A、B、C 点处的渗透压力水头增加量与承压水头的大小成线性比例关系，即 $y=ax+b$，式中，x 为承压水头，y 为渗透压力水头增加量，单位都为 m。A 与 C 点两条直线接近，可用同一个方程式表示。由于承压含水层埋深 30 m，是模型Ⅱ(承压含水层埋深 10 m)中的 3 倍，因此假设系数 a 和 b 值分别为后者的 1/3，如表 6-11。

表 6-11　不同上、下游水头差(ΔH)下对应的 a 与 b 值(建基面下 30 m 深处有承压水头)

ΔH /m	$A(C)$		B	
	a	b	a	b
4.0	0.097	−0.2	0.155	−0.3
8.0		−0.4		−0.6
12.0		−0.6		−0.9

分别绘制 $A(C)$ 与 B 处实际的线性关系图以及按表 6-11 中的系数绘制直线，见图 6-16～图 6-18。从图中可以看到，在不同的上、下游水头差下，实际值与拟合值都十分接近，这说明假设的倍数关系成立，表 6-11 中系数是正确可信的。这也说明，在承压含水层埋深 30 m 的情况下，闸底板渗透压力水头增加量与承压水头的大小成线性关系，这一线性比例为某固定值，此固定值与上、下游水头差的大小无关，但与所在闸底板的位置有关。选取典型位置，闸底板长度的 1/8、7/8 处，$a=0.097$；1/2 处，$a=0.155$。对于上、下游水头差 ΔH 为其他值的情况，可按表 6-11 中的规律，采用数值插值方式来计算 b 值。这样就可以计算出不同的承压水头下典型部位渗透压力水头增加量。然后把这个增加量添加到用改进阻力系数法计算的渗透压力分布图中相对应的位置(未考虑承压水头时)，就能描出新的渗透压力分布图。

比较表 6-11 和表 6-7 可以发现，承压含水层埋深越大，a 值越小，渗透压力水头增加量也越小，这也验证了承压含水层埋深越大对闸底板影响越小的理论。同时发现，当承压含水层埋深增大 2 倍时，其 a 值减少 1/2，对应相同的 ΔH 其 b 值也减少 1/2。

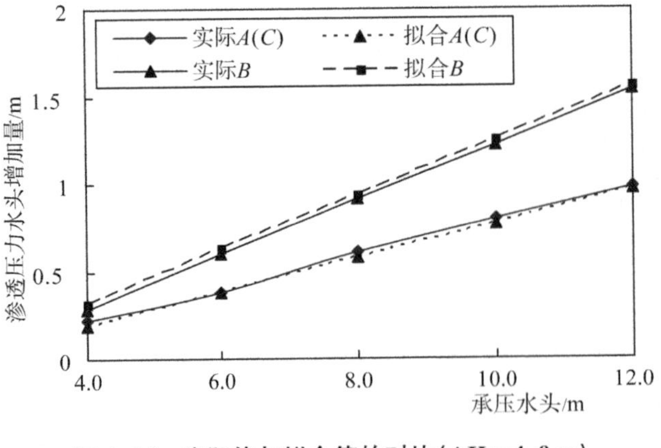

图 6-16　实际值与拟合值的对比($\Delta H=4.0$ m)

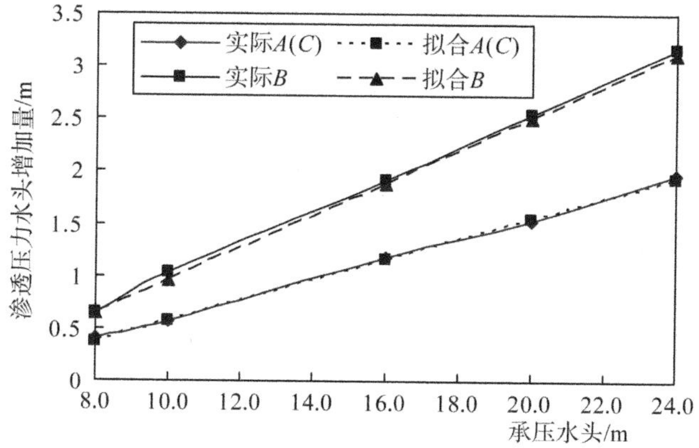

图 6-17 实际值与拟合值的对比($\Delta H=8.0$ m)

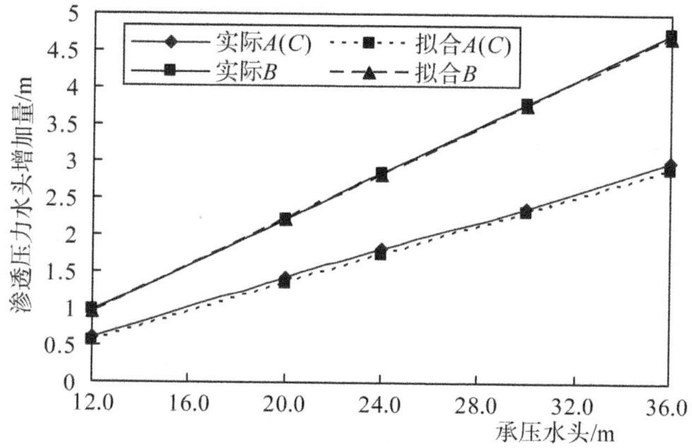

图 6-18 实际值与拟合值的对比($\Delta H=12.0$ m)

比较这三个模型，可以看到，以承压含水层埋深 $L=10$ m，上、下游水头差 $\Delta H=4.0$ m 为基准(见表 6-7)，当承压含水层埋深是 10 m 的 x 倍时，其 a 值则为基准值的 $1/x$，上、下游水头差是 4.0 m 的 ω 倍，其 b 值则为基准值的 ω/x 。因此，可以依据表 6-4 插值出在不同承压含水层埋深及不同上、下游水头差下的 a 与 b 值，然后根据公式 $y=ax+b$(x 为承压水头)计算出渗透压力水头增加量，单位都为 m。

为了验证这一规律，假设有一水闸地基，上、下游水头差为 6.0 m，在离建基面 13.0 m 深处有一承压含水层，承压水头为 22.0 m。根据表 6-4、表 6-7 及表 6-11 所体现的规律，计算得 $x=13/10=1.3$，$\omega=6.0/4.0=1.5$，通过插值得

$A(C)$处　$a=0.292/1.3=0.2246$，$b=-0.6\times(1.5/1.3)=-0.692$，

$y=0.2246x-0.692=0.2246\times22-0.692=4.249$ m；

B 处　$a=0.464/1.3=0.3569$，$b=-1.0\times(1.5/1.3)=-1.154$，

$y=0.3569x-1.154=0.3569\times22-1.154=6.698$ m。

然后把此模型进行数值计算，渗透压力分布图如图 6-19 所示，图中，曲线 1 表示没

有承压含水层时的渗透压力分布；曲线 2 表示承压水头为 22.0 m 时的渗透压力分布。

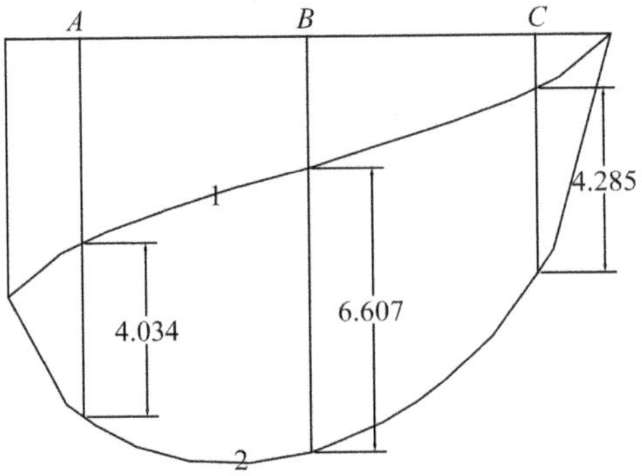

图 6-19　在有无承压水头下闸底板渗透压力水头分布(单位:m)

由图 6-19 可以看到，A 处的渗透压力水头增加量为 4.034 m，B 处的渗透压力水头增加量为 6.607 m，C 处的渗透压力水头增加量为 4.285 m。比较新方法的计算值，看到误差分别为 5.33%，1.38%，−0.84%，均小于 6%。此算例再次证明了上述新方法的正确性。

6.4　其他

对于有观测资料的实际水闸[29]，可以根据有水位异常现象的测压管读数来计算渗透压力水头增加量，测压管位置示意图见图 6-20。根据测压管读数计算增加的渗透压力系数 α ：

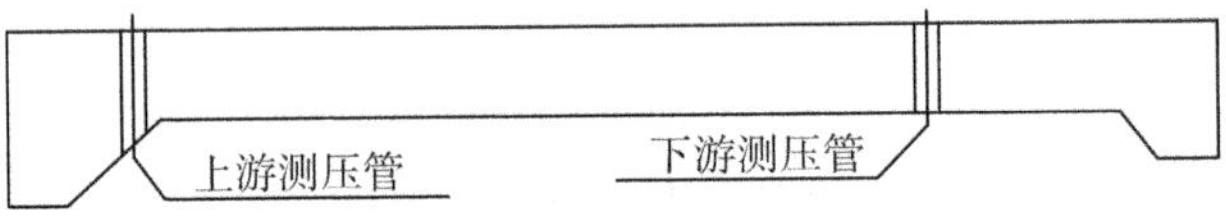

图 6-20　闸底板测压管示意

$$\alpha = \frac{H_{实测} - H_{理论}}{H_{理论}} \tag{6-1}$$

式中：$H_{实测}$ 为实际测得的水头值；$H_{理论}$ 为按改进阻力系数法计算的水头值。

对于设计工况，上游测压管所在位置增加的渗透压力系数取为：

$$\alpha_{设上} = \frac{\sum_{i=1}^{n} (\alpha_{上测})_i}{n} \tag{6-2}$$

下游测压管所在位置增加的渗透压力系数取为：

$$\alpha_{设下} = \frac{\sum_{i=1}^{m} (\alpha_{下测})_i}{m} \tag{6-3}$$

对于校核工况，上游测压管所在位置增加的渗透压力系数取为：

$$\alpha_{校上} = \max(\alpha_{上测}) \tag{6-4}$$

下游测压管所在位置增加的渗透压力系数取为：

$$\alpha_{校下} = \frac{\sum_{i=1}^{m} (\alpha_{下测})_i}{m} \tag{6-5}$$

式中：n 表示所有上游测压管的根数；m 表示所有下游测压管的根数。

把计算出来的渗透压力增加系数 α 加到已有的按改进阻力系数法计算出的渗透压力系数中，就可以得到新的渗透压力分布。

6.5 本章小结

本章给出了闸基有承压含水层时，闸底板渗透压力水头分布的规律，提出了一个新的方法来修正改进阻力系数法，使在闸基下有承压含水层的特殊情况下能快速计算渗透压力水头，并通过例子验证该方法的正确性。

7 闸基渗流特性及渗控影响分析

在第二章中，对冻胀土地基、风化夹层地基、环境水以及岸坡绕渗对闸基渗流场的影响进行了定性分析，并对各种地基提出了相应的处理意见。本章将根据在第三章所介绍的理论和固定网格有限元法，重点研究弱透水地基的渗流特性以及各种渗控措施对地基的影响，并对《水闸设计规范》(SL 265—2016)中防渗排水布置的相关内容进行修正。

7.1 渗流场固定网格有限元求解原理

根据变分原理，三维达西稳定渗流场问题的求解泛函和有限元支配方程如下：

$$\Pi(h)=\frac{1}{2}\int_{\Omega_1} k_{ij}\frac{\partial h}{\partial x_i}\frac{\partial h}{\partial x_j}\mathrm{d}\Omega \tag{7-1}$$

$$\boldsymbol{K}_1\boldsymbol{h}_1=\boldsymbol{Q}_1 \tag{7-2}$$

式中：$\boldsymbol{K}_1$、$\boldsymbol{h}_1$ 和 $\boldsymbol{Q}_1$ 分别为渗流实域的传导矩阵、节点水头列阵和节点等效流量列阵。在实际工程的渗流场中，自由面的位置、逸出面的大小及实际渗流域的大小事先均未知，是一个边界非线性问题，需通过下式的迭代计算才能求得渗流场的解[30-32]。

$$\boldsymbol{Kh}=\boldsymbol{Q}-\boldsymbol{Q}_2+\Delta\boldsymbol{Q} \tag{7-3}$$

式中：$\boldsymbol{K}$、$\boldsymbol{h}$ 和 $\boldsymbol{Q}$ 分别为计算域 $\Omega=\Omega_1+\Omega_2$（Ω_1、Ω_2 分别为位于渗流自由面上下的渗流实域和虚域）的总传导矩阵、节点水头列阵和节点等效流量列阵；$\boldsymbol{Q}_2$ 为渗流虚域的节点等效流量列阵；$\Delta\boldsymbol{Q}=\boldsymbol{K}_2\boldsymbol{h}$ 为渗流虚域中虚单元和过渡单元所贡献的节点虚流量列阵。

7.2 计算模型

本章中采用一套有限元网格，对不同工况将要发生变化的部位分别赋予不同的材料号。计算模型为长×高×宽＝319 m×37.5 m×1 m，闸室底板长为 20 m，厚 1 m，混凝土防渗墙厚 0.5 m，混凝土铺盖厚度、长度以及防渗墙深度根据不同的工况具体决定。对整个模型进行有限元剖分，网格单元总数为 6 507 个，节点总数为 9 063 个。计算网格示意如图 7-1 所示。

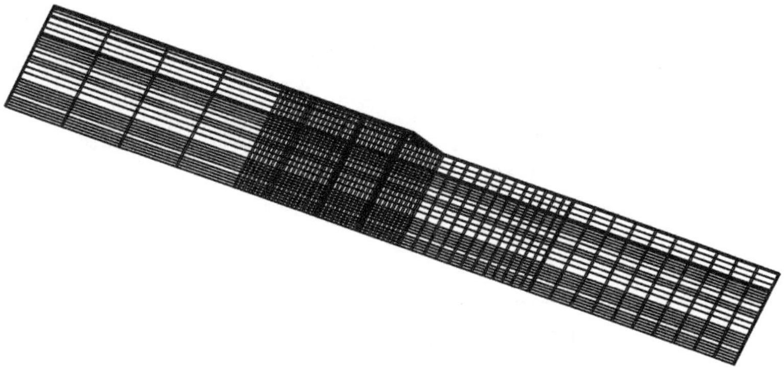

图 7-1 有限元计算网格示意

7.3 单层黏性地基上混凝土铺盖的影响

工况的选取根据有无铺盖、其完好性及厚度等情况而定。具体的工况特性描述见表 7-1,各工况上、下游水位均相同,分别为 20.0 m、10.0 m,黏土渗透系数取 1.8×10^{-7} cm/s,混凝土铺盖渗流系数取 1.0×10^{-9} cm/s,计算结果见图 7-2～图 7-16。

7.3.1 计算工况

表 7-1 计算工况的特征描述

工况	工况描述
工况 1	无铺盖,无防渗墙
工况 2	混凝土铺盖厚 0.5 m,铺盖完好
工况 3	混凝土铺盖厚 0.5 m,铺盖有裂缝
工况 4	混凝土铺盖厚 0.5 m,止水结构破坏
工况 5	混凝土铺盖加厚 0.5 m,铺盖定好,止水结构完好
工况 6	混凝土铺盖加厚 0.5 m,铺盖有裂缝,止水结构完好

7.3.2 计算工况分析

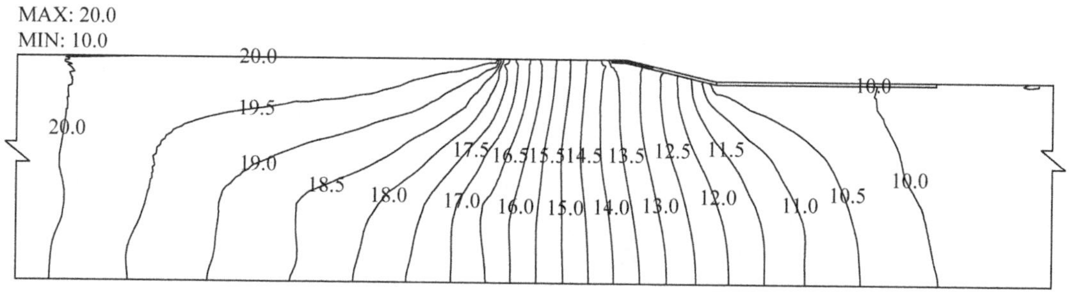

图 7-2 工况 1 水头等值线分布(单位:m)

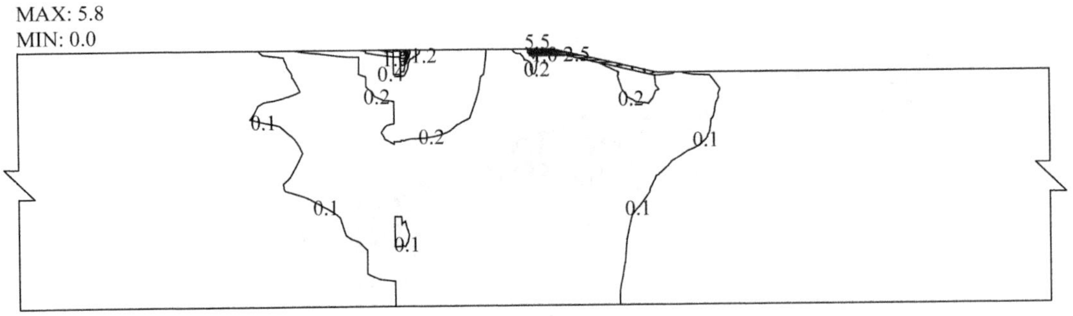

图 7-3　工况 1 渗透坡降等值线分布

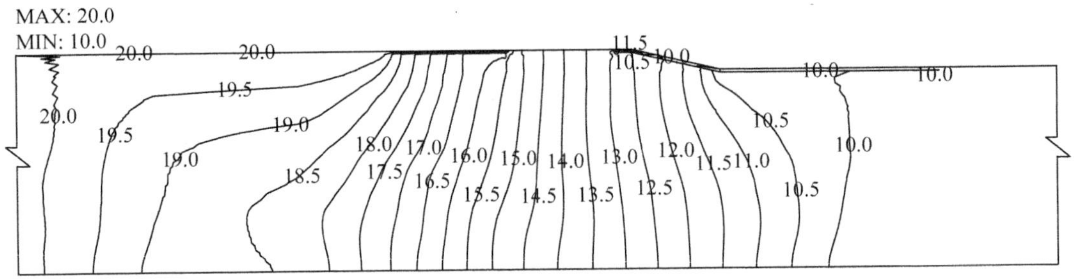

图 7-4　工况 2 水头等值线分布(单位:m)

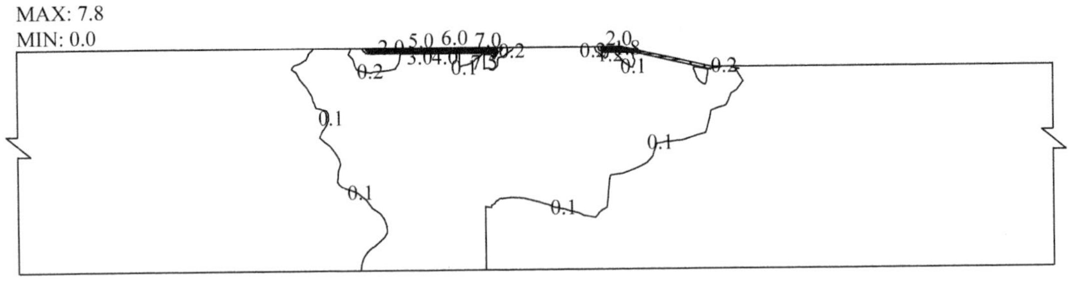

图 7-5　工况 2 渗透坡降等值线分布

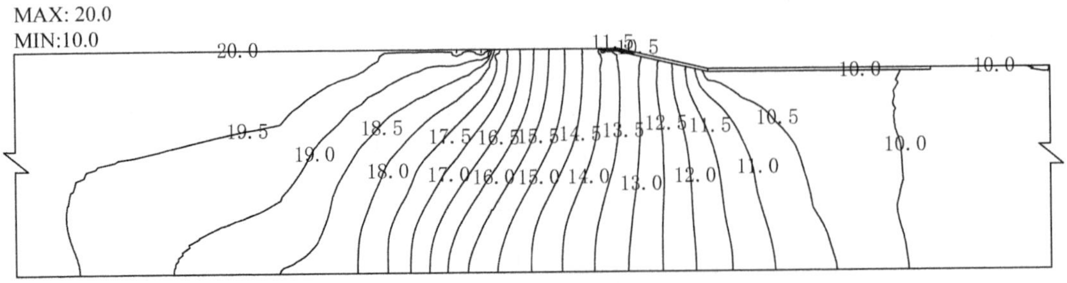

图 7-6　工况 3 水头等值线分布(单位:m)

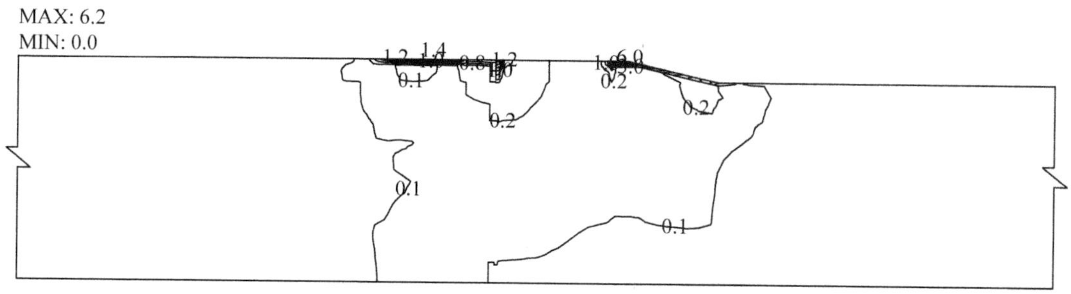

图 7-7 工况 3 渗透坡降等值线分布

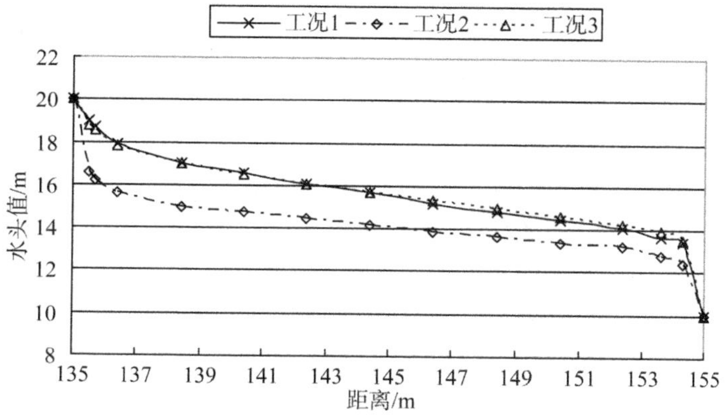

图 7-8 工况 1～工况 3 闸基扬压力水头值对比曲线

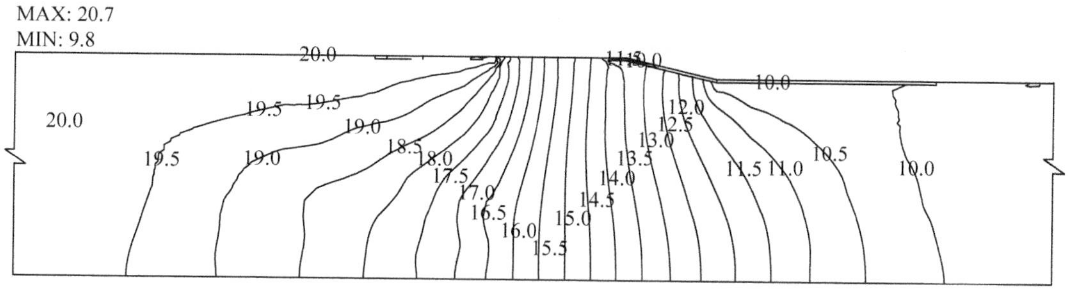

图 7-9 工况 4 水头等值线分布(单位:m)

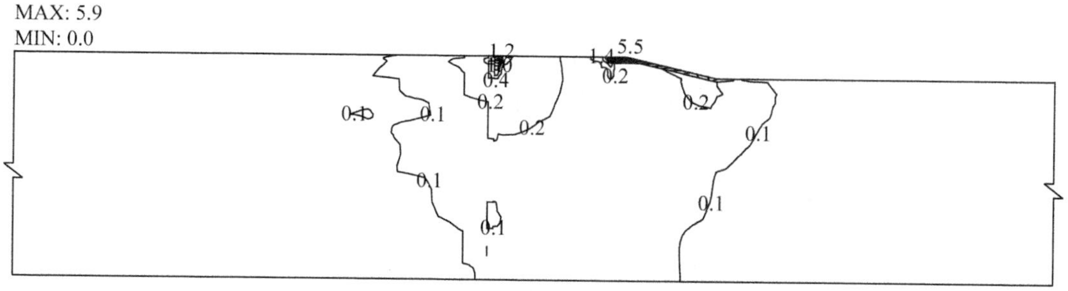

图 7-10 工况 4 渗透坡降等值线分布

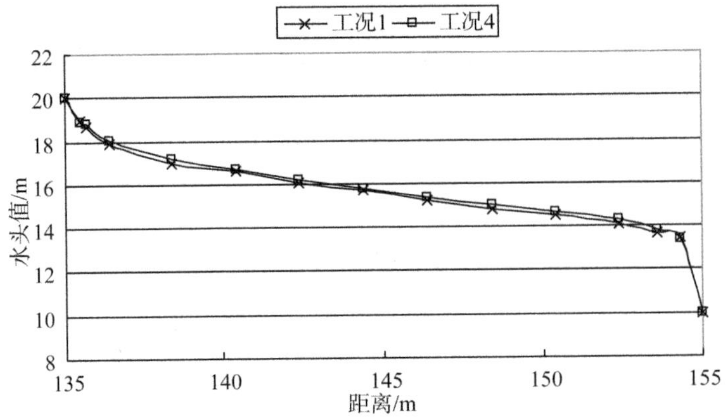

图 7-11　工况 1 和工况 4 闸基扬压力水头值对比曲线

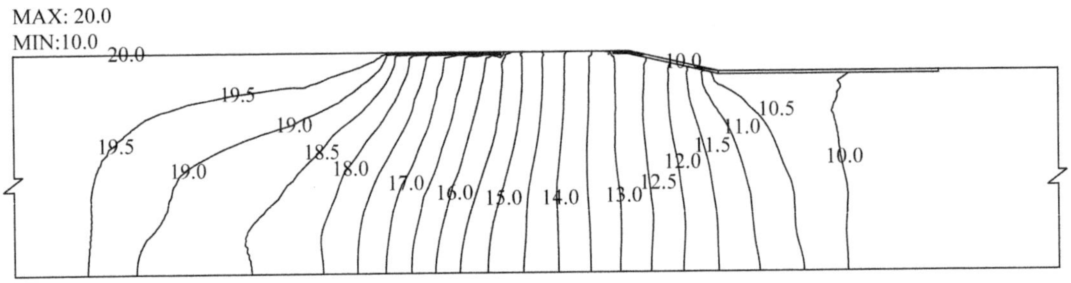

图 7-12　工况 5 水头等值线分布(单位:m)

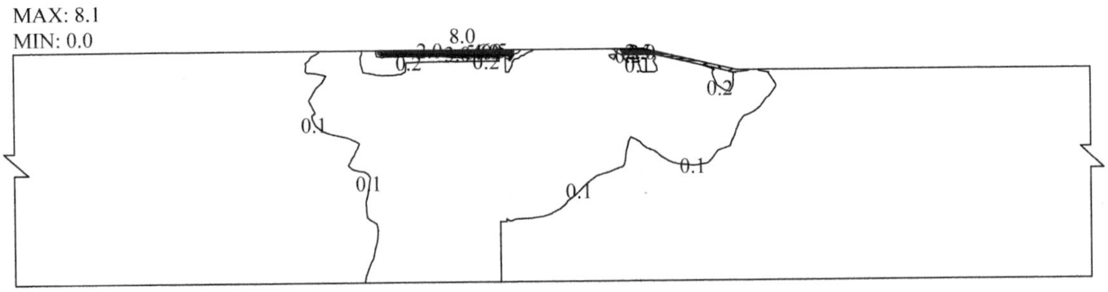

图 7-13　工况 5 渗透坡降等值线分布

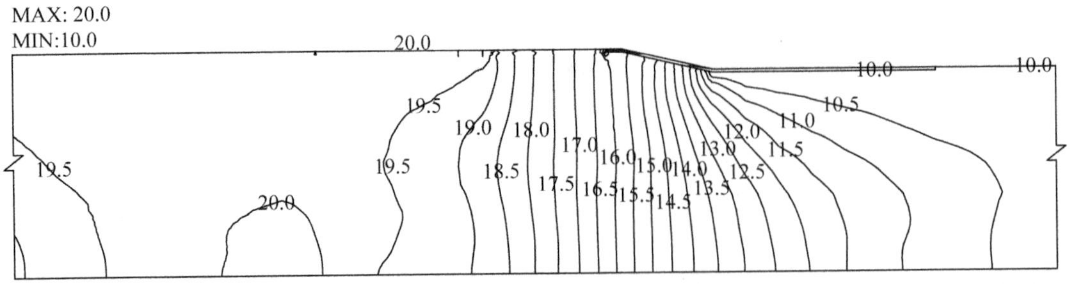

图 7-14　工况 6 水头等值线分布(单位:m)

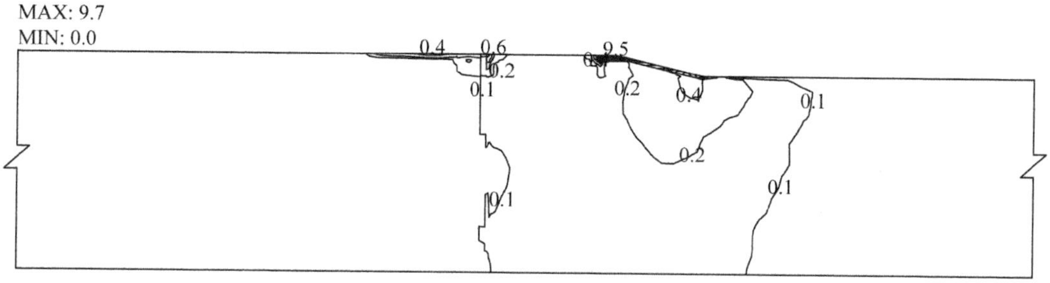

图 7-15 工况 6 渗透坡降等值线分布

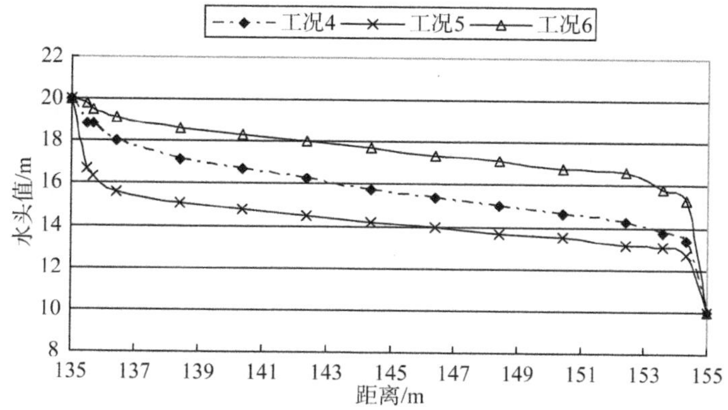

图 7-16 工况 4～工况 6 闸基扬压力水头值对比曲线

7.3.2.1 工况 1～工况 3

对比工况 1 和工况 2 的水头等值线图可以看到，图 7-4 中水头等值线分布整体上延，铺盖处渗透压力增大，闸基底板扬压力减小。从图 7-3 可知，坡降最大值为 5.8，发生在闸室底板和消力池的交接处。闸室底板和消力池为混凝土材料，最大渗透坡降小于材料的允许渗透坡降，其他地方最大的渗透坡降为 1.2，均小于材料的允许渗透坡降，故均满足要求。由图 7-5 可知，坡降最大值为 7.8，发生在混凝土铺盖处，不会发生破坏，满足要求；此时闸室底板和消力池底板的交接处坡降最大值为 2.0，比工况 1 的渗透坡降有所降低。通过对比图 7-2～图 7-5，不难发现，在弱透水地基上，混凝土铺盖能起到防渗作用。

工况 3 中模拟了混凝土铺盖两条 1 mm 的裂缝，这对于实际工程来说，是完全可能出现的情况。对比图 7-4 和图 7-6 可以看出，工况 3 的水头等值线明显有向上偏移的趋势，这说明上游的水头损失减小。工况 3 中，铺盖周围的坡降较工况 2 减小，最大值减小为 1.4。此工况中坡降最大值发生在闸室底板和消力池底板的交接处，为 6.2。这说明铺盖处的水头损失减小，增大了闸后的渗透压力。通过图 7-8 可知，工况 1 与工况 3 的闸基扬压力线基本上重合，工况 2 小于工况 1 和工况 3，工况 2 比工况 1 单宽闸基扬压力小 9.38%。这说明在混凝土铺盖完好时，闸基扬压力减小，增加了工程的稳定性；当混凝土铺盖有裂缝时，这时的扬压力基本上和无铺盖时的扬压力大小相同，这说明当混凝土铺盖产生裂缝时，铺盖的防渗作用已经消失。如果要保证混凝土铺盖不发生微小的裂缝，这样就对混凝土铺盖施工和保养措施提出了很高的要求。由于环境、荷载和运行方式等因素影响，混凝土铺盖很容易产生多条裂缝，这时混凝土铺盖的作用大打折扣，甚至不起作用。因此，在弱透水地基上设置混凝土铺盖，所起防渗效果不明显，混凝土铺盖主要起到防冲的作用。

7.3.2.2 工况 4～工况 6

工况 4，当铺盖止水遭到破坏时，对比图 7-9 和图 7-2，不难发现，其与工况 1 的水头分布情况趋于一致。这时，铺盖相当于浮在上游水头上，与工况 2 铺盖的止水结构完好时相比，没有起到防渗作用，此时铺盖丧失了防渗功能。工况 4 的渗透坡降最大值是 5.9，亦与无铺盖时的渗透坡降分布情况和渗透坡降最大值基本一致。该工况的渗透坡降最大值发生在闸室底板和消力池交接处。从图 7-11 可知，工况 4 和工况 1 的闸基扬压力曲线基本重合，这说明当混凝土铺盖的止水结构破坏时，铺盖不能起到防渗作用。

工况 5，由图 7-12 可以看出，铺盖加厚且结构完好时，上游水头线顺铺盖向上游延伸，水头损失也主要发生在这里。由图 7-13 可知，渗透坡降最大值为 8.1，亦位于铺盖处。水头线分布和工况 1 相比，没有什么变化。这说明在弱透水层地基上加厚混凝土铺盖，不能有效改善渗流场。

工况 6，当加厚铺盖产生裂缝，由图 7-14 可以看出，渗流场与工况 5 相比，发生了较大的变化，水头分布明显向下游移动，水头损失主要发生在消力池的斜坡段，上游的水头损失比工况 4 还少。从图 7-15 可以看出，渗透坡降最大值为 9.7，发生在消力池的斜坡段。从图 7-16 可以发现，在铺盖加厚、产生裂缝的时候，闸基扬压力为最大，甚至比没有加厚也产生裂缝时的闸基扬压力还大，更不利于闸基的稳定。

同样对比图 7-9 和图 7-14 亦不难发现，铺盖加厚后，有裂缝产生时，上游水头损失最小，渗流场水头分布最不利于结构整体的稳定。这说明即使加厚铺盖，只要有裂缝产生，铺盖就不起作用，且铺盖越厚，越不利于工程稳定，和原来加厚铺盖的初衷相差甚远。产生这些现象主要是因为，缝隙的透水能力和缝隙宽度的立方成正比关系，即缝隙流立方定律。只要有裂缝产生，缝隙的透水能力会迅速增大，铺盖就相当于漂浮在水上；而对于地基而言，则相当于增加了上游水头。随着水闸的长期运行，要求混凝土铺盖完全不出现裂缝，在现有的施工方法、运行模式和可用材料的条件下，这几乎是做不到的。因此，在弱透水地基上把设置混凝土铺盖作为防渗措施，从安全和经济的角度出发，并不科学合理。所以，在遇到弱透水地基的实际工程中，如果为了减少闸基的扬压力，一味地增加混凝土铺盖的厚度，并不能解决实际问题，甚至还会起到反作用。因此在弱透水地基上，不宜把加厚混凝土铺盖作为改善渗流场的主要手段。

7.4 成层地基防渗结构影响分析

7.4.1 弱-强透水层地基结构防渗措施影响分析

该模型中，地基结构分布顺序为黏土-砂砾石-基岩。根据不同的防渗结构情况选取共计 12 个计算工况(表 7-2)。黏土渗透系数取 1.8×10^{-7} cm/s,砂砾石渗透系数取 1.8×10^{-5} cm/s,基岩渗透系数取 1.0×10^{-4} cm/s,混凝土铺盖渗透系数取 1.0×10^{-9} cm/s,防渗墙渗透系数取 1.0×10^{-9} cm/s。

表 7-2　计算工况的特征描述

工况	上游水位/m	下游水位/m	工况描述
工况 1	20	10	无混凝土铺盖,无防渗墙
工况 2	20	10	设置铺盖,无防渗墙
工况 3	20	10	设置铺盖,止水结构破坏,无防渗墙
工况 4	20	10	无铺盖,防渗墙深 8 m
工况 5	20	10	无铺盖,防渗墙深 12 m
工况 6	20	10	无铺盖,防渗墙延伸到砂砾石层
工况 7	20	10	无铺盖,防渗墙延伸到基岩下 2 m
工况 8	10	3	无铺盖,防渗墙延伸到基岩下 2 m
工况 9	20	10	有铺盖,防渗墙深 12 m
工况 10	20	10	有铺盖,止水结构破坏,防渗墙深 12 m
工况 11	20	10	无混凝土铺盖、防渗墙,有减压井,深入砂砾石层 2 m
工况 12	20	10	无混凝土铺盖、防渗墙,有减压井,深入砂砾石层 4 m

7.4.1.1　计算工况

7.4.1.2　计算工况分析

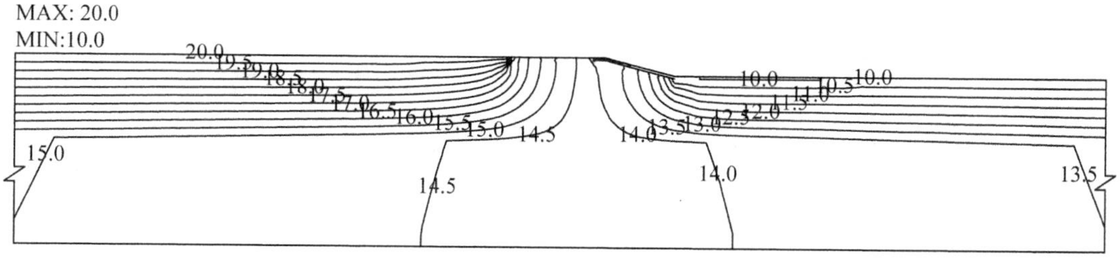

图 7-17　工况 1 水头等值线分布(单位:m)

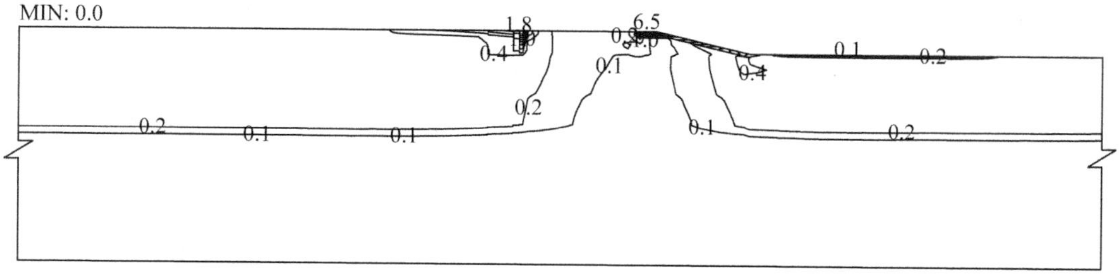

图 7-18　工况 1 渗透坡降等值线分布

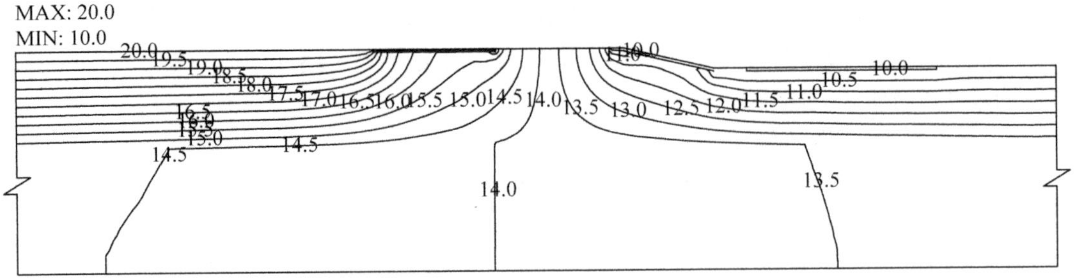

图 7-19　工况 2 水头等值线分布(单位:m)

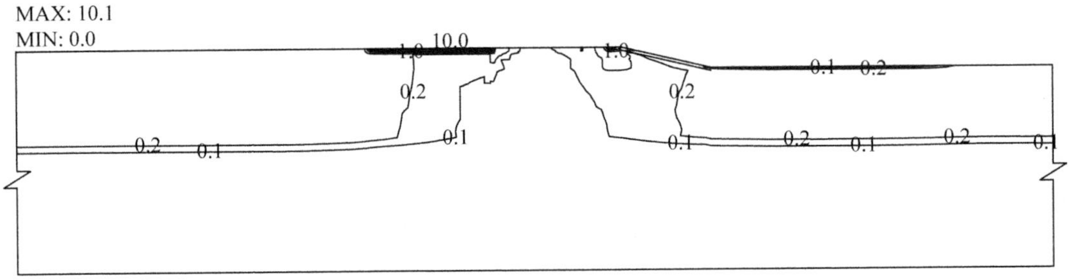

图 7-20　工况 2 渗透坡降等值线分布

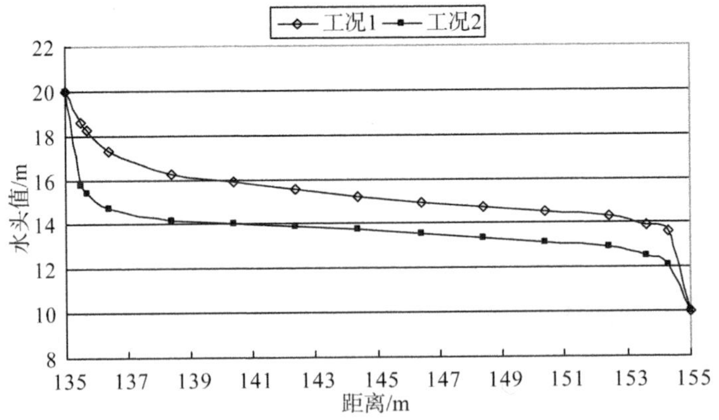

图 7-21　工况 1 和工况 2 闸基扬压力水头值对比曲线

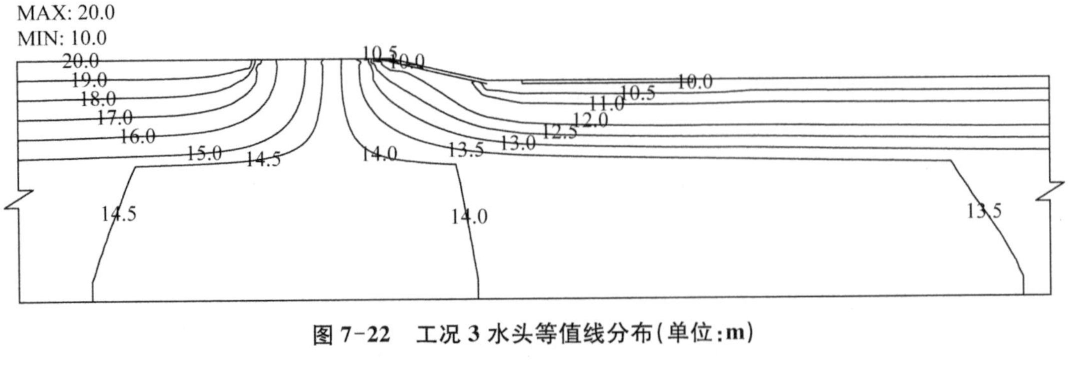

图 7-22　工况 3 水头等值线分布(单位:m)

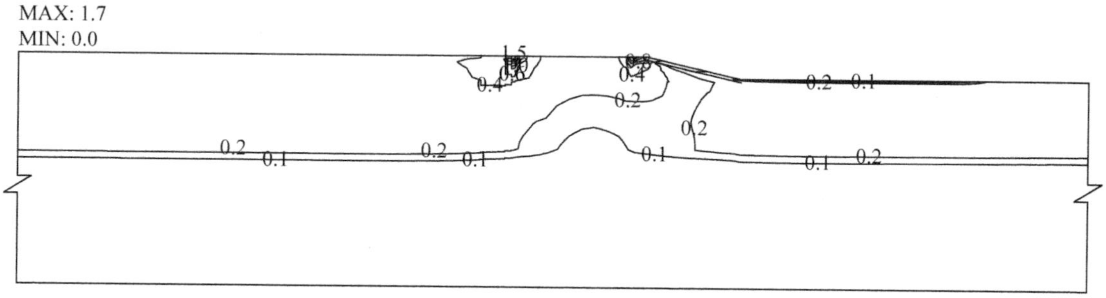

图 7-23 工况 3 渗透坡降等值线分布

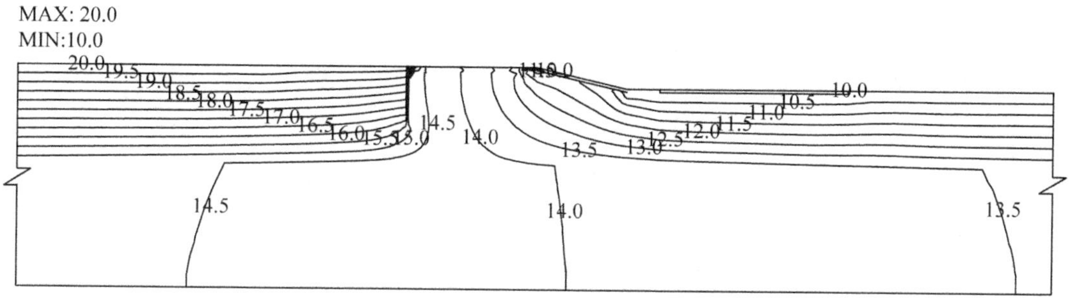

图 7-24 工况 4 水头等值线分布(单位:m)

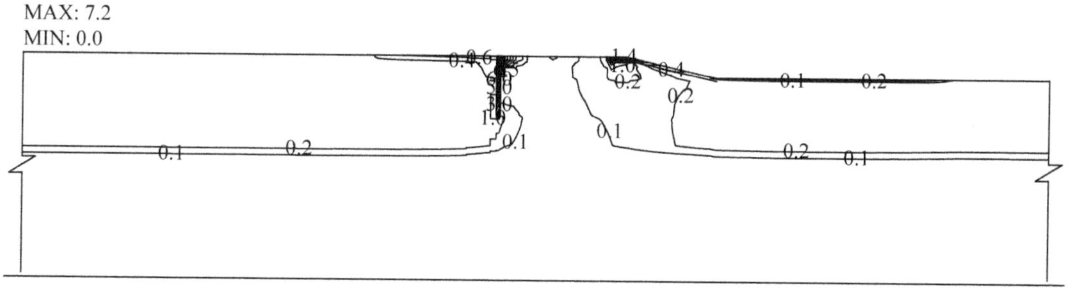

图 7-25 工况 4 渗透坡降等值线分布

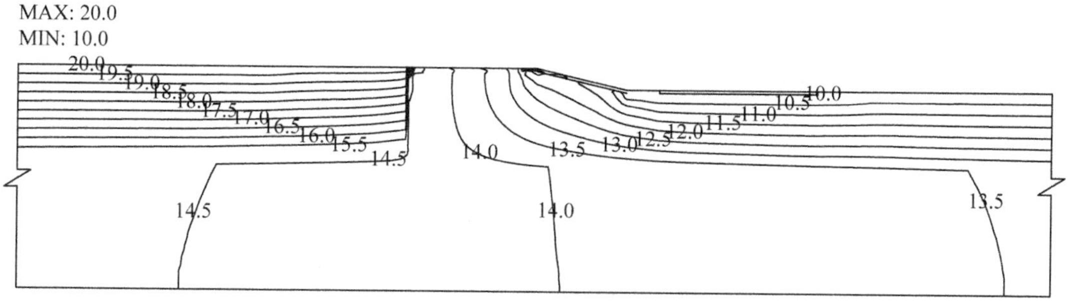

图 7-26 工况 5 水头等值线分布(单位:m)

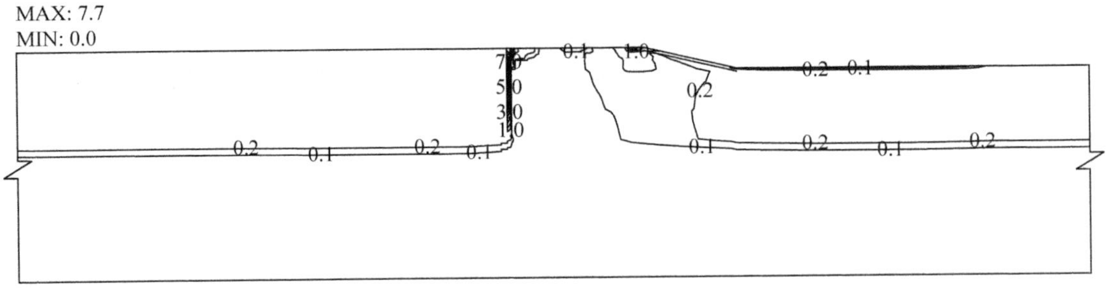

图 7-27　工况 5 渗透坡降等值线分布

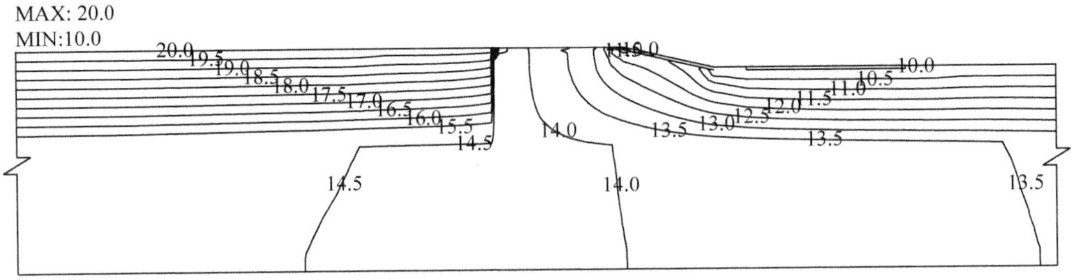

图 7-28　工况 6 水头等值线分布(单位:m)

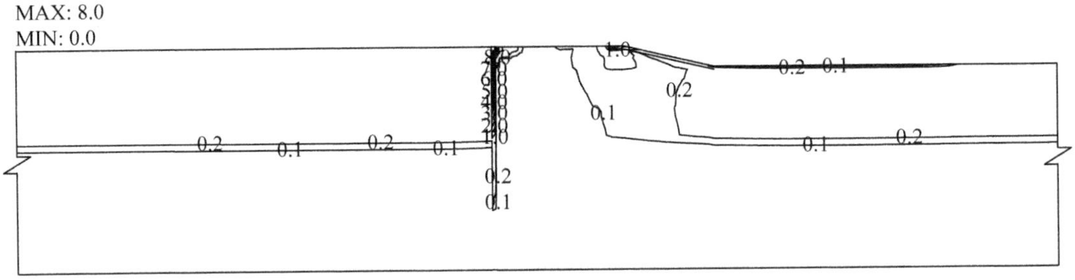

图 7-29　工况 6 渗透坡降等值线分布

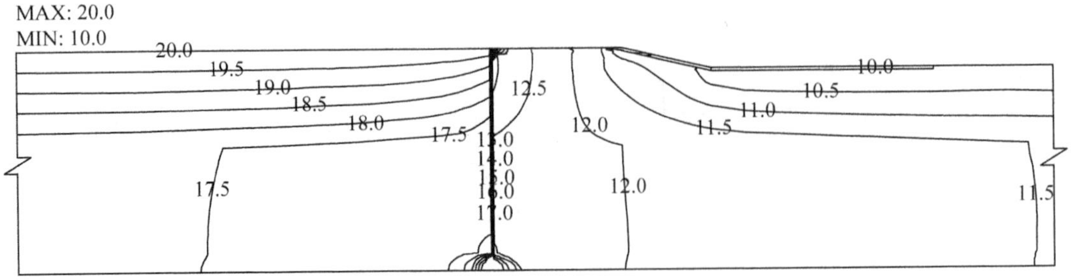

图 7-30　工况 7 水头等值线分布(单位:m)

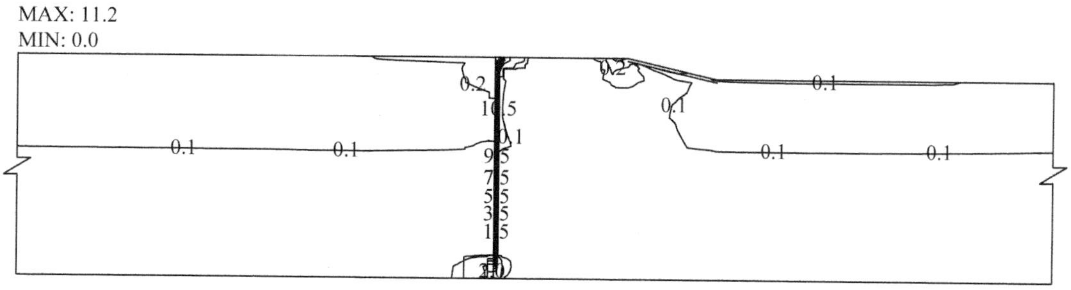

图 7-31 工况 7 渗透坡降等值线分布

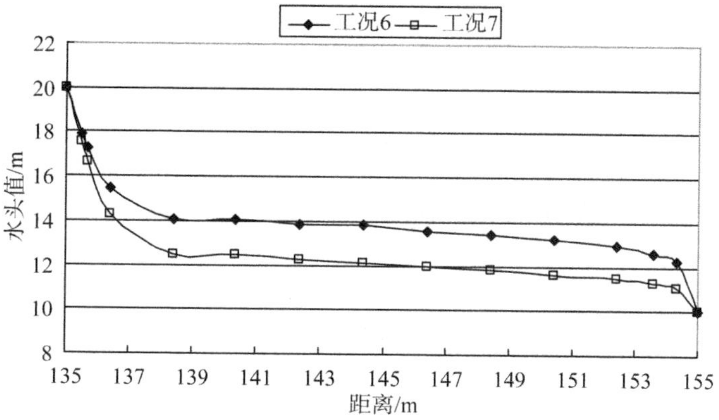

图 7-32 工况 6 和工况 7 闸基扬压力水头值对比曲线

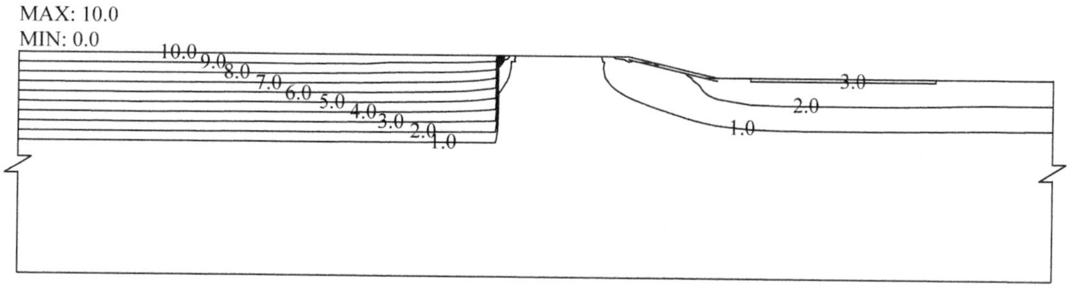

图 7-33 工况 8 水头等值线分布(单位:m)

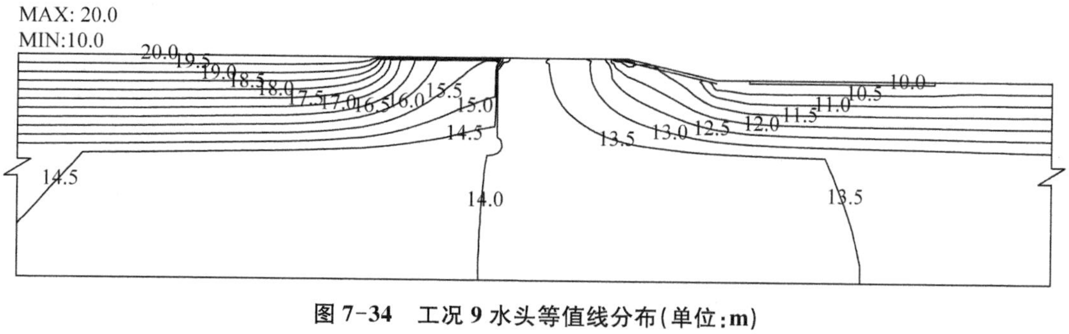

图 7-34 工况 9 水头等值线分布(单位:m)

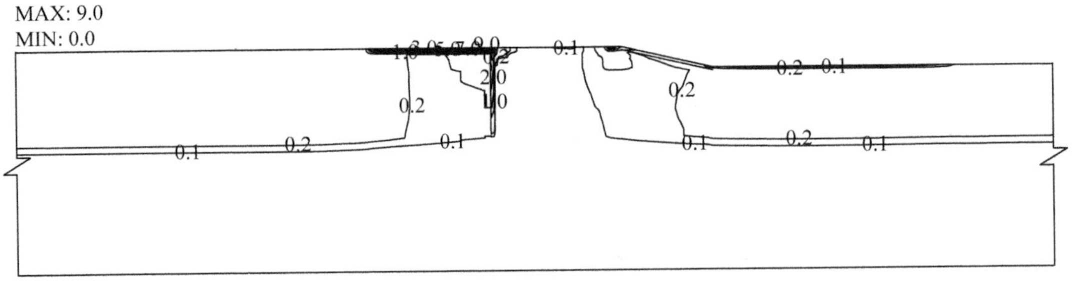

图 7-35　工况 9 渗透坡降等值线分布

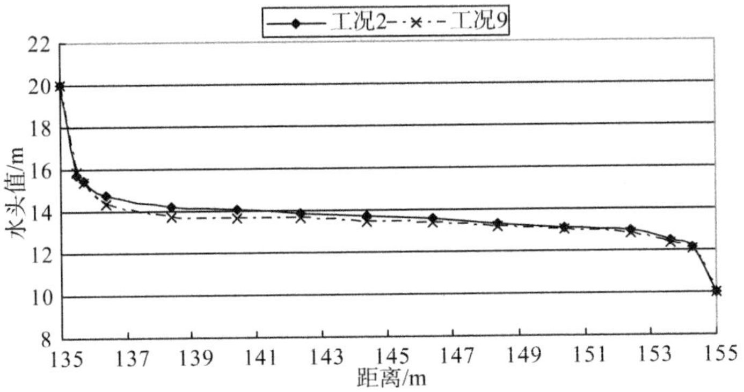

图 7-36　工况 2 和工况 9 闸基扬压力水头值对比曲线

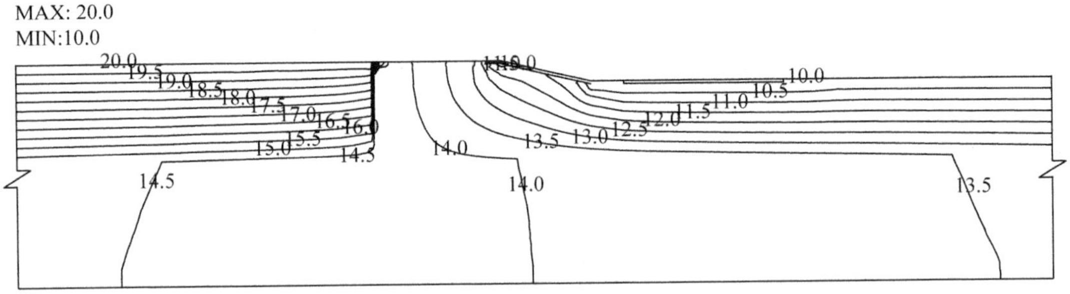

图 7-37　工况 10 水头等值线分布(单位:m)

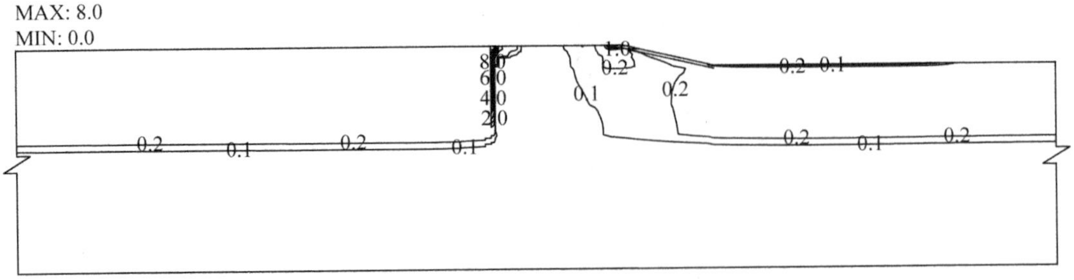

图 7-38　工况 10 渗透坡降等值线分布

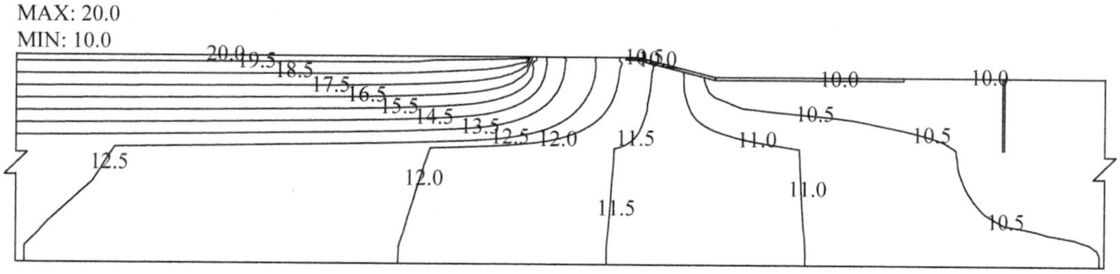

图 7-39 工况 11 水头等值线分布(单位:m)

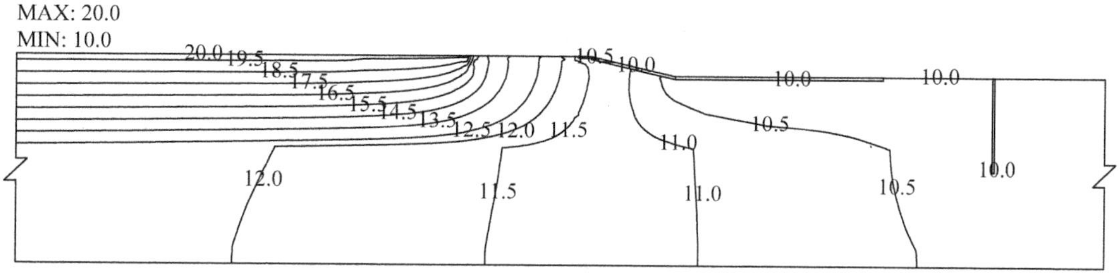

图 7-40 工况 12 水头等值线分布(单位:m)

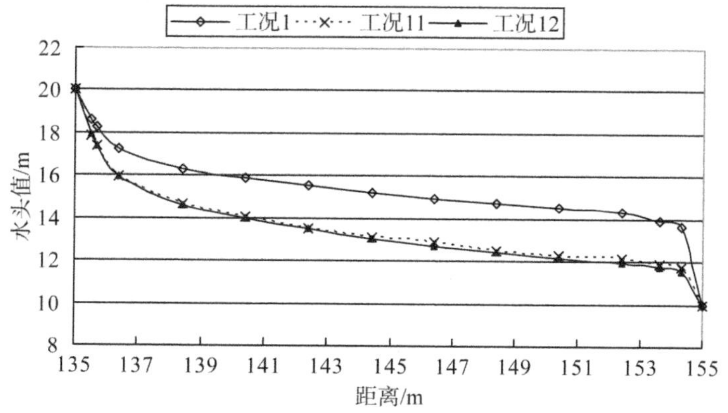

图 7-41 工况 1、工况 11 和工况 12 闸基扬压力水头值对比曲线

1. 工况 1 和工况 2

工况 1,从图 7-17 可以看出,黏土层中水头等值线分布较密,占整个渗透水头线的绝大部分,且呈水平状分布;而砂砾石层水头分布则稀疏得多,仅仅有 13.5~15.0 m 的水头线延伸到了该层。这说明水头损失绝大部分发生在黏土层,上、下游渗流以垂直入渗为主导作用,经过闸基底板向下游渗透。从图 7-18 渗透坡降等值线图也可以看出渗透坡降也主要发生在黏土层中,最大值是 6.5,发生在闸基底板和消力池交接处,不影响安全稳定。

工况 2,从图 7-19 可以看出,当在黏土层地基上设置混凝土铺盖时,与工况 1 相比,上游水头线沿铺盖底板偏向上游移动。从图 7-20 可以知道,最大的渗透坡降为 10.1,发生在铺盖处;闸基底板和消力池交接处渗透坡降为 1.0,比工况 1 减小了许多。这说明混凝土铺盖有效减少了下游渗透压力和渗透坡降,有利于下游稳定。通过工况 1 和工况 2

的闸基扬压力水头值对比曲线图，我们可以知道工况 2 的闸基扬压力比工况 1 小。因此，可知混凝土铺盖起到了很好的防渗作用，增强了闸基和下游出口处的稳定性。

2. 工况 3

从图 7-22 可以看出，水头等值线主要还是分布在黏土层中，13.5～14.5 m 水头线延伸到了砂砾石层，和工况 1 水头等值线分布情况非常接近。从工况 3 的渗透坡降等值线图图 7-23 可以看出，该截面铺盖处的渗透坡降最大值为 1.7，和工况 1 中该处的渗透坡降值 1.8 非常接近。这说明，当铺盖建立在相对不透水层上，且铺盖与铺盖之间或铺盖与闸室底板之间的止水结构遭到破坏时，渗透水流在没有能量损失的情况下很容易通过薄弱区直接到达铺盖底部，使铺盖悬浮在水中，完全起不到防渗作用。对比工况 2 发现，虽然水平铺盖的防渗作用是明显的，但是一旦止水结构发生破坏，铺盖就形同虚设，起不到工程价值。这和单层地基的情况是一致的。

3. 工况 4

从图 7-24、图 7-25 可以看到，闸基设有垂直防渗墙时，在闸室黏土层等水头线仍呈相互平行的水平直线，渗透最大值发生在防渗墙处，闸基底板水头线分布明显减少，只有少部分渗透水流绕过防渗墙作用在闸基底板上。由此可见渗透水流垂直渗入黏土层后，绕过垂直防渗墙，进入闸室下游段，大部分渗透水头损失在黏土层和垂直防渗墙中，防渗墙能起到很好的防渗作用，减少闸基底板扬压力。

4. 工况 5～工况 8

工况 5，防渗墙加深 3 m，深度达到了 12 m，防渗墙末端还位于黏土层中。从图7-26 可以看出，14.5 m 的水头线下部已经靠近防渗墙。通过渗透坡降等值线分布图（图 7-27）可知，工况 5 最大渗透坡降值为 7.7，发生在防渗墙处，比工况 4 增大了 0.5。通过和工况 4 对比，不难发现，随着防渗墙深度的逐渐加深，防渗墙后的水头等值线逐渐向防渗墙靠拢，防渗墙的防渗作用不断增强，起到了很好的防渗作用。

工况 6，防渗墙深入到了砂砾石层。通过对比图 7-28、图 7-29 和图 7-26、图 7-27 可知，此时水头分布情况、坡降分布情况和最大值几乎没有变化。这说明当防渗墙深入到透水层时，透水层中的防渗墙几乎不起作用，如同浸泡在水中。

工况 7，防渗墙深入到基岩时，根据图 7-30 可以看出，整体渗流场发生了较大的变化。与工况 4～工况 6 相比，黏土层中的水头线分布明显减少，闸基扬压力水头值亦明显减小，水头等值线主要集中在防渗墙处。由图 7-31 可知，渗透坡降最大值为 11.2，发生在防渗墙处；防渗墙后的渗透坡降明显减小。由图 7-32 可知，工况 7 比工况 6 的闸基扬压力明显减小。由此可见，水头损失除了发生在黏土层外，还发生在防渗墙处，这说明此时防渗墙深入到基岩后，发挥了很好的防渗作用。

工况 8，当上游水位取 10 m，下游水位取 3 m 时，这时防渗墙还是深入到基岩，从水头等值线分布图（图 7-33）可以看出，水头等值线全部分布在黏土层中，透水层和基岩并没有水头线分布；在闸室上游段，等水头线呈几乎相互平行的水平直线，渗透水流垂直渗入黏土层，然后绕过垂直防渗墙，进入闸室下游段；大部分渗透水头损失在黏土层和垂直防渗墙中，只有少部分渗透水流绕过防渗墙作用在闸底板上。由此可见，此时防渗墙起防渗作用的主要是黏土层段，只要到达弱透水层的底部，就可以起到理想的防渗效果，深入到基岩并没有什么工程价值。这时如果设计的铺盖深入到了基岩，就造成了不必要的浪费，增加了工程投资。结合工况 7 可知，防渗墙并不一定均须深入到基岩中。《水闸设计规范》(SL 265—2016)第 4.3.7 条并没有对闸基为黏性土时铺盖前端的垂直防渗体进行设计说明，在实际工程中，如果设计人员设计过于保守，则造成了浪费，增加了工程投资。因此，对于黏性土等弱透水地基上、下游水头较小的情况，垂直防渗体只深入到黏土层等弱透水层地基即可；对于上、下游水头较大的情况，垂直防渗体则应尽量深入到相对不透水的基岩内。对于具体工程，应尽量做到具体情况具体分析，努力做到安全、合理、经济。

5. 工况 9

工况 9，闸基同时设有垂直防渗墙和水平铺盖，从图 7-34 中可以看到，等水头线主要分布在黏土层中，等水头线几乎呈相互平行的水平直线，渗透水流垂直渗入黏土层，然后经过铺盖流向下游，与工况 2 相比，两者的等水头线分布非常相似。通过图 7-35 可知，最大的渗透坡降值为 9.0，发生在铺盖处，防渗墙处渗透坡降较小，渗透坡降最大值发生位置和工况 2 相同。从图 7-36 也可以看出，这两种工况的闸基扬压力相差不多。这说明，在铺盖止水结构完整的情况下，起防渗作用的主体是铺盖，垂直防渗墙几乎不起作用。

6. 工况 10

工况 10，闸基设有垂直防渗墙和水平铺盖，防渗墙只是插入黏土层底部，且铺盖止水结构遭到破坏，从图 7-37 可以看到，其等水头线分布与工况 5 及工况 6 几乎一样，这说明在铺盖止水结构完整的情况下，起防渗作用的主体是铺盖，垂直防渗墙几乎不起作用；但是一旦铺盖止水结构遭受破坏，起防渗作用的将会是防渗墙。

7. 工况 11～工况 12

工况 11，增设有减压井，并深入到砂砾石层 2 m。从工况 11 的水头等值线分布图(图 7-39)可以看出，当下游布置减压井作为防渗措施时，和工况 1 相比，闸基渗流场分布情况发生了较大变化，下游水头线分布减少，承受水头压力明显减小，闸室底板承受的扬压力也明显减小。从图 7-41 闸基扬压力水头值对比曲线也可以看出，工况 11 的闸基扬压力明显比工况 1 小。

工况 12 中减压井向下延伸了 4 m，这样做主要是为了研究当减压井深入强透水层后，加深减压井对渗流场产生的影响效果。对比图 7-39～图 7-41，我们不难发现，当减压井深度减小后，主要对下游渗流场有影响，对上游渗流场分布及闸基扬压力影响甚小，工况 11 和工况 12 的闸基扬压力基本重合。

因此，在弱透水层在上的成层地基上，作为防渗措施，结合防渗效果和工程造价等方面考虑，下游减压井的深度达到强透水层即可，不必过多地深入到强透水层。

7.4.2 强-弱透水层地基结构防渗措施影响分析

该情况仍沿用 7.4.1 节中的计算模型，地基结构分布顺序为砂砾石-黏土。根据不同的防渗结构情况选取共计 8 个计算工况(表 7-3)。黏土渗透系数取 1.8×10^{-7} cm/s,砂砾石渗透系数取 1.8×10^{-5} cm/s,混凝土铺盖渗透系数取 1.0×10^{-9} cm/s,防渗墙渗透系数取 1.0×10^{-9} cm/s。上、下游水位分别均取 20.0 m、10.0 m。

表 7-3 计算工况的特征描述

工况	上游水位/m	下游水位/m	工况描述
工况 1	20.0	10.0	无混凝土铺盖,无防渗墙,无减压井,有排水孔
工况 2	20.0	10.0	无混凝土铺盖,无防渗墙,无减压井,无排水孔
工况 3	20.0	10.0	设置铺盖长 20 m,铺盖完整,无防渗墙,有排水孔
工况 4	20.0	10.0	无铺盖,防渗墙深 8 m,位于强透水层,有排水孔
工况 5	20.0	10.0	无铺盖,防渗墙延伸到黏土层
工况 6	20.0	10.0	铺盖长 20 m,防渗墙深 8 m
工况 7	20.0	10.0	防渗墙深 9 m,铺盖长 20 m
工况 8	20.0	10.0	防渗墙深 8 m,铺盖长 23 m

7.4.2.1 计算工况

7.4.2.2 计算工况分析

各工况的计算结果如图 7-42～图 7-53 所示。

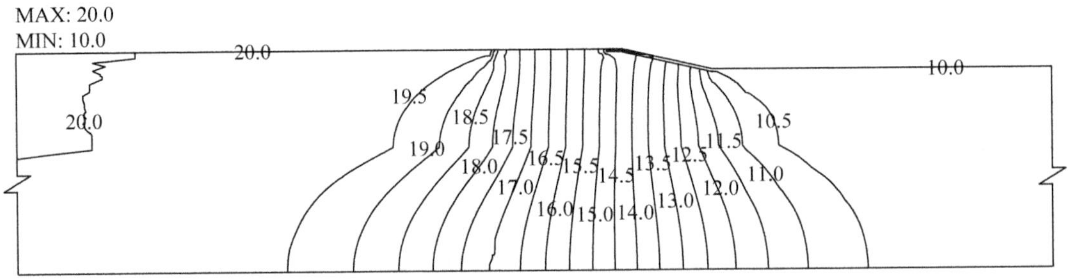

图 7-42 工况 1 水头等值线分布(单位:m)

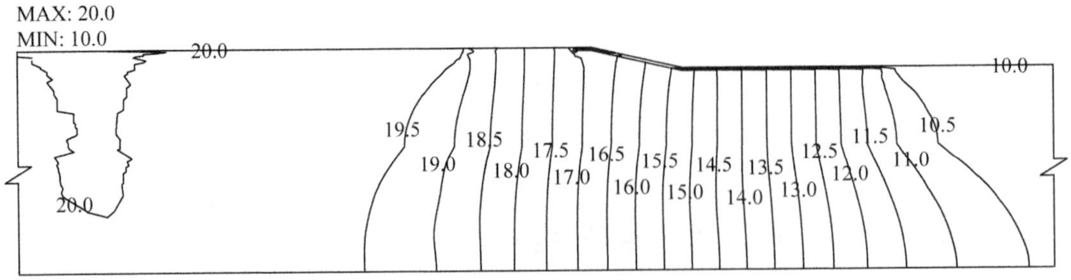

图 7-43 工况 2 水头等值线分布(单位:m)

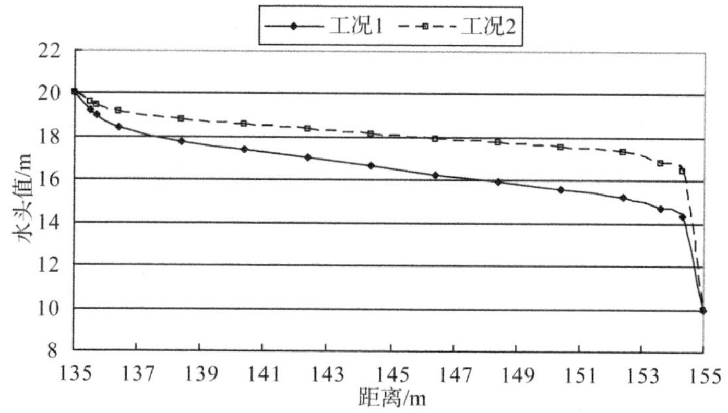

图 7-44 工况 1 和工况 2 闸基扬压力水头值对比曲线

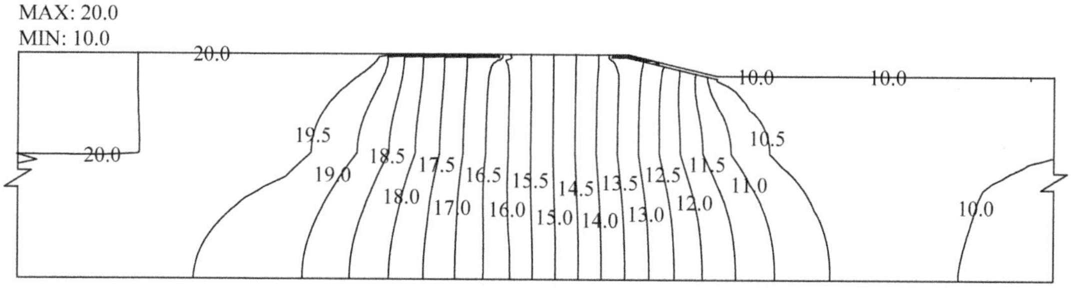

图 7-45 工况 3 水头等值线分布(单位:m)

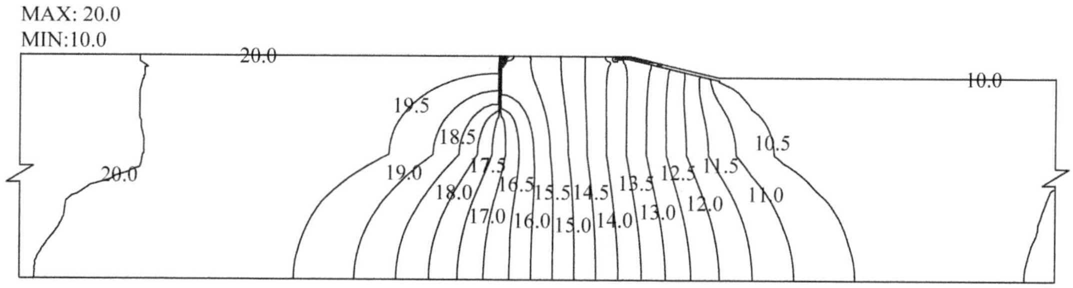

图 7-46 工况 4 水头等值线分布(单位:m)

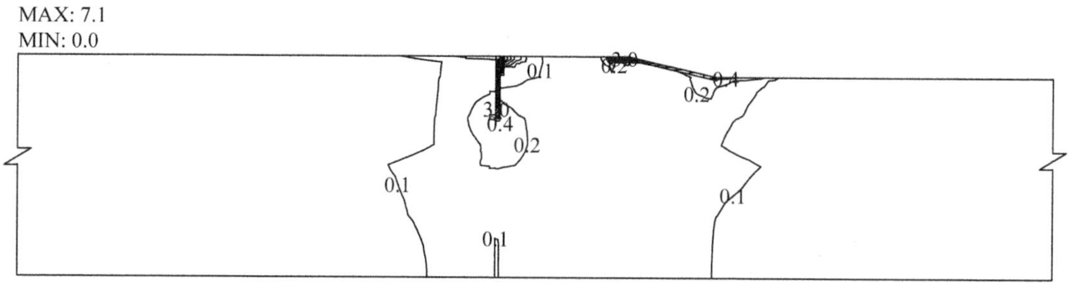

图 7-47 工况 4 渗透坡降等值线分布

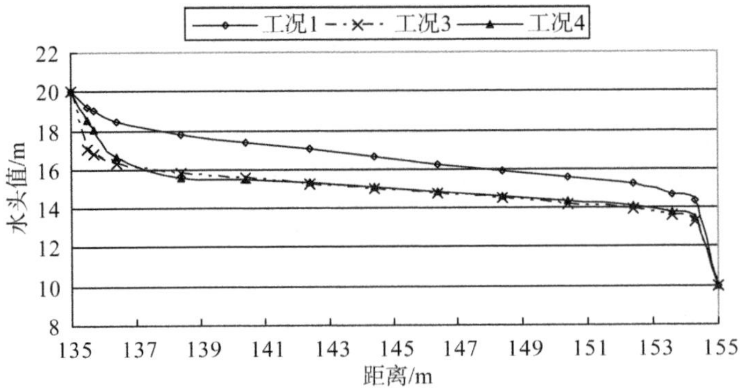

图 7-48　工况 1、工况 3、工况 4 闸基扬压力水头值对比曲线

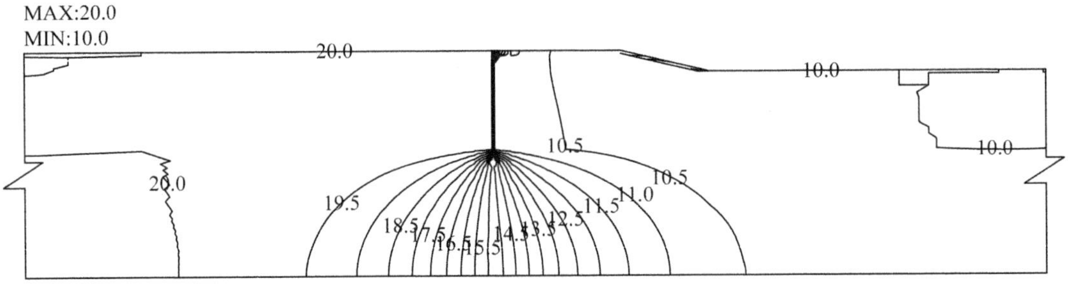

图 7-49　工况 5 水头等值线分布(单位:m)

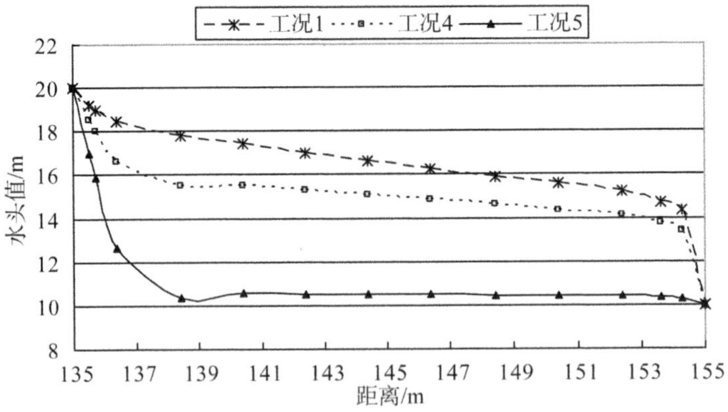

图 7-50　工况 1、工况 4、工况 5 闸基扬压力水头值对比曲线

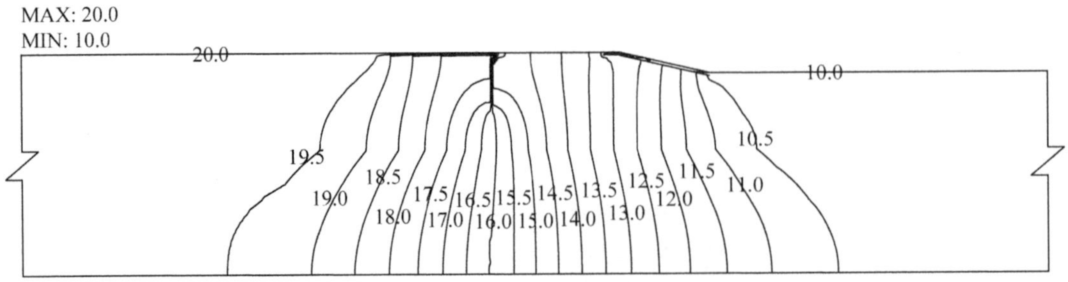

图 7-51　工况 6 水头等值线分布(单位:m)

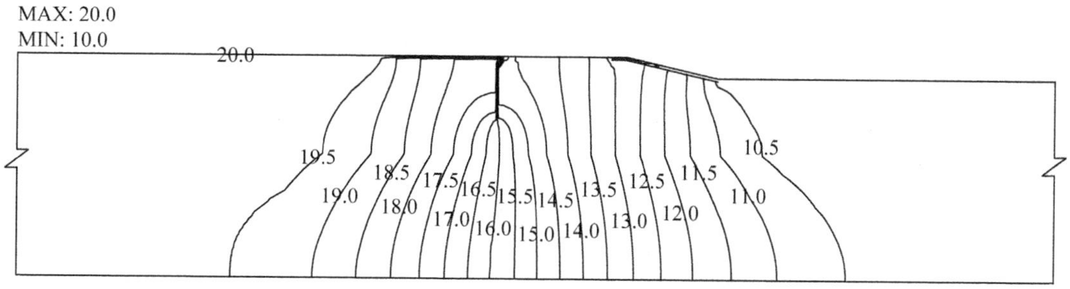

图 7-52 工况 7 水头等值线分布(单位:m)

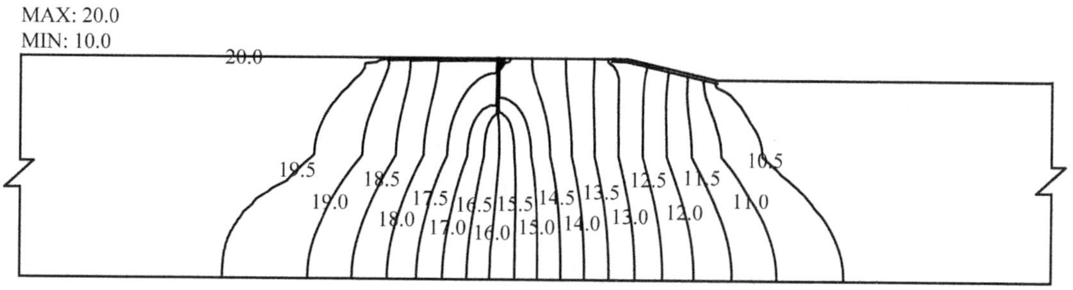

图 7-53 工况 8 水头等值线分布(单位:m)

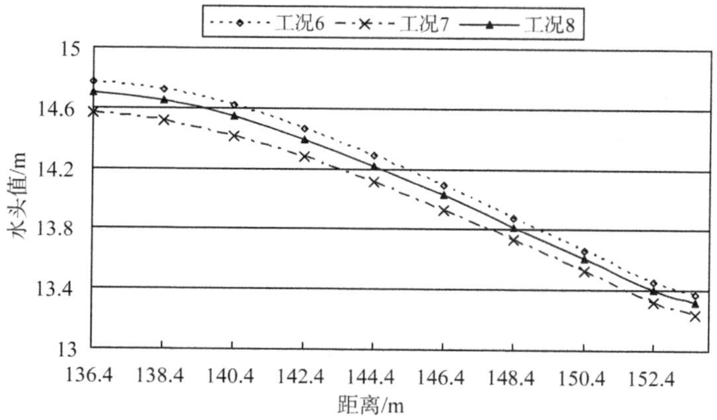

图 7-54 工况 6～工况 8 关键点扬压力水头值对比曲线

1. 工况 1 和工况 2

通过对比图 7-42、图 7-43 可以看出,在上层为透水地基的情况下,当下游不设置排水孔时,闸基底板后的水头线沿消力池底板向下游延伸,闸基扬压力水头值比布置排水孔时大,同时排水孔的影响随着与上游闸基底板距离的增加逐渐减少。同时,从工况 1 和工况 2 的闸基扬压力水头值对比曲线(图 7-44)中也可以得出,排水孔对闸基底板后半部分渗流场影响较大。因此,在闸基后设置排水孔可以减小闸基底板的扬压力水头值,增加工程的安全性。

2. 工况 3～工况 5

工况 3,通过对比图 7-42 和图 7-45 可以看出,在设置铺盖后,上游水头线沿铺盖向上游延伸,闸基底板扬压力较工况 1 减小,但是对闸基底板后部分渗流场影响逐渐减小。

工况 4,通过对比图 7-42 和图 7-46 可以看出,在设立悬挂式防渗墙后,闸基底板的水头等值线比工况 1 向上游移动,闸基底板扬压力水头线分布减少;防渗墙处水头损失比其他部位大。同时我们从图 7-46 也可以看出,悬挂式防渗墙对其周围部位的渗流场影响较大,但是对其他部位的影响逐渐减小,到了闸基底板后、消力池处影响基本消失。从图 7-47 中可以看出,在工况 4 的条件下,在防渗墙周边区域内,渗透坡降较大,防渗墙深处末端的渗透坡降在 0.4 左右,因此应该做好防渗墙深处末端的保护,防止由于渗透坡降过大带走颗粒而产生的渗透破坏。

从图 7-48 中也可以看出,工况 3 和工况 4 的闸基扬压力均比工况 1 小,并且闸基底板前半部变化幅度比底板后半部大。这是因为铺盖和防渗墙均设置在闸基前半部,这些防渗措施对其周围的渗流场有影响。在这三种工况条件下,工况 3 比工况 1 的闸基扬压力减小 9.79%,工况 4 比工况 1 的闸基扬压力减小 8.89%。

工况 5,防渗墙深入到了相对不透水层,从图 7-49 可以看出,这时整个渗流场性态较好,防渗墙截断了渗流通道,使得绝大部分水头损失发生在防渗墙处。

从图 7-50 的闸基扬压力水头值对比曲线中我们不难发现,在工况 4 未截断渗流通道的情况下,闸基扬压力有所减小;而在工况 5 截断渗流通道的情况下,闸基扬压力有了很大幅度的减小,比工况 4 降低闸基底板扬压力效果显著。工况 5 中,闸基扬压力在防渗墙位置附近,闸基底板扬压力水头值就从上游的 20 m 骤降至 10.5 m 左右,防渗墙后的扬压力水头值基本维持在 10.0～10.5 m。由此可见,对于强透水层在上的地基,防渗墙深入相对不透水层时,防渗效果最好;而采用悬挂式防渗墙虽然能延长渗径,起到一定的防渗效果,但是防渗效果并不理想。

3. 工况 6～工况 8

以工况 6 为参考标准,对工况 7 和工况 8 进行对比分析。对工况 6～工况 8 分别在闸基底板上取 10 个关键结点(关键点处于同一平面上),然后通过计算,对比这 10 个关键结点在这 3 种工况中的扬压力水头值。具体见表 7-4。

表 7-4　关键结点水头计算值　　单位:m

关键结点号	h_6	h_7	h_8	$(h_7-h_6)/h_6$	$(h_8-h_6)/h_6$
2489	14.777	14.563	14.702	−0.014 48	−0.005 08
2639	14.724	14.515	14.65	−0.014 19	−0.005 03
2640	14.615	14.415	14.543	−0.013 68	−0.004 93
2641	14.466	14.277	14.396	−0.013 07	−0.004 84
2642	14.286	14.111	14.22	−0.012 25	−0.004 62
2643	14.088	13.926	14.026	−0.011 5	−0.004 4

续表

关键结点号	h_6	h_7	h_8	$(h_7-h_6)/h_6$	$(h_8-h_6)/h_6$
2644	13.878	13.727	13.819	−0.010 88	−0.004 25
2645	13.662	13.522	13.606	−0.010 25	−0.004 1
2646	13.45	13.319	13.397	−0.009 74	−0.003 94
2647	13.37	13.242	13.318	−0.009 57	−0.003 89

注：h_6—工况 6 中结点水头值；h_7—工况 7 中结点水头值；h_8—工况 8 中结点水头值。

《水闸设计规范》(SL 265—2016)对第 6.0.4 条进行说明时指出，在对防渗长度计算时推荐莱因法：垂直防渗板桩的防渗效果是水平底板的 3 倍，即

$$L = L_x/3 + L_y \tag{7-4}$$

式中：L 为防渗长度；L_x 为水平段长度；L_y 为垂直段长度。

依据莱因法的观点，在相同的基础上，防渗板桩加深 1 m 和水平防渗体延伸 3 m 起到的防渗效果应该是一样的。

工况 7、工况 8 是在工况 6 的基础上分别采用防渗墙加深 1 m 和铺盖延长 3 m 的计算工况。从表 7-4 可以看出，工况 7 比工况 8 关键节点水头值小。根据表 7-4 对各关键结点扬压力水头值与工况 6 相比减小率的计算结果可以看出，工况 7 的减小率平均是工况 8 减小率的 2.6 倍。因此可以看出，莱茵法中提出的“垂直防渗板桩的防渗效果是水平底板的 3 倍”的观点不能正确地反映计算防渗长度时垂直防渗体和水平防渗体的关系，莱因法扩大了水平防渗体的防渗作用。在实际设计工作中，对于某些工程而言，在防渗措施中水平防渗体所占比例较大的情况下，如果采用莱因法计算渗径长度，就可能不满足防渗要求，甚至可能发生渗透破坏。

7.5 本章小结

通过对水闸多组典型工况的闸基渗流场有限元分析计算，可以得出闸基渗流场特性，可供设计与施工者参考。主要结论如下：

(1) 建在相对不透水地层上的铺盖只起到很有限的防渗作用。从整体防渗功能来看，这种作用是很小的，并且因止水破坏等原因而极易丧失。因此，在此种地基条件下，铺盖起不到应有的作用。在《水闸设计规范》(SL 265—2016)中，黏土地基的防渗措施主要采用混凝土、黏土或土工膜铺盖，有待商榷。

(2) 对于相对不透水层位于上部的地基，采用加厚混凝土铺盖的措施改善渗流场的做法并不科学合理。这种做法在混凝土铺盖无破坏的情况下是可行的，但是一旦铺盖发生裂缝或止水结构破坏，就会产生相反的结果，使渗流场形态变得更加恶劣。

(3) 对于相对不透水层位于上部的地基，因闸基特有的地层渗流特性，虽然表面上垂直防渗墙的防渗效果不如水平铺盖，但是工程意义重大，一旦止水结构发生破坏，垂直防

渗墙起到决定性的防渗作用。因此，防渗墙应严格设计，精心施工，确保质量。

(4) 对于相对不透水层位于上部的地基，最好能采用水平铺盖加垂直防渗墙的组合，由于铺盖的实际意义不大，在设计上可以采用抗冲刷的标准来设计铺盖。

(5) 对于相对不透水层位于上部的地基，防渗墙并不一定必须深入到基岩内，应做到具体工程具体分析。《水闸设计规范》(SL 265—2016)第 4.3.7 条有待商榷。

(6) 从闸基水头等值线分布情况可以看出，由于特有地层结构的缘故，防渗墙端部水头等值线非常密集，渗透坡降大，设计时应考虑不让其附近土体发生局部渗透变形破坏。

(7) 对于相对不透水层在上部的地基，下游减压井深入到强透水层即可，不必过多地深入到强透水层。

(8) 对于闸基坐落在强透水层的地基而言，防渗墙深入相对不透水层的防渗效果最好，悬挂式防渗体和水平防渗体的防渗效果不理想。

(9) 下游排水孔能起到一定的排水减压作用，增加工程的安全性，在工程运行中，应注意保持其畅通性，防止淤堵。

(10) 莱因法关于垂直防渗体和水平防渗体的防渗效果关系有一定的局限性，在有些条件下并不准确。《水闸设计规范》(SL 265—2016)第 6.0.4 条中，推荐莱因法计算防渗长度值得商榷。

8 闸基渗流异常现象实例分析

本章针对嶂山闸闸基渗流异常现象[33]，先将可能引起闸基渗流异常现象的主要因素概化为特征参数变量，再基于非稳定三维饱和-非饱和渗流机理和理论以及改进加速遗传算法，建立针对引起闸基渗流异常现象的特征参数变量的反分析数学物理模型，并经过复杂的反分析、正分析、对比分析和敏感性分析等手段，弄清了嶂山闸乃至平原地区水闸闸基渗流异常现象的各个具体成因，同时定量评价了目前嶂山闸闸基的渗流性态和安全性，建议和论证了相应的工程加固处理方法。

8.1 工程概况

嶂山闸于1959年开工建设，1961年建成，它位于江苏省宿迁市嶂山集西1.1 km处，上游为骆马湖水库，下接新沂河，是骆马湖的重要排洪控制工程。该闸闸身为钢筋混凝土结构，共36孔，每孔净宽10 m，闸身总长428.97 m，设缝墩，底板为二孔一联，共18块，底板高程(废黄河零点起算)15.50 m。闸两岸连接段为重力式钢筋混凝土岸墙，岸坡上、下游面有浆砌块石翼墙。上游最高防洪水位为36.00 m，闸上游正常挡水位为23.50 m，设计洪水位为25.4 m，校核洪水位为26.0 m，下游洪水位都为14.5 m。平时闸下游河道一般情况下无水。该闸的结构剖面图如图8-1所示①。

闸基的主要地层分布为：(1) 棕黄、黄夹灰白色黏土，含铁锰结核、砂礓，主要分布在高程0.80～15.50 m(闸建基面高程为13.5 m)。(2) 黄白色砂质黏土夹砂礓，含长石，主要分布在高程－0.60～0.80 m。(3) 棕红色壤土，主要分布在高程－2.00～－0.60 m。棕红色壤土以下分布有一定厚度的承压含水层(具体厚度尚不清楚)，该承压含水层的顶面即本书渗流场有限单元法计算域的底面边界，如图8-1所示。

8.2 闸基主要渗控措施

闸基渗控措施设计遵循“前堵后排”的原则，主要包括：(1) 在上游河道有长22 m的

① 本章插图均列于文后“附图”中。

混凝土铺盖，建闸时厚 0.5 m，后经两次加固，逐渐加厚，现厚达 1.0 m，用来防止上游河水的入渗，延长渗径，降低闸底板扬压力；混凝土铺盖之间有止水结构，厚 2.5 cm。(2) 闸底板上游面与铺盖之间也有止水结构，厚也为 2.5 cm，水闸加固时曾采用改进措施，以提高止水效果。(3) 在下游消力池的两岸和下游近闸河床布置一排减压井，用于降低闸基承压含水层的承压水头。(4) 在消力池水平段底板混凝土中布置密集型浅层排水孔，孔径 ϕ=60 mm，平面上按 1 m×1 m 的型式布置，孔深 1.0 m，穿过消力池底板混凝土，用于消力池底板底面的排水，降低消力池底板上的扬压力。

8.3 闸基渗流观测资料定性分析

8.3.1 测点分布

建闸时在闸基中就设置过测压管，由于种种原因后来未能观测。1969 年 7 月重新设置了 6 组测压管。根据工程需要，在 1991 年进行加固处理时，对闸底板测压管和两岸翼墙测压管进行了恢复，目前仍能正常工作的有 6 组 12 支，分别是 $1^{\#}$-1、$7^{\#}$-1、$12^{\#}$-1、$17^{\#}$-1 和 $1^{\#}$-2、$7^{\#}$-2、$12^{\#}$-2、$17^{\#}$-2，以及北上 $1^{\#}$、北下 $3^{\#}$、南上 $2^{\#}$、南下 $4^{\#}$，并从 1994 年开始积累了珍贵的连续观测资料。1999 年新增 4 组 8 支闸底板测压管，这 4 组分别是 $3^{\#}$-1、$5^{\#}$-1、$9^{\#}$-1，$14^{\#}$-1，$3^{\#}$-2、$5^{\#}$-2、$9^{\#}$-2 和 $14^{\#}$-2，并从 2000 年 2 月开始观测。图 8-2 为测压管布置的平面图，图 8-3 为测压管布置的剖面图。

8.3.2 测压管水位观测资料整理

根据现有的闸基测压管水位观测资料，可分别作出 $1^{\#}$、$3^{\#}$、$5^{\#}$、$7^{\#}$、$9^{\#}$、$12^{\#}$、$14^{\#}$ 和 $17^{\#}$ 共 8 组测压管 16 个测点的测压管水位随时间变化的历时过程线，如图 8-4～图 8-11 所示。其中原设的 4 组测压管($1^{\#}$、$7^{\#}$、$12^{\#}$ 和 $17^{\#}$)是从 1994 年开始观测记录的，新增的 4 组($3^{\#}$、$5^{\#}$、$9^{\#}$ 和 $14^{\#}$)测压管是从 2000 年开始观测记录的。对于水闸岸坡两侧翼墙内测压管水位观测值，因不影响本项目的主要研究内容和目的，在此未给出它们的测值过程线。

8.3.3 测压管水位观测资料定性分析

由图 8-4～图 8-11 可以看出：(1) 在 8 组测压管中，$7^{\#}$、$12^{\#}$ 和 $14^{\#}$ 共 3 组出现了所谓渗流异常现象：部分时段上游测点的测压管水位观测值会十分接近或大于上游河水位。(2) 上、下游测压管水位的测值受汛期影响较大，即每年的 6—9 月份，上、下游测压管水位一般都会周期性地出现一个波峰，在枯水期回落，上游部分测压管的所谓渗流异常现象也大多出现在这一时段。(3) 部分测点在一些时段，当上游水位上升时观测值反而下降，而上游水位下降时观测值又反而上升，明显地呈现出测压管水位变化的滞后现象。(4) 对于出现测压管水位渗流异常现象的测点，在大部分时段内同一组测压管上、下游测点观测值相差很大，通常都达到 3～5 m，明显高于其他无渗流异常现象的测压管组，相应地这些测压管所处的闸底板地基中的渗透水力比降相对较大，显示出闸段上游止水结构有损坏的迹象。此外，9# 测点闸段闸基的水力比降也呈现出偏大的迹象。(5) 下游水位对测压管水位影响很大，在汛期开闸泄洪时，下游水位的大幅度上涨会使上、下游测压管水位显著地跃升，在 1998 年、2000 年及 2001 年的汛期都明显有这一现象。(6) 除了近水闸两岸岸坡的 1# 及 17# 两组测压管外，总体上从闸南岸到闸北岸测压管水位的观测值呈逐步下降趋势。(7) 靠岸坡的 1# 和 17# 两组测压管水位的观测值和其他测压管水位的观测值有明显差别，一是过程线变化规律不同，二是这两组测点的上、下游测压管中的水位都明显低些，而且两者非常接近，这是因为靠近岸坡的测点受到两岸地下水和岸边减压井的影响显著。(8) 各组测压管下游测点的观测值都比较低且比较接近。(9) 部分测压管水位在部分时段显示出失效特征，如 7#-2 测点在 2001 年度的观测值明显过高，失真特征明显。另外，测压管水位观测历史记录显示，部分测压管在部分时段内曾出现堵塞现象，使得部分观测值和实际情况有出入。

通过对现有闸基地质资料、测压管水位观测资料以及有关水闸的加固改造资料的全面分析，可以初步定性地认为产生嶂山闸闸基所谓渗流异常现象的原因可能包括：(1) 距水闸的建基面仅仅只有 13 m 深处有承压含水层，并且承压水头在时间和空间上的分布是不均匀的。(2) 因黏土层的渗流滞后作用，测压管水位变化和上游河道水位的变化在时间上存在滞后现象，特别是因为闸基第一层地层为黏土层，这种渗流滞后现象在理论上可能会更加突出。(3) 局部地方闸底板上游铺盖与铺盖之间的止水结构以及铺盖与闸底板之间的止水结构可能已在某种程度上破坏，导致铺盖的防渗作用明显减弱，闸基上、下游之间渗径严重缩短，上游河水和闸基底板土层近似直接连通。(4) 下游减压井和排水孔排水不畅，导致它们的排水降压功能失效或部分失效。(5) 部分测压管存在观测误差或已失效。

对于缺失的水文地质、承压含水层分布情况和渗控措施的运行状况等资料，可通过本书提出的改进加速遗传算法进行渗流场的反分析[34-37]研究，基本上能够得到解决。

8.4 闸基渗流场有限单元法计算分析

8.4.1 计算模型

根据闸基渗流场的具体特点，建立只包含渗流异常现象测点的闸段小三维渗流场计算模型来进行研究，这是因为：(1) 闸基地层属成层分布的地质结构，地下承压水层沿闸轴线方向变化不会很大。(2) 1999 年产生渗流异常现象的 7# 及 12# 测点闸段的测压管水位观测资料十分丰富，且距河岸较远，承压水头分布相对稳定，闸基渗流流态相对简单，受观测资料的限制，对于无明显渗流异常现象的闸段选取包含 2000—2001 年度观测资料的 5# 测点闸段。(3) 相对稳定的承压水头可通过反分析获取。(4) 小规模三维模型已包含了影响闸基渗流场的主要因素。(5)闸址河道相对较宽，沿闸轴线的整个水闸相对很长，由上、下游河道水位水头差引起的闸基渗流流态主要呈准三维流态。(6) 从解决实际工程问题的要求和精度角度出发，进行整体大三维模型的反分析研究没有必要。

根据以上分析，确定了闸基渗流场的具体计算模型，选择 5[#]、7[#] 和 12[#] 观测组测点闸段作为典型研究对象，对于 5[#] 测点闸段将以 2000 年度观测资料作为反分析研究的依据，而 7[#] 和 12[#] 测点闸段以 1999 年度观测资料为反分析研究的对象。建模时两块相邻闸底板中墩所夹区域定为渗流场的计算域，计算域在闸轴线方向的两个侧面可视为渗流场中的水力对称面，不透水，这是兼顾了下游减压井和测压管水位测点的位置。计算域沿河床向上游延伸至距离闸底板 142 m，向下游延伸至距离消力池底板 166.5 m；向上取自闸底板顶面高程，上游水平铺盖也在计算域内，闸底板顶面以上部分混凝土结构不计入计算域内；向下取至地基承压含水层顶面高程 −2.0 m（目前还不知道承压含水层的厚度），距离闸建基面 13 m。整个计算域近似形成长×厚×高＝328.55 m×23.8 m×17.5 m 的长方体区域，图 8-12 为该计算域计算模型的单元网格。

反分析模型主要以 2000 年度 5[#] 测点闸段 30 组测压管水位的观测资料以及 1999 年度 7[#] 及 12[#] 测点闸段的 121 组测压管水位的观测资料为依据，对闸基黏土层、上游止水结构的抗渗特性，消力池底板浅层密集排水孔的工作状态，承压含水层承压水头的大小以及闸基计算域下游相对于上游地层中承压水头的折减系数和降压井位置处的承压水头的折减系数等进行了反分析识别。其中，对于下游浅层密集排水孔工作状态的模拟，因排水孔布置得十分密集（按 1 m×1 m 型式分布），若采用改进排水子结构技术进行精细严密的模拟，则会增加许多结点，使问题变得复杂化，并且反分析因工作量极大也将难以进行，因此采用简化措施，将表面分布的浅层密集排水孔所在的消力池底板混凝土单元渗透系数通过乘以一定的排水效力放大系数的办法，来考虑浅层排水孔的排水降压作用，这样简化不会明显影响渗流场的计算精度。

为了进一步搞清黏土层的渗流特性、上游纵横向止水结构、浅层密集排水孔的工作性态、承压水头的大小及其下游相对于上游的承压水头折减系数对闸基渗流场的影响，在反分析结果的基础上，又分别进行了相应的参数敏感性分析。根据本闸加固改造记录，上游混凝土铺盖已经过 2 次清理加固，工作状况应该比较稳定，无须对铺盖混凝土本身做敏感性分析。另外，计算域所涉及的各地层的材料均可按渗透各向同性材料来简单考虑。

对于初始渗流场确定，可通过给定的上、下游河道水位，在已有计算参数和先试算所获得的其他计算参数的基础上，根据黏土层的渗流特性，提前 5 年连续追踪计算闸上、下游水位的历时变化过程和闸基非稳定渗流场的仿真计算，以获得尽可能正确可靠的渗流场的初始解。

8.4.2 计算工况

反分析工况共有 3 个：分别对 5[#]、7[#]、12[#] 测点闸段渗流场中待定的相关参数，即闸基黏土层渗透系数 k_1、上游铺盖之间顺河道方向止水结构渗透系数 k_2、上游铺盖与闸底板之间河道左右岸方向止水结构的渗透系数 k_3、判定浅层排水孔工作状态的渗透放大系数 R、闸基上游承压含水层承压水头 H、下游区相对上游区的承压水头折减系数 α_1 及下游减压井位置处的承压水头折减系数 α_2 进行反分析。

反分析结果的检验工况主要有 4 个:用反分析所得的最优计算参数对 2001 年度 5# 测点闸段,1997—1998 年度、2000—2001 年度 7# 测点闸段以及 2000—2001 年 12# 测点闸段的测压管水位的观测值及其变化过程进行验证对比计算,亦即利用反分析结果,再利用有限单元法的确定性计算,对各测压管水位进行向前或向后的假预报对比,根据两者之间的拟合程度来检验和评判反分析的精度和可靠性,进而也用来验证闸基渗流异常现象成因诊断的正确性与可靠性。另外,为了进一步深入地掌握闸基渗流场特性及其今后可能的时效变异特征,进行了主要参数对渗流场特性影响的敏感性分析,共有 7 个工况(表 8-1 中工况 8～工况 14),分别对 k_1～k_3、R、H、闸底板混凝土渗透系数 k_4、下游消力池底板渗透系数 k_5 等对闸基渗流场的影响进行敏感性分析。全部 14 个计算工况的具体情况如表 8-1 所示。

表 8-1　闸基渗流场反分析、检验分析及敏感性分析计算工况

工况	工况特性	工况描述	考察对象
工况 1	反分析	对应 2000 年度 5# 测点闸段	k_1～k_3,R,H
工况 2	反分析	对应 1999 年度 7# 测点闸段	k_1～k_3,R,H
工况 3	反分析	对应 1999 年度 12# 测点闸段	k_1～k_3,R,H
工况 4	检验分析	对应 2001 年度 5# 测点闸段	检验 k_1～k_3,R,H 可靠性
工况 5	检验分析	对应 1997—1998 年度 7# 测点闸段	检验 k_1～k_3,R,H 可靠性
工况 6	检验分析	对应 2000—2001 年度 12# 测点闸段	检验 k_1～k_3,R,H 可靠性
工况 7	检验分析	对应 2000—2001 年度 7# 测点闸段	检验 k_1～k_3,R,H 可靠性
工况 8	敏感性分析	k_1 敏感性分析(7# 测点闸段)	$k_1=0.1k_1,k_1,10k_1$
工况 9	敏感性分析	k_2 敏感性分析(7# 测点闸段)	$k_2=0.1k_2,k_2,10k_2$
工况 10	敏感性分析	k_3 敏感性分析(7# 测点闸段)	$k_3=0.1k_3,k_3,10k_3$
工况 11	敏感性分析	k_4 敏感性分析(7# 测点闸段)	$k_4=0.1k_4,k_4,10k_4$
工况 12	敏感性分析	k_5 敏感性分析(7# 测点闸段)	$k_5=0.1k_5,k_5,10k_5$
工况 13	敏感性分析	R 敏感性分析(7# 测点闸段)	$R=0.1R,R,10R$
工况 14	敏感性分析	H 敏感性分析(7# 测点闸段)	$H=0.9H,H,1.1H$

8.4.3 反分析成果分析

根据闸基水文地质资料、加固改造历史、物理成因和观测资料对渗流异常现象的定性分析,确定了上述反分析待定参数上下限可能取值的约束控制条件,对于存在和不存在渗流异常现象的闸段均取为:$k_1\in[5\times10^{-8},1\times10^{-6}]$,$k_2\in[1\times10^{-10},1\times10^{-2}]$,$k_3\in[1\times10^{-10},1\times10^{-2}]$,$R\in[1.0,1.0\times10^{6}]$,$H\in[18.0,25.0]$,$\alpha_1\in[0.70,1.0]$,$\alpha_2\in[0.50,1.0]$,其中 k_1～k_3 单位为 cm/s;H 单位为 m。运用相应分析程序,求得了工况 1～

工况 3 的反演结果,其中 $k_1 \sim k_3$、R、α_1 和 α_2 的值如表 8-2 所示;根据反分析所得各时段 H 值如表 8-3 所示。各测压管水位的实测值和用反分析所得参数求解的计算值的对比结果如图 8-13～图 8-15 所示。以反分析所得特征变量求解的 5# 测点闸段闸基在时间 t 为 2000 年 3 月 15 日、6 月 15 日、7 月 15 日、8 月 15 日、9 月 15 日以及 7#、12# 测点闸段闸基在时间 t 为 1999 年 3 月 15 日、6 月 15 日、7 月 15 日、8 月 15 日、9 月 15 日时,$y=0$ 剖面上的闸基渗流场水头等值线分布及相应的闸建基面上的扬压力水头分布如图 8-16～图 8-20、图 8-21～图 8-25 和图 8-26～图 8-30 所示。

表 8-2　闸基渗流场反分析待定参数 $k_1 \sim k_3$,R,α_1,α_2 的反演结果

工况	闸段	k_1/(cm/s)	k_2/(cm/s)	k_3/(cm/s)	R	α_1	α_2	f
工况 1	5# 测点	1.7×10^{-7}	5.1×10^{-9}	6.3×10^{-9}	1.1×10^{6}	0.935	0.88	10.8
工况 2	7# 测点	3.1×10^{-7}	3.2×10^{-9}	3.2×10^{-5}	6.8×10^{4}	0.983	0.94	28.2
工况 3	12# 测点	2.6×10^{-7}	7.1×10^{-9}	3.0×10^{-4}	8.8×10^{5}	0.981	0.95	41.4

表 8-3　闸基渗流场反分析承压水头 H 的反演结果　　单位:m

时间	闸段	1.1—3.15	4.1—5.15	6.1—6.15	7.1—7.15	8.1—8.15	9.1—9.15	10.1—10.15	11.1—12.15
1999 年	7#	18.10	19.38	20.10	20.45	20.14	19.65	19.48	19.09
1999 年	12#	18.47	19.84	20.52	20.98	20.57	20.12	20.02	19.49
时间	闸段	3.1—4.15	5.1—6.15	7.1—7.15	8.1—8.15	9.1—9.15	10.1—10.15	11.1—11.15	
2000 年	5#	18.14	19.68	20.62	19.83	19.67	18.44	17.75	

注:1.1—3.15 指 1 月 1 日—3 月 15 日(下同)。

反分析结果中相应的测点平均误差率按下式计算:

$$f=\sum_{i=1}^{nf} | w_i - \widetilde{w}_i | \tag{8-1}$$

式中:f 为目标函数值;nf 为累计观测次数;w_i 为第 i 观测点计算值;$\widetilde{w}_i$ 为第 i 观测点观测值。

据表 8-2,对 5# 测点闸段、7# 测点闸段以及 12# 测点闸段,用反分析计算所得的参数分别进行非稳定渗流场的有限单元法正分析追踪计算,可得闸基测点处渗流场水头值的有限单元法反馈计算值,与实测值比较,3 个闸段的平均误差分别仅为 0.19 m、0.12 m、0.17 m。图 8-13～图 8-15 显示了 5#、7#、12# 测点闸段各时刻测点处渗流场水头有限单元法计算值与实测值的拟合情况,在整体上和变化规律上,两者的拟合精度都是十分令人满意的,说明本次反分析计算结果是可信和可靠的。对表 8-2 作进一步的分析,可知:(1) 对于参数 k_1,3 个工况反分析各自识别的计算值很相近,也与当时建闸时水文地质资料中的建议值很接近,说明闸基黏土层的渗流特性比较稳定。(2) 对于参数 k_2,3 个工况的反分析值也都在同一个数量级上,也很接近,且都很小。(3) 对于参数 k_3,工况 1 计算值远小于工况 2 和工况 3 的计算值，表明工况 1 上游铺盖与闸室之间的止水结构完好，而在工况 2 和工况 3 的 7# 和 12# 测点闸段中它们可能在不同程度上都已遭到了破坏，且在 12# 测点闸段处又要比在 7# 测点闸段处所遭到的破坏程度严重些，上游这道止水结构的破坏必将导致闸基渗径急剧缩小，从而使得相关闸段闸建基面上的扬压力大幅度跃升，对闸基稳定不利。(4) 对于参数 R，工况 1～工况 3 的计算值都很大，表明下游消力池底板浅层排水孔的排水作用仍然都很明显，那里的排水状况仍然还是比较畅通的。下游消力池底板上排水孔的排水作用会影响闸室底板基础测压管的水位，特别是对靠下游侧的测点的测值影响较大。(5) 对于承压水头 H，建闸时 1960 年 2 月份枯水期承压含水层承压水头的钻孔记录值为 22.0～24.0 m，与之相比，工况 1～工况 3 的反分析值都相对偏低，具体原因与反分析时段的选择和反问题解不唯一性有关，以及由于问题的复杂性和观测资料的不完整性，还有一些这里不易说清楚的原因。对于同是针对 1999 年度观测资料反分析的工况 2 和工况 3，计算值反映了两者虽有差距，但相差不大，说明闸基承压含水层的分布还是较稳定的。总的来说，从工况 3 到工况 1，计算值依次降低，显示出从闸基南岸向北岸承压水头呈缓慢下降趋势，这与本闸加固时钻孔记录南岸承压水位高于北岸的现象和闸基南北向各测压管观测数据大小的变化规律是相吻合的。与出现渗流异常现象的 7# 及 12# 测点闸段相比，5# 测点闸段的承压水头低些，但相差不大，这个结果的成因非常复杂，一方面可能是因为闸基地质结构和承压水层水源结构的差异导致大区域地下水对不同闸段承压水头的作用产生一定的差异；另一方面是因为不同闸段下游减压井对承压水头的削减作用在减压井工作多年以后已存在一定的差异。(6) 对于参数 α_1 和 α_2，工况 1 中的反分析结果略小于工况 2 和工况 3，并且工况 2 和工况 3 中的计算值相当接近。从闸址所处区域来看，总的来说，闸基属于典型的平原地区成层地基，承压水头在一定的时段内应稳定在一定的区间范围内，建闸后在若干人工工程措施的影响下，承压水头分布也会发生变化。

图 8-16 为 5# 测点闸段在时间 t 为 2000 年 3 月 15 日时 $y=0$ 剖面上的渗流场等水头线和相应闸基扬压力水头的分布。可以看出：(1) 上游铺盖工作状况良好，起到一定的延长渗径的防渗作用。(2) 闸底板上、下游齿墙也有一定的防渗作用，也相应地延长了渗径。(3) 下游较远处近闸底板的等水头线的弯曲现象显示出该处为一有较大差异的材料分区交接面。(4) 据闸下游的等水头线分布情况，河床中减压井的排水降压作用仍然存在，但功能不一定完整，对降低闸基承压水头有作用。图 8-17～图 8-20 也反映了类似的现象。

图 8-21～图 8-30 和图 8-17～图 8-20 相比，主要不同之处在于：(1) 虽然上游铺盖本身完整性良好，但闸底板仍然承受了相当大的扬压力。(2) 闸底板上游止水结构显然存在比较严重的渗漏现象，这使得上游河水渗径急剧减小，河水和闸底板所在地层经渗漏裂隙近似连通，因闸底板是直接建立在微透水性黏土地层上的，闸基排水不畅，渗漏裂隙的出现会严重削弱上游铺盖对闸基的防渗作用，闸基扬压力会明显地变大，这对该闸长期安全运行构成了威胁。(3) 闸下游减压井的作用相对减弱(表 8-2)，说明减压井已部分堵塞或失效。

图 8-22～图 8-25 同时显示，对于 7# 测点闸段，在一般年份的汛期(6—9 月)，上游河水的入渗流量较少，这和 1999 年较其他年份降雨量减少以及上游水位偏低有直接的关系，此时出现的闸基测压管水位的观测值接近或超过了上游河水位，因此闸基渗流异常现象可能主要源于闸基承压含水层中的承压水头的上托作用。

8.4.4 检验计算结果分析

在对工况 1～工况 3 反分析所得的各变量中，k_1～k_3、R、α_1、α_2 在不同年份变化一般不大，但在每一年的各个时段，因降雨不均等因素会导致闸基地下水的变化，致使承压含水层中的承压水头 H 逐年和年内不同时刻都有变化，而且因目前缺乏有关技术资料，再加上这种变化的规律性非常复杂，无法用精确的数学表达式进行描述。本项目组根据手头已有的闸址地区的降雨资料，将各闸段在检验年份各时段的承压水头按式(8-1)进行估计，其中需要涉及的年降雨量大小及其分布情况如表 8-4 所示。

表 8-4　闸址地区有关年份的降雨量　　单位:mm

时段	1997 年	1998 年	1999 年	2000 年	2001 年
1.1—1.31	12.7	62.0	9.0	41.3	81.9
2.1—2.28	14.5	24.4	7.3	16.5	57
3.1—3.15	52.9	37.6	55.7	4.2	1.9
3.16—3.31	1.0	73.4	7.9	0.2	0.4
4.16—4.30	19.7	35.5	2.8	2.9	16.7
5.1—5.15	61.7	101.8	41.5	26.1	6.2
5.16—5.31	1.9	100.6	34.2	28.8	18.8
6.1—6.15	15.5	40.1	51.5	33.3	20.5
6.16—6.30	21.3	69.6	33.3	117.5	58.4
7.1—7.15	206.7	78.0	37.0	128.5	128.6
7.16—7.31	175.9	54.3	19.8	33.6	258.6
8.1—8.15	22.0	341.1	27.7	41.3	71.8
8.16—8.31	120.8	99.9	34.8	266.7	37.6
9.1—9.15	2.1	0	27.2	2.7	1.0
9.16—9.30	3.7	0	27.0	44.1	0.1
10.1—10.15	0	10.1	116.6	11.5	1.0
10.16—10.31	1.0	3.4	1.5	50.6	17.2
11.1—11.15	28.6	0	1.5	20.9	3.9
11.16—11.30	29.3	0	0	38.2	0

续表

时段	1997 年	1998 年	1999 年	2000 年	2001 年
12.1—12.15	10.5	8.1	0	3.4	49.7
12.16—12.31	11.0	2.0	0	3.5	0.4
年总降雨量	863.2	1 165.8	581.4	921.0	839.7
30 天最大降雨量	382.1	446.3	143.6	310.7	451.4

$$H_m^n = H_{ba}^n + k_1 \cdot \Delta i_m^n \cdot \Delta p_m^n + k_2 \cdot \Delta H_m^{n-1} \tag{8-2}$$

式中：$\Delta H_m^{n-1} = H_m^{n-1} - H_{ba}^{n-1}$，$H_{ba}^n$ 为第 n 时段的相应闸段闸基的承压水头反分析值，m；Δi_m^n 为第 m 年第 n 时段检验年份与反分析年份相应时段的降雨量差值，$\Delta i_m^n = i_m^n - i_{ba}^n$，m；$\Delta p_m^n$ 为第 m 年第 n 时段单位降雨量差值引起的承压水头的差值，本书中 Δp_m^n 取 4～6 m，一般 Δi_m^n 大时取小值，Δi_m^n 小时取大值；k_1 为修正系数，主要取决于闸基地质条件、排水降压措施及大区域地下水水力边界条件等，本书中 k_1 取 0.8～1.2 m；k_2 为闸基承压水头作用的滞后延续效应系数，本书中 k_2 取 0.7～0.9。这样可以计算出 5# 测点闸段 2001 年度，7# 测点闸段 1997—1998、2000—2001 年度以及 12# 测点闸段 2000—2001 年度闸基承压水头的分布情况，进而可进行测压管水位计算值和实测值的对比分析，结果如图 8-31、图 8-32～图 8-35 和图 8-36～图 8-37 所示。以反分析所得变量求解的 5# 测点闸段在时间 t 为 2001 年 6 月 15 日、7 月 15 日、8 月 15 日和 9 月 15 日时，以及 7#、12# 测点闸段在时间 t 为 2001 年 6 月 15 日、7 月 15 日、8 月 15 日和 9 月 15 日时，$y=0$ 横剖面上的闸基渗流场等水头线及相应的作用在闸建基面上的扬压力水头的分布如图 8-38～图 8-41、图 8-42～图 8-45 和图 8-46～图 8-49 所示。

据前面的反分析结果和式(8-1)，就可了解各个闸段闸基承压含水层中承压水头在各个年度中的时空分布情况。由于本次供反演分析的实测资料很有限，缺乏详细的地层水文地质资料，闸下游还有排水设施以及式(8-1)也是一个很近似的估算方法，因此本书中对各闸段闸基承压水头的估算精度是有限的，不排除闸基最高承压水头还要高于 22.4 m 的可能，尤其当设计洪水或校核洪水来临时，闸基承压水头很可能还要高一些。但是本书的反分析结果在整体上还是很好地反映了闸基渗流的主要特性，能够很好地用来评估闸基的基本渗流性态。

计算结果表明：(1) 计算值基本反映了实测值，在整体上两者在整个过程中都拟合得很好，计算值基本能够反映出工程中的实际情况，说明反分析计算所获得的待定计算参数是可信和可靠的。(2) 部分测点在部分时段内存在一些误差，这也属正常，一是问题本身的复杂性，二是在本项目的研究中尚存在一些资料欠缺等问题。(3) 少数测点在部分时段显现失效特征，如 7#-2 测点在 2001 年度的实测值，明显大幅度地偏移该测点处测压管水位的计算值以及它的可能变化范围，但该闸段 7#-1 测点在同一年度的实测值和计算值却相当吻合，这也从另一个方面说明 7#-2 测点可能已经失效。(4) 少数测点在某些观测时刻测压管水位"无故"地突然出现大幅度跳跃的现象，这应该是观测或记录错误所致。

8.4.5 敏感性计算结果分析

对于工况 8,当闸基黏土层渗透系数 k_1 分别取反演值的 $0.1k_1$、k_1、$10k_1$ 时,测点 7#-1 和 7#-2 位置处水头值的比较如图 8-50 所示,在典型时刻 t 为 1999 年 8 月 15 日时,7# 测点闸段闸基渗流场的等水头线及扬压力水头的分布分别如图 8-51、图 8-24、图 8-52 所示。对于工况 9,当上游铺盖之间顺河道方向止水结构渗透系数 k_2 分别取 $0.1k_2$、k_2、$10k_2$ 时,测点位置水头值的比较如图 8-53 所示,在典型时刻 t 为 1999 年 8 月 15 日时,7# 测点闸段闸基渗流场的等水头线及扬压力水头分布分别如图 8-54、图 8-24、图 8-55 所示。对于工况 10,当上游铺盖与闸底板之间河道左右岸方向止水结构渗透系数 k_3 分别取 $0.1k_3$、k_3、$10k_3$ 时,测点位置水头值的比较如图 8-56 所示,在典型时刻 t 为 1999 年 8 月 15 日时,7# 测点闸段闸基渗流场的等水头线及扬压力水头的分布分别如图 8-57、图 8-24、图 8-58 所示。对于工况 11,当闸底板混凝土的渗透系数 k_4 分别取 $0.1k_4$、k_4、$10k_4$ 时,闸基测点位置水头值的比较如图 8-59 所示,在典型时刻 t 为 1999 年 8 月 15 日时,7# 测点闸段闸基渗流场的等水头线及扬压力水头分布分别如图 8-60、图 8-24、图 8-61 所示。对于工况 12,当下游消力池底板渗透系数 k_5 分别取 $0.1k_5$、k_5、$10k_5$ 时,测点位置水头值的比较如图 8-62 所示,在典型时刻 t 为 1999 年 8 月 15 日时,7# 测点闸段闸基渗流场的等水头线及扬压力水头分布分别如图 8-63、图 8-24、图 8-64 所示。对于工况 13,当判定浅层排水孔工作状态的渗透放大系数 R 分别取 $0.1R$、R、$10R$ 时,测点位置水头值的比较如图 8-65 所示,在典型时刻 t 为 1999 年 8 月 15 日时,7# 测点闸段闸基渗流场的等水头线及扬压力水头分布分别如图 8-66、图 8-24、图 8-67 所示。对于工况 14,当闸基上游承压含水层承压水头 H 分别取 $0.9H$、H、$1.1H$ 时,测点位置水头值的比较如图 8-68 所示,在典型时刻 t 为 1999 年 8 月 15 日时,7# 测点闸段闸基渗流场的等水头线及扬压力水头的分布分别如图 8-69、图 8-24、图 8-70 所示。

如图 8-50 所示,对于黏土层渗透系数 k_1,当 k_1 增大时,上游测点 7#-1 处的测压管水位明显降低,而 7#-2 测点处的水头值则明显增大;当 k_1 减小时,则相反,测点 7#-1 处的水头值明显增大,而测点 7#-2 处的水头值明显减小。图 8-51、图 8-24、图 8-52 中的渗流场等水头线及相应的闸基扬压力水头的分布也反映了这样的变化规律。造成这个水头变化“反常”现象的原因在于闸基渗流场的入渗水源除了上游河水外,还有来自闸基的承压含水层。对于承压含水层的入渗水源而言,k_1 越大,黏土层的水力阻力就相对变小,闸基排水效果就越好,闸基上游黏土层中的水头就越小;另一方面,k_1 越大,在黏土层中的水头损失就越小,闸基下游黏土层中的水头就大,测点 7#-2 处的测值就变大。

对于上游混凝土铺盖与铺盖之间顺河床水流方向布置的止水结构的渗透系数 k_2,如图 8-53 所示,当 k_2 增大或减小 1 个数量级时,上游测点 7#-1 和下游测点 7#-2 处的水头值几乎没有什么变化,图 8-54、图 8-24、图 8-55 中的渗流场等水头线及相应的闸基扬压力水头分布也反映了相同的规律。究其原因,上游顺河道方向止水结构完整性好,渗透性微弱，止水结构单元的渗透系数在 1 个数量级上下范围内的变化不敏感，它在渗流场中仍然是相对小值，仍然代表止水结构没有破坏。而将 k_2 扩大 5 个数量级后，此时上游测点 7#-1 和下游测点 7#-2 处 1999 年度计算水头值和利用原 k_2 反分析值计算的水头值比较如图 8-71 所示，结果表明，测点 7#-1 和 7#-2 处的计算水头值仍然没有什么变化，这说明在铺盖与闸底板之间止水结构破坏的情况下，即使上游混凝土铺盖包括铺盖之间的止水结构的完整性再好，在嶂山闸闸基特有的水文地质条件下，铺盖也完全没有防渗作用；但若同时将上游止水结构的渗透系数 k_3 降低 5 个数量级，此时上游铺盖与闸底板之间的止水设施已修复，铺盖与闸底板之间完全密封，测点处的水头值比较如图 8-72 所示，相应的闸基渗流场等水头线及闸建基面上的扬压力水头分布如图 8-73 所示，此时上游测点 7#-1 处的水头计算值明显降低，而下游测点 7#-2 处只稍有变化，这表明在上游所有止水结构都完好的前提下，上游混凝土铺盖将会起到积极的防渗作用。

对于上游铺盖与闸室之间止水结构的渗透系数 k_3，如图 8-56 所示，当 k_3 增大或减小 1 个数量级时，上游测点 7#-1 处的水头值稍有变化，而下游 7#-2 处的水头值变化不明显，图 8-57、图 8-24、图 8-58 中的渗流场等水头线及相应的闸基扬压力水头分布也反映了相同的规律。这是因为，相对于闸基黏土层和混凝土铺盖而言，根据上游止水结构反分析结果，其透水能力已很大，已形成局部具有强透水能力的集中渗流通道，它的入渗能力已远大于黏土层的排渗能力，从而使得渗流场的水头变化对于止水结构单元渗透系数的 1 个数量级上下范围内的变化已不敏感，即减小 1 个数量级后代表止水结构的裂缝渗漏单元仍然是一个具有相对大值渗透系数的单元，代表止水结构仍然是集中渗漏的地方。但若将 k_3 降低 5 个数量级，此时测点处的水头值比较如图 8-74 所示，相应的闸基渗流场等水头及扬压力水头分布如图 8-75 所示，此时，上游 7#-1 测点的计算水头值已大幅度地降低，下游 7#-2 测点的计算水头值也略有下降，说明上游止水结构确实是影响闸基渗流场的重要因素之一。

因建闸时某些闸段闸底板混凝土的施工质量可能不太好，为此对闸底板混凝土渗透系数 k_4 也作了敏感性分析，如图 8-59 所示，当 k_4 增大时，上游测点 7#-1 处测压管水位显著变大，而测点 7#-2 处的水头值变小；当 k_4 减小时，测点 7#-1 处的水头值显著减小，而测点 7#-2 处的水头值增大。图 8-60、图 8-24、图 8-61 中的渗流场等水头线及相应的闸基扬压力水头分布也反映了这样的规律。这是因为，当 k_4 增大时，上游河水从闸门上游闸底板混凝土的顶面直接入渗的能力增强，相应地闸底板的抗渗能力减弱，但测点 7#-1 和 7#-2 之间的黏土层渗透系数 k_1 保持不变，这就造成了测点 7#-1 处的水头值增大，而测点 7#-2 处的水头值变小的现象，反之亦然。因此，闸底板混凝土自身的渗透特性也是影响闸建基面区渗流场水头分布的因素之一。对于下游消力池底板渗透系数 k_5，如图 8-62 所示，当 k_5 增大或减小 1 个数量级时，下游测点 7#-2 处的水头值只是稍有变化，而上游 7#-1 处的水头值几乎没有什么变化。图 8-63、图 8-24、图 8-64 中的渗流场等水头线及相应的闸基扬压力水头分布也反映了相同的规律。这是因为，消力池表面存在有效的浅层排水孔，在垂直向消力池底板无任何抗渗能力。

对于反映下游消力池底板浅层排水孔工作状态的渗透放大系数 R，如图 8-65 所示，当 R 增大或减小 1 个数量级时，上游测点 $7^{\#}$-1 和下游 $7^{\#}$-2 处的水头值都没有什么变化，图 8-66、图 8-24、图 8-67 中的渗流场等水头线及相应的闸基扬压力水头分布也反映了这样的规律。这是因为，将消力池包含浅层排水孔的底板渗透系数放大或减小 1 个数量级，还不足以明显改变闸基下游渗流场的渗透特性，其原因如上所述，底板排水孔仍然排水有效（R 的反分析值很大），R 值变小 1 个数量级后底板混凝土的抗渗能力仍然没有明显变化。但若将 R 缩小为 1，即不考虑消力池底板表面浅层排水孔的作用时，此时测点处的计算水头值的比较如图 8-76 所示，渗流场等水头线及相应的闸基扬压力水头分布如图 8-77 所示。可见上游测点处的水头几乎没有什么变化，但下游测点处则有明显的变化，说明消力池表面浅层密集排水孔对闸基，特别是对下游测点处渗流场的水头分布有一定的影响，但根据嶂山闸闸基覆盖有厚达 13 m 左右的弱透水特性的黏土层的具体条件，浅层密集排水孔的作用是有限的，特别是对闸基靠上游区的渗流特性。

对于承压水头值 H，如图 8-68 所示，当 H 值提高 10%达到 $1.1H$ 时，上游测点 $7^{\#}$-1 和下游测点 $7^{\#}$-2 处的测压管水位同时非常敏感地大幅度地跃升；相反，当 H 值减小到 $0.9H$ 时，$7^{\#}$-1 处和 $7^{\#}$-2 处的水头值同时也明显地降低，包括 6—9 月份的泄洪期。图 8-69、图 8-24、图 8-70 中的渗流场等水头线及相应的闸基扬压力水头分布也反映了这样的规律。这是因为，承压含水层的压力水头相对很高，渗径又很短，仅仅只有 13 m，并且承压水头作用在整个计算域底面边界上，作用面积大，特别是在 6—9 月份的汛期，因上游河水位较低，承压水头又较高，承压水头的作用就会相对更加明显、突出，直接决定性地影响测点 $7^{\#}$-1 和 $7^{\#}$-2 处的测压管水位。计算表明，在本闸闸基中，承压水头是影响闸基渗流场特性的决定性因素，也是产生渗流异常现象的主要原因，今后需要特别注意掌握它的大小和变化规律。

8.4.6 闸基渗流异常现象及渗流特性评价

通过闸基测压管水位观测资料的定性分析、三维非稳定渗流场的正反分析以及敏感性分析，基本上搞清了这一闸基渗流异常现象的成因以及该闸闸基渗流场的基本特性。从闸基渗流场特性的角度来说，嶂山闸闸基的渗流场性态基本上是正常的，但也存在一些影响工程安全运行的不利因素，主要包括：

(1) 上游混凝土铺盖与闸底板之间的止水结构在局部闸段处（比如 $7^{\#}$、$12^{\#}$ 和 $14^{\#}$ 测点的闸段处，以及在 $9^{\#}$ 测点闸段处的止水结构也很有可能已被破坏）已破坏失效。

(2) 闸基承压含水层承压水头过高。

(3) 相对于上、下游河水位的变化，闸基非稳定渗流场中的水头变化有滞后作用。

(4) 下游排水降压工程措施的排水效果降低，特别是用来降低闸基承压含水层承压水头的减压井的排水降压效果减弱。

这几个不利因素综合在一起，共同使闸基渗流场产生渗流异常现象，具体的形成过程可总结为：

(1) 上游铺盖与闸底板之间止水结构的破坏使得闸基渗径大大地降低，铺盖起不到应有的防渗作用(因铺盖底下直接为弱透水性质的黏土层,理论上而言,铺盖之间的顺河向止水结构的破坏,比如局部区形成 0.1～1.0 mm 宽的等效水力隙宽的裂缝,则铺盖会完全失去其防渗作用),导致位于闸底板上游区测点的测压管水位大大提高,即该测点测压管水位与上游河水位的差大大减小,可能接近甚至是超过上游河水位。

(2) 同样,闸下游河床中减压井的排水降压作用的削弱,也在某种程度上提高了闸基测压管的水位。

(3) 因闸基渗流场原本就是一个非稳定渗流场,渗流场中任何一点的水头值都是时刻随上、下游水位以及闸基承压水头的变化而变化的,但是渗流场中水头压力变动的影响和渗透水流的流动变化都是需要时间来传递的,尤其当闸基主要为弱透水性的地层时,这种因传递而在时间上产生的滞后现象就会变得更加明显,滞后时间也会变得很长,这样上游河道的高水位影响的作用和闸基高承压水头的影响作用对于渗流场中任一考察点而言,都呈现出一个自己特有的也是时刻变化的滞后现象,即前面所称的渗流场水头变化的滞后作用。对于某一测点,从理论上而言,当闸上游河水位相对低时,可能会出现测点的测压管水位仍然很高,出现接近于甚至高于闸上游水位的渗流异常现象。

(4) 在上述因素的作用下,原本上游测压管的水位在某些特定时段内(比如汛期上游水位相对较低时)可能已经出现了高于闸上游水位的渗流异常现象,或测压管的水位已相当接近于闸上游河水位,即在嶂山闸中出现闸基上游测压管的水位过程线已接近于闸上游河水位过程线的现象,此时若闸基另外又有承压含水层承压水头的作用,且承压水层距离闸建基面仅仅只有 13 m,当承压含水层中承压水头对渗流场水头的"上托"作用叠加到已有的渗流场水头上去后,渗流异常现象就可能很容易地出现了,从渗流机理上而言,这并非真正的异常现象。

为了进一步弄清承压水头对闸基扬压力具体贡献的大小,运用稳定渗流场有限单元法对 12# 测点闸段在典型边界条件下进行了闸建基面单宽扬压力的计算,具体工况为表 8-5 中的工况 15-1 和工况 15-2;工况 15-3 和工况 15-4 是扬压力"超载"工况,其中工况 15-3 是在工况 15-1 的前提下,变动闸上游河水位,直至闸建基面上的扬压力达到 1988 年工程加固时所采用的校核洪水位时的核算值 137.39 t(图 8-78),用有限单元法试算得到扬压力为该核算值时的闸上游"超载"水位为 25.4 m,分别比 1988 年工程加固时按抗滑稳定核算的正常蓄水期水位 23.5 m 高出 8.1%,但未达到校核洪水位 26.0 m;工况 15-4 也是在工况 15-1 的基础上进行变动,但是变动的参数是闸基承压含水层中的承压水头,使闸建基面上的扬压力达到上述校核值,从而得到与该扬压力相对应的"超载"承压水头,结果为 23.05 m,承压水头只需提高 1.05 m,闸建基面上的扬压力就增加 11.33 t,说明承压水头的进一步提高,使闸基扬压力的增加非常敏感,这一点要特别引起注意。工况 15-5、工况 15-6 和工况 15-7、工况 15-8 分别是遇到设计洪水和校核洪水时闸基扬压力的计算值,其中在设计洪水时,闸上、下游河水位分别为 25.1 m 和 15.5 m(1959 年的设计水位),当铺盖和闸底板之间的止水被破坏和没有被破坏时,闸建基面上的扬压力分别为 143.79 t 和 137.55 t,前者已超出上述扬压力核算值(137.39 t)6.4 t;在校核洪水时,闸上、下游河水位分别为 26.0 m 和 14.5 m(1988 年加固设计时水位),当铺盖和闸底板之间的止水被破坏和没有被破坏时，闸建基面上的扬压力分别达 148.97 t 和 136.80 t，前者已超出上述闸基扬压力核算值(137.39 t)11.58 t；可见仅上游河水位的有限增加并不能剧烈地增加闸建基面上的扬压力，这一点特性与闸基承压水头的进一步增加会急剧地增加闸基扬压力的现象正好相反。因此，为了使整个水闸稳定和长期安全地运行，对闸基承压水头的监测和控制是非常必要的。与此同时，为了考察上游铺盖与闸底板之间止水结构和下游排水减压井对闸基扬压力的作用，在地质勘探资料不完备的情况下，将闸基承压含水层的厚度假定为 8 m，在计算域内对含水层的上、下游侧面施加已知承压水头边界，计算止水结构好坏和有无减压井时闸建基面上的扬压力变化情况，具体计算工况为表 8-5 中的工况 16-1～工况 16-4。这几个工况的扬压力计算结果如表 8-5 所示，其中工况 16 所对应的闸基渗流场等水头线分布及扬压力水头分布如图8-79～图 8-82 所示。

表 8-5　典型水头边界条件下 1 m 宽闸基扬压力计算值

工况	工况描述	扬压力/t
15-1	上游止水措施完好，取闸上、下游水位及整个计算域底面的承压水头分别为 23.0 m、15.4 m 和 22.0 m。黏土层内有减压井	126.22
15-2	上游止水措施完好，取闸上、下游水位分别为 23.0 m 和 15.4 m，没有承压水头的作用	102.77
15-3	上游止水措施完好，取闸下游水位及承压水头分别为 15.4 m 和 22.0 m，上游水位变动至“超载”河水位 25.4 m	137.25
15-4	止水措施完好，取闸上、下游水位分别为 23.0 m、15.4 m，承压水头变动至“超载”承压水头 23.05 m	137.55
15-5	上游止水措施完好，取闸上、下游水位分别为设计洪水位 25.1 m 和 15.5 m，承压水头为 22.00 m	137.55
15-6	上游止水措施失效，取闸上、下游水位分别为设计洪水位 25.1 m 和 15.5 m，承压水头为 22.00 m	143.79
15-7	上游止水措施完好，取闸上、下游水位分别为校核洪水位 26.0 m 和 14.5 m，承压水头为 22.00 m	136.80
15-8	上游止水措施失效，取闸上、下游水位分别为校核洪水位 26.0 m 和 14.5 m，承压水头为 22.00 m	148.97
16-1	承压含水层厚 8 m，承压含水层底面不透水，取闸上、下游水位及承压水头分别为 23.0 m、15.4 m 和 22.0 m，上游止水措施完好，有减压井	100.96
16-2	承压含水层厚 8 m，承压含水层底面不透水，取闸上、下游水位及承压水头分别为 23.0 m、15.4 m 和 22.0 m，上游止水措施完好，不设减压井	129.78
16-3	承压含水层厚 8 m，承压含水层底面不透水，取闸上、下游水位及承压水头分别为 23.0 m、15.4 m 和 22.0 m，上游止水措施失效，有减压井	112.25
16-4	承压含水层厚 8 m，承压含水层底面不透水，取闸上、下游水位及承压水头分别为 23.0 m、15.4 m 和 22.0 m，上游止水措施失效，不设减压井	133.63

工况 15 的计算结果表明，上游河水及承压含水层承压水头的作用都能使得闸基扬压力变大，但是工况 15-1 有承压水头影响时的单宽闸基扬压力仅比不考虑承压水头作用时的扬压力大 23.45 t，只占总量的 23.45/126.22＝18.58%；比不考虑有承压水头作用时的总扬压力大 23.45/102.77＝22.82%。可见，当闸基承压水头限制在 22 m 以下

时，承压水头对闸建基面上扬压力的增加影响并不很大；但是当承压水头进一步得到增加时，承压水头对闸基扬压力的增加就变得影响较大(比较工况 15-1 和工况 15-4 的扬压力大小)。

根据工况 16 的计算结果，不管闸室下游减压井的好坏及上游铺盖止水结构的有效与否，都会在一定程度上直接影响闸建基面上的扬压力大小；另外，不管铺盖上游止水结构的工作状态如何，减压井的作用都是明显的。当止水结构的破坏和下游减压井的失效同时出现时，闸建基面上的扬压力最大值达 133.63 t(工况 16-4)，基本接近校核洪水位时的核算扬压力 137.39 t(图 8-78)。

综上所述，嶂山闸闸基产生渗流异常现象的原因，按影响程度的轻重来排序依次为承压含水层的承压水头—上游止水结构的破坏—渗流场的渗流滞后作用—下游降压井排水设施功能的减弱。若要对该闸的渗流异常现象进行处理，则最好也应按此主、次影响因素进行针对性的具体方案的制定和论证。

8.5 闸基安全性评价

闸基渗流异常现象的出现其实并不异常，只是本闸设计时受当时地质勘探程度等条件的限制，没有细致量化地考虑承压水层的影响，以及当闸基为弱透水层时闸上游止水设施一旦有细小的裂缝出现时，上游铺盖就会失去其防渗功能的特性也没有在工程的设计和施工中得到充分的体现，这和当时的科研水平和设计水平有关。在此，只从闸基渗流场特性的角度来评价本闸目前的安全性。

根据闸基渗流场的反分析结果，以及以反分析结果为基础所进行的反馈敏感性计算结果，单宽闸建基面上的总扬压力大小如表 8-6 所示。同时，依据测压管水位的实际观测值，分别对 5#、7# 和 12# 测点闸段各典型观测时刻的扬压力进行了计算，并按闸段单宽扬压力的大小进行了从大至小的排序，表 8-7 为每年排序位于前 3 位的观测时刻及扬压力大小。另外，本书还依据嶂山闸的上、下游河水位的观测记录，对每一年个别典型高河水位时段的水位先进行算术平均，再按照《水闸设计规范》(SL 265—2016)中的改进阻力系数法计算了闸建基面上相应的扬压力，计算结果如表 8-8 所示。

表 8-6　1 m 宽度闸段不同时刻闸建基面上的扬压力　　单位：t

扬压力计算时间		5# 闸段	7# 闸段	12# 闸段
1999	3.15	—	97.16	108.52
	6.15	—	107.47	105.83
	7.15	—	104.08	95.73
	8.15	—	100.06	92.90
	9.15	—	93.46	85.86
	11.15	—	104.69	110.83

续表

扬压力计算时间		5#闸段	7#闸段	12#闸段
2000	3.15	72.33	97.93	111.47
	6.15	87.15	106.74	103.77
	7.15	100.68	125.09	124.53
	8.15	104.04	122.10	119.62
	9.15	90.16	123.25	124.43
	11.15	68.47	105.22	113.68
2001	6.15	92.08	115.54	99.50
	7.15	94.77	115.79	102.76
	8.15	107.52	129.65	124.98
	9.15	101.22	124.02	120.35
	11.15	75.35	109.01	112.14

表 8-7　按测压管实测水位估算的典型时刻单宽闸建基面上的扬压力　　单位：t

年份	5#闸段		7#闸段		12#闸段	
	时刻	扬压力	时刻	扬压力	时刻	扬压力
1999	—	—	9.22	99.16	11.4	111.72
	—	—	7.18	89.32	11.14	111.26
	—	—	7.19	83.82	7.16	100.48
2000	9.4	110.26	9.4	142.15	10.30	122.43
	9.6	107.61	9.3	131.98	9.5	119.02
	9.5	107.20	9.5	131.60	9.3	118.85
2001	8.6	114.95	—	—	9.3	125.52
	8.5	99.79	—	—	8.14	122.98
	8.7	99.51	—	—	9.13	122.81

表 8-8　用每年典型高河水位时段平均水位按规范计算单宽闸建基面扬压力

年份	高水位时段	上游水位均值/m	下游水位均值/m	扬压力/t
1999	3.11—4.21	22.246	15.3	98.27
	10.24—12.14	22.183	15.4	98.95
2000	2.24—4.24	22.474	15.4	101.31
	9.7—11.5	23.101	15.4	106.39
2001	8.8—8.23	23.189	15.6	109.48
	9.13—12.27	22.439	15.4	101.02

在该闸1988年的加固设计中进行了闸基扬压力的核算，考虑到闸室底板基础中局部存在孔洞且连通性较强，分别计算了止水完好且闸室底板基础中无孔洞时以及闸室底板基础中存在孔洞时的闸建基面扬压力，加固复核计算时采用了两种计算方法计算的扬

压力的平均值，如图 8-78 所示。无论是存在渗流异常现象的 7# 及 12# 测点闸段，还是无异常现象的 5# 测点闸段，除了极个别点外，表 8-6～表 8-8 中的扬压力计算值都基本小于或相当接近按校核洪水位核算的扬压力大小 137.39 t。考虑到 7# 测点闸段 2001 年底 7#-2 测点的测压管水位测值明显大幅度地偏高，此时该测点的测压管水位数据失效，无法计算该时段该闸段的扬压力。从总体上来说，单从闸基扬压力大小的角度来看，嶂山闸目前是基本稳定的，但部分闸段上游止水结构的破坏，下游排水降压措施的失效，特别是丰水年汛期承压含水层高承压水头的作用，对闸基的稳定还是不利的，需要引起重视，应适当采取相应的治理措施。

8.6 建议

针对上述闸基渗流异常现象的具体成因和闸基扬压力有时偏大的情况，笔者提出以下几点建议。

(1) 今后一定要加强对闸基承压含水层中承压水头的长期跟踪监测和分析，以及进一步勘探清楚闸基各地层的实际分布情况及其水文地质特性。为此，建议在河床的两侧某两个典型闸段的上、下游区各钻 1 个深孔，共 4 个孔，孔深至少达 50 m，或在近两岸各布置一个深孔和一个浅孔，探明闸基各地层具体的水文地质条件，这极有利于今后对闸基渗流场研究时的有限单元法分析的建模工作，使得计算结果更加可靠和明确。这 4 个孔同时作为今后承压含水层中承压水头的长效观测孔，以便对各个测点的观测物理量进行数学监控和预报建模。若能在这 4 个孔中进一步加强对地下水的观测工作，在每个孔中布置多个独立的测点，进行系统的观测，则更有利于对整个闸基渗流场实际性态的掌握和整个工程的安全监控。

(2) 有条件时，应对闸基上游止水结构进行检测，特别是对那些可能存在渗流异常现象的闸段更要细致地进行现场试验检测。因闸室是建立在弱透水特性黏土层上的，只要止水结构有很微小的裂缝存在，就会使混凝土铺盖的止水功能损失殆尽，因此对止水结构失效或受损的部位务必进行灌浆加固处理，甚至在闸底板与铺盖之间增设钢板或其他形式的防渗结构。图 8-83 为 12# 测点闸段在上游止水结构得到修复后渗流场模拟计算的上游和下游测点测压管水位在 2001 年度的历时过程线，可见原本的渗流异常现象(图 8-37)已消失。相反，图 8-84 为 5# 测点闸段在上游止水结构被破坏后渗流场中闸基上游和下游测点处测压管水位在 2001 年度的历时过程线，可见原本测压管水位较低的测点处的计算水头已大幅度地上升了，若再施加和 12# 测点闸段相同的承压含水层的承压水头，则相应的历时过程线如图 8-85 所示，此时该闸段的渗流异常现象也出现了。

(3) 承压含水层对闸基渗流场的特性有着决定性的影响，特别是在汛期，承压水头显著升高，是导致测压管水位观测值过高，出现所谓渗流异常现象的主要原因。承压水头的影响对闸室的稳定是很不利的，特别当承压水头再进一步增加时，它的这种影响就会剧烈地加大(表 8-5)。若要彻底消除承压含水层对闸基稳定的不利作用，需要对闸基进行封闭性灌浆处理，但考虑到全封闭性灌浆处理工程造价巨大，且按该闸目前运行状况来看，从渗流角度分析，闸基扬压力基本上在正常范围之内，除非上游水位过高或承压水头过大，一般可不需要进行封闭性防渗灌浆处理，加固措施主要可集中在修复上游止水结构、疏通或增加下游排水降压措施以及增稳措施等方面。

（4）闸下游减压井已在一定程度上存在堵塞现象，最好也应进行修复，以改善闸室下游的排水状况。

（5）加强承压含水层承压水头的观测，尽早建立各测压管水位与闸上、下游河水位以及承压水头之间的统计相关和确定性数学模型，进行安全监控。有条件时，建议建立一个工程安全监控数据库管理系统，实施在线监控。

（6）闸上游铺盖的防渗功能是建立在铺盖混凝土之间和铺盖与闸底板混凝土之间的止水结构都没有被破坏的基础上的，因此，要特别加强对各止水设施的检测和维护。

（7）有条件时建议进行闸基钻孔渗流特性的现场地下水示踪技术的探测，以了解渗流场的实际流态。

（8）有条件时应结合新的观测资料，进行闸基渗流场特性的复核性有限单元法分析研究和系统的敏感性分析，以完全了解闸基整个渗流场的渗流性态和可能的不利变异特性，更好地确保工程安全万无一失。

8.7 本章小结

（1）嶂山闸在长期的运行过程中，虽几经加固维修，但部分闸段仍然存在一些安全隐患，主要表现为部分闸段闸基观测水位过高，特别是在汛期，观测值会接近甚至超过上游水位，成为长期困扰有关管理部门和技术人员的所谓渗流异常现象。本书对这一异常现象的成因、可能危害程度以及相应的治理措施进行了深入细致的研究。

（2）通过对该闸闸基地质结构、修建及历次加固改造历史、主要渗控工程措施，特别是近 5 年闸基测点测压管水位观测资料的分析后，认为影响闸基渗流场的主要因素包括黏土层的弱透水特性、铺盖防渗功能、铺盖与闸室之间止水结构的防渗功能、下游消力池浅层排水孔功能、下游减压井功能，特别是闸基承压含水层的承压水头及其时空分布规律等。

（3）本书通过三维非稳定渗流场的反分析计算，成功地获取了闸基渗流场计算所需要的计算参数。

（4）用反分析获取的计算参数，计算当年的闸基渗流场，得到测点处水头计算值过程线，与实测值过程线对比误差很小，在整体上拟合精度令人满意；再用同样的计算参数进行非稳定渗流场检验性计算对比，结果证明反分析计算结果是稳定可靠的。

（5）部分闸段出现所谓渗流异常现象的主要原因是闸基承压含水层承压水头过高、上游止水结构破坏、渗流场的滞后作用以及下游排水降压措施效果降低或失效等。同时只要闸基承压水头足够大，无论闸上游的止水结构破坏与否，渗流异常现象都会出现。

（6）由于闸基从上向下覆盖有厚达 11.2～14.7 m 且透水能力微弱的黏土层，作为非稳定渗流场，上、下游水位变化时，闸基渗流场出现渗流滞后现象，也会产生渗流异常现象。

(7) 通过对已有闸基测压管水位观测资料的定性分析，我们认为在已有观测资料的闸段中，7#、12#和14#测点所在闸段的铺盖与闸底板之间的止水结构可能已遭到破坏，而9#测点闸段也有这种可能。

(8) 治理本闸闸基渗流异常现象最经济的办法就是对那些已破损的闸上游止水结构进行接触灌浆处理，或采取别的止水加固措施。但是从理论上而言，只要闸基承压水头足够大，即使闸上游止水结构完好，仍然会出现所谓的渗流异常现象。由于铺盖下直接为黏土层，只要止水结构略有破坏，铺盖本身再厚、再密实也不能发挥它的防渗作用。

(9) 因铺盖下存在弱透水性黏土层，铺盖的防渗作用变得非常脆弱，若当时建闸时不用水平铺盖防渗，而用闸基上游面地下混凝土垂直防渗墙防渗，则不但防渗效果会好些，而且在水闸长期运行中可能也不易被破坏。

(10) 对闸基渗流场影响最大的是承压含水层中的承压水头，特别是当承压水头进一步增加时，闸基扬压力会明显快速跃升。因此本闸在加固处理时，应首先考虑能否对承压水头进行彻底的治理。

(11) 若闸基承压水头按22 m考虑，则目前在正常挡水位运行条件下，闸建基面上的扬压力仍然普遍小于1988年的核算允许值；但是即使闸基承压水头保持不变，当闸上游河水位达到设计洪水位或校核洪水位时，闸建基面上的扬压力都超过了上述允许值，另外个别实测到的闸基扬压力也偏大，以及承压水头的再增加对闸基扬压力增加的影响显得特别敏感，这些都要引起特别的重视。

9　渗流场渗流特性和渗控方法研究的实例分析

9.1　姜唐湖进洪闸渗流特性和渗控措施

姜唐湖进洪闸位于安徽省临淮岗淮河主槽南岸与49孔浅孔闸北翼墙之间的主坝段，14孔，总宽198.0 m。闸底板设计底高程17.6 m，消力池底高程14.5 m。闸址区地形平坦，属淮河一级阶地，地面高程19.1～20.8 m，沿闸轴线为20世纪50年代人工堆填土坝。工程的主要任务是配合淮河其他防洪工程，调蓄洪峰，控制洪水，使淮河中游防洪标准提高到百年一遇。

9.1.1　地质条件

在勘探深度范围内，闸址区地层主要为第四系冲、洪积地层，共分7个地层。闸上游混凝土铺盖建于表层地层(2-1)中粉质壤土夹轻粉质壤土之中，层厚约1.5 m，渗透系数为(1.0～8.0)×10^{-5} cm/s。闸室底板置于地层(3)重粉质壤土地层之中，硬塑～坚硬，局部可塑。层厚2.2～5.3 m，在闸址区分布稳定连续。地层强度较高，压缩性中等，是良好的地基持力层，其渗透系数为(1.0～5.0)×10^{-6} cm/s。地层(4)为轻粉质壤土夹砂壤土，层厚0.7～0.8 m，渗透系数为1.0×10^{-4} cm/s。地层(5)为细砂层，中密，低压缩性，层厚2.8～6.2 m，埋深(闸建基面以下)2.0～4.3 m，渗透系数为(1.0～2.0)×10^{-2} cm/s。地层(7-2)为轻粉质壤土和砂壤土，层厚1.1～1.4 m，渗透系数为8.0×10^{-5} cm/s。地层(8)为粉质黏土，层底高程在−11.6 m附近，渗透系数为1.0×10^{-6} cm/s。地层(9)为中粉质黏土，渗透系数为1.0×10^{-5} cm/s。各地层分布情况见图9-1。

9.1.2　渗流场求解

9.1.2.1　计算模型

姜唐湖进洪闸每个闸段下游消力池设2×2个减压井。河床中部典型闸段每孔净宽12 m，考虑渗流场的水力对称性，选取减压井中心面沿闸轴线方向长度3 m、顺水流方向2倍防渗长度的准三维区域作为计算域，进行有限元网格剖分，单元总数3 462个，节点总数 4 960 个(图 9-2)。

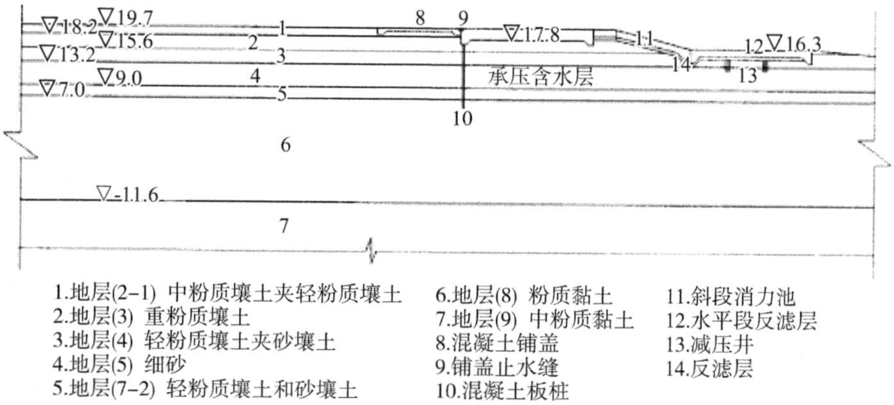

图 9-1 计算域范围内闸基地层分布

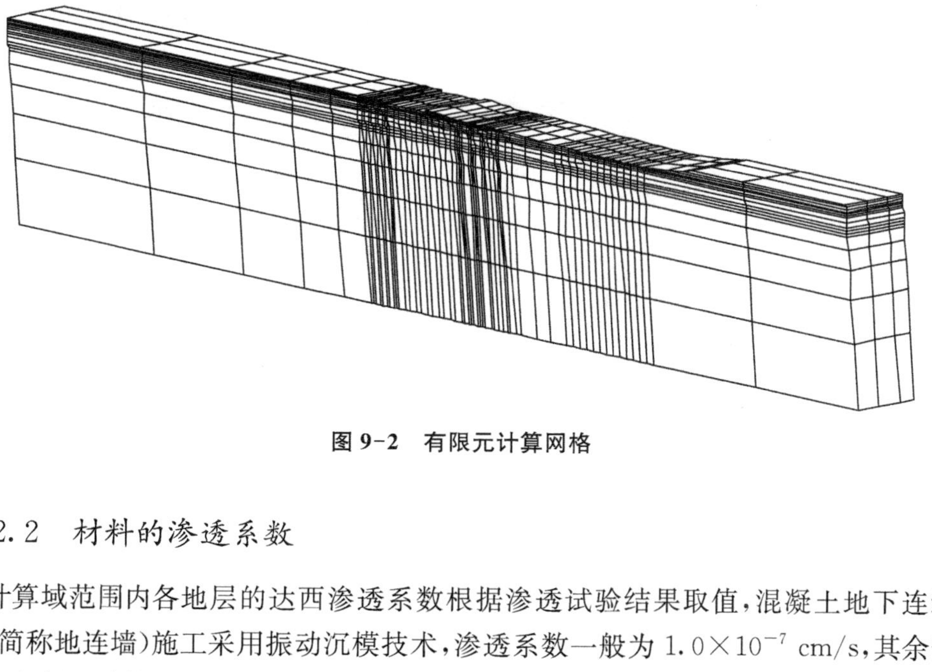

图 9-2 有限元计算网格

9.1.2.2 材料的渗透系数

计算域范围内各地层的达西渗透系数根据渗透试验结果取值,混凝土地下连续墙(以下简称地连墙)施工采用振动沉模技术,渗透系数一般为 1.0×10^{-7} cm/s,其余部位混凝土包括上游铺盖渗透系数均取为 1.0×10^{-9} cm/s,闸底板与铺盖之间的止水缝的等效渗透系数 K_f 由缝隙层流“立方定律”确定。

9.1.2.3 计算工况及计算结果分析

计算工况的选取主要根据水位组合情况、有无铺盖、地连墙的深度、减压井的工作状态、消力池浅层排水孔的工作状态及止水结构的工作性能等方面进行确定。限于篇幅,本书仅给出几组代表性工况的计算结果(图 9-3～图 9-7),其中工况特性描述见表 9-1,各工况上游水位、下游消力池水位、下游河床水位均相同,分别为 26.90 m、18.21 m、

18.00 m。

表 9-1　计算工况的特征描述

工况	工况描述
工况 1	设计挡水位
工况 2	无铺盖，仅采用地连墙防渗，其余情况同工况 1
工况 3	有铺盖，无地连墙，其余情况同工况 1
工况 4	有铺盖，无地连墙，但铺盖与底板间止水破坏，设缝宽为 1 mm，其余情况同工况 1
工况 5	无铺盖，无地连墙，其余情况同工况 1

图 9-3 是工况 1 的闸基水头等值线分布图。由图可见，由于地连墙底部粉质黏土地层(8)的透水能力明显小于其上部各地层，因此与地连墙一起形成了切断上游河水入渗至闸底板基础区的“关门挡水”的渗控现象。上游“挡水”区域内渗透流速很小，入渗水流被“关”在地连墙上游的强透水地层(5)中，致使铺盖底部壅水承压，铺盖底面和顶面承受

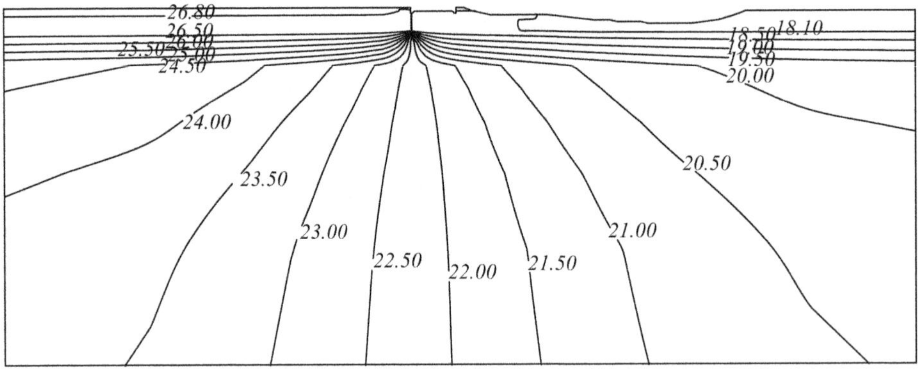

图 9-3　工况 1 闸基水头等值线分布(单位:m)

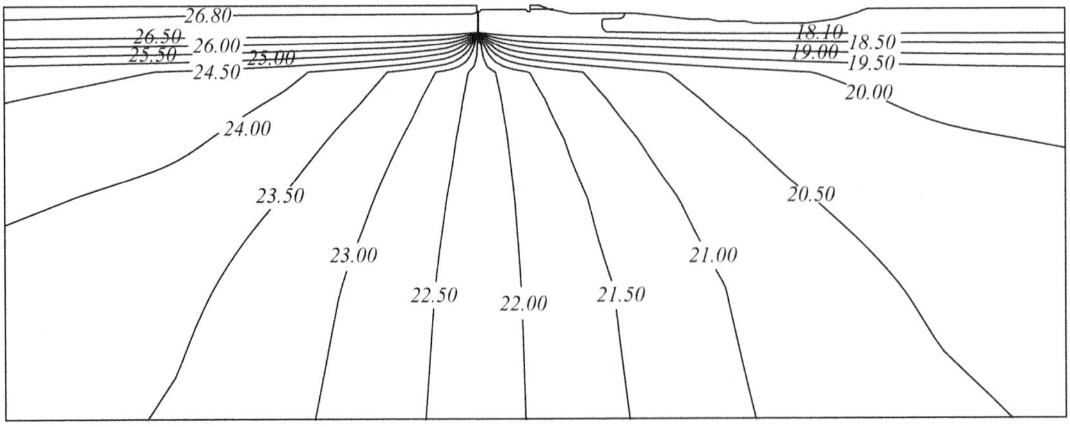

图 9-4　工况 2 闸基水头等值线分布(单位:m)

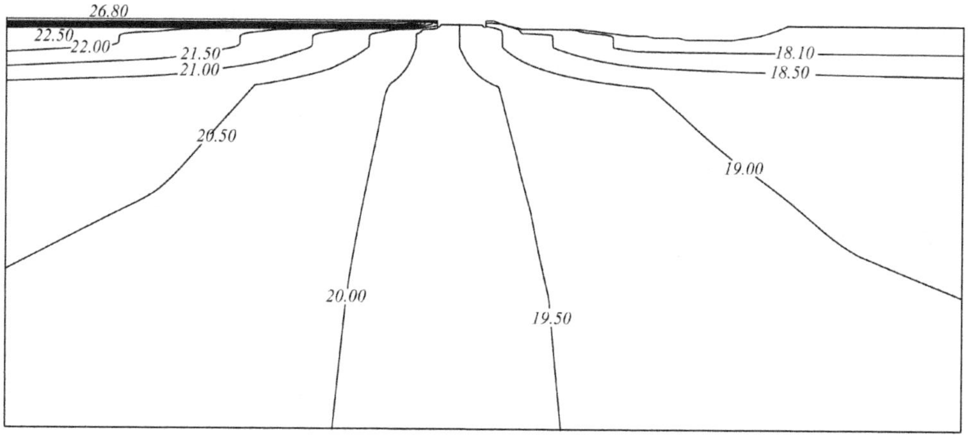

图 9-5 工况 3 闸基水头等值线分布(单位:m)

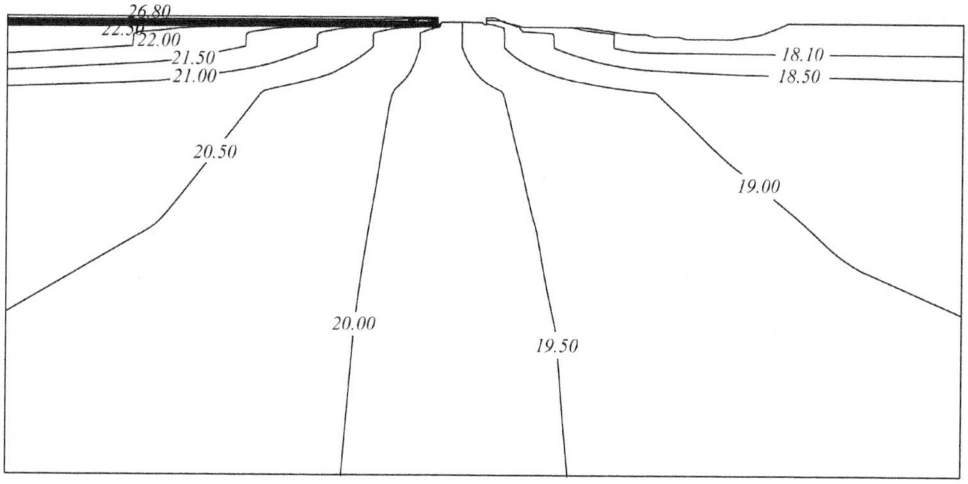

图 9-6 工况 4 闸基水头等值线分布(单位:m)

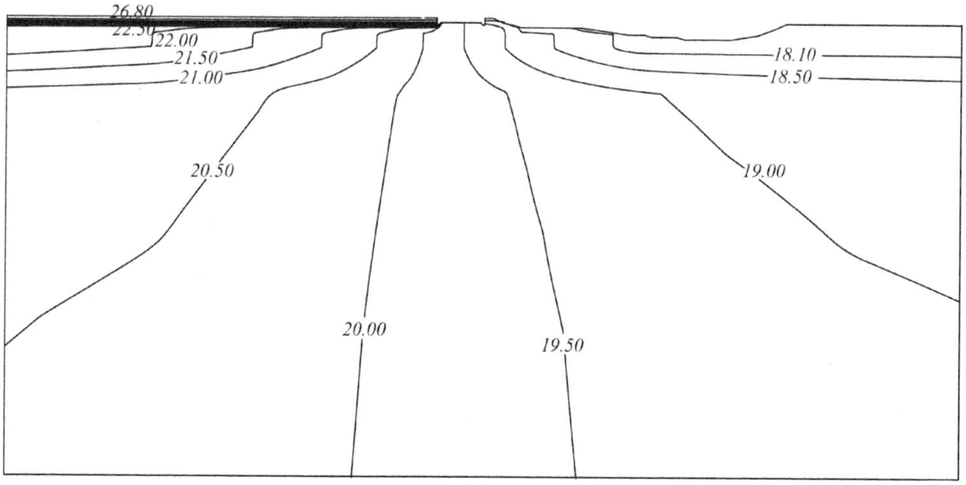

图 9-7 工况 5 闸基水头等值线分布(单位:m)

的压力水头几乎相等，铺盖失去了防渗功能。同时，地连墙对渗透水流的截断作用以及底部粉质黏土地层(8)的微弱透水性，使渗透水头能量相对集中损耗于此，渗透水流不能达到闸室底板的基础区，起到了很好的防渗作用。在地连墙的下游，由于粉质黏土地层(8)的上、下地层的渗透系数均大于该地层，因此地层(8)仍然是渗流场中的天然抗力层，未渗透过和渗透过地层(8)的水均容易通过其上、下相对强透水层渗到下游，渗透水流已无能力在垂直向渗过强透水层直至闸底板建基面下的地层(3)中。综合上游的截渗作用和下游的排水作用，使得闸底板建基面上扬压力水头很小(书中未给出扬压力水头分布图)，残余部分扬压力主要是由下游水位引起的浮托力，而渗透力部分很小。

另外，由于上游表层中粉质壤土夹轻粉质壤土地层(2-1)，特别是重粉质壤土地层(3)，相对于其下部地层(4)和(5)，也是弱透水层，若没有地连墙的“挡水”作用，它们都能起到天然防渗铺盖的作用(工况 5)，这时即使在没有地连墙的情况下，混凝土铺盖的作用亦不大(工况 3)，仍然起不到降低闸基扬压力的作用。值得一提的是，因铺盖是设置在相对不透水层上，特别地，当铺盖与铺盖之间或铺盖与闸底板之间的止水结构失效时，渗透水流就容易通过这些薄弱区达到铺盖底部，使得铺盖就像“悬浮”在水中，其防渗作用更是微乎其微，可见在本工程中铺盖的防渗作用是极不可靠的。因此，本闸闸基地层的特有结构使混凝土铺盖不能起到有效的防渗作用。

图 9-4 为假设仅采用地连墙防渗时的闸基水头等值线分布图。与工况 1 的结果相比，水头等值线仅在铺盖根部位置的局部范围内发生变化，这完全不影响地连墙下游闸基扬压力的大小，其余部位闸基水头等值线分布情况与工况 1 几乎完全相同。正如前述，铺盖的确没有起到应有的防渗作用。

图 9-5 为假设仅采用铺盖防渗时的闸基水头等值线分布图。由于去除地连墙，原先被地连墙切断的细砂层(5)成了强透水层，其上部相对弱透水土层的防渗功能同时也得到了最大限度的发挥，表现在该处上游部位等值线密集，起到了天然铺盖的作用。同时闸建基面扬压力水头增大。由此可见，地连墙在整个防渗体系中起到了决定性的作用。

工况 4 是在工况 3 的基础上再假设铺盖与闸底板相连处设置 1 mm 宽的缝隙，以模拟该处止水设施功能的失效。与工况 3 相比，水头等值线(图 9-6)分布仅在铺盖以下局部范围内发生了变化。可以看出，一旦铺盖与闸底板相连处的止水失效，铺盖本身有限的防渗功能也得到了较大的削减，代之以下部地层(3)的防渗能力得以加强，其余部位水头等值线分布基本一致，从而进一步证实在本工程中铺盖的作用是极其有限的，无法发挥应有的工程价值。

工况 5 假设完全去除铺盖和地连墙等人工防渗措施，上游完全由表层地层(2-1)和地层(3)防渗。与工况 4 相比，水头等值线(图 9-7)分布仅在原铺盖位置有微小变化，其余部位分布情况基本一致。而这一微小变化没有改变闸底板和斜坡段护坦底部的扬压力水头分布。

9.1.3 结论

通过对姜唐湖进洪闸多组典型工况的闸基渗流场有限元分析计算，可以得出平原地区特殊成层地层分布情况下的闸基渗流场特性，可供设计与施工者参考。

(1) 建在相对不透水地层上的铺盖只起到很有限的防渗作用。从整体防渗功能来看，这种作用是很小的，并且因止水破坏等原因而极易丧失。因此，铺盖在本工程中起不到应有的工程价值。

(2) 因闸基特有的地层渗流特性，在闸上、下游河床水位差的作用下，地连墙起到决定性的防渗作用。因此，地连墙应严格设计，精心施工，确保质量。

(3) 从闸基水头等值线分布情况可以看出，由于特有地层结构，地连墙端部水头等值线非常密集，渗透坡降大，设计时应考虑不让其附近土体发生局部渗透变形破坏。

9.2 八里湾泵站渗流特性和渗控措施

9.2.1 工程概况

八里湾泵站是南水北调东线工程的第十三级泵站，也是黄河以南输水干线最后一级泵站，它位于山东省东平县境内的东平湖新湖滞洪区内。工程主要任务是抽引下级邓楼站的来水入东平湖向北调水，并适当结合东平湖新湖区的排涝。泵站为Ⅰ等工程，其主要建筑物为Ⅰ级建筑物。泵站上、下游防洪标准为 30 年～1 000 年一遇。

主泵房顺水流向长 34.0 m、宽 40.6 m，上部为 13.5 m 跨的排架结构，下部采用 5 台机组共用一块底板、钢筋混凝土块基型整体结构，上下主要有三层，上层为电机层，以下为联轴层、水泵层，泵站采用肘形进水流道，平直管出流，快速闸门断流，油压启闭机操作。

9.2.2 工程主要渗控措施

由于泵房坐落于第 6 土层与第 8-1 土层交接处，土层上部较松软，并存在局部软弱层，不能满足建筑物对地基承载力的要求，设计采用水泥土深层搅拌桩浅层加固，使其承载能力满足设计要求，同时也减少了泵房的沉降。特别是该砂层为承压含水层，透水性强，为消除和减轻承压水的渗流影响，根据砂土上水工建筑物设计经验，设计考虑在主泵房底板下采用钢筋混凝土地连墙四周围封截渗，形成封闭的截渗系统，切断渗流，同时对建筑物的抗震也有利，以确保主泵房的永久安全。泵房地下连续墙设计厚 0.4 m，设计底高程为 11.0 m，深入第 9 层重粉质壤土相对不透水层下 2.0 m。同时在泵房的底板下设置软式导渗排水管，穿过进水侧地连墙与进水池底板下反虑层连通，作为导渗出流通道。

另外，由于泵房直接挡洪，站上高水位机遇较多，为解决侧向绕渗问题，设计在泵房进、出口两侧翼墙下设水泥土深层搅拌桩防渗墙，入土深度均为 6.0 m，有效厚度为30 m。考虑承压水的影响，满足进水池、前池的抗浮稳定，在主泵房站下渗流出口处即前池及进水池底板上布置冒水孔，下设反滤层，构成上下连通，并在前池底板下部及两侧边坡下部布置减压井。

9.2.3 工程地质情况

本工程场区除堤防、沟塘外，地形较为平坦，地面高程一般为 37.00～38.00 m，站址处南堤堤顶高程为 46.30～47.10 m，堤顶宽 6～10 m，北侧为东平湖老湖区。工程场区在勘测深度内，地层自上而下分为 11 层。

(1) 工程场区第 2、3、7 层土属高压缩性土，且分布不均，特别是第 2、7 层淤泥质壤土和淤泥，抗剪强度底，对建筑物地基稳定不利，易产生过大沉降和不均匀沉降。

(2) 第 8-1 层以上各土层的地基承载力均较低，难以满足建筑物地基承载力的要求，需对建筑物地基进行加固处理。

(3) 场区 8-1 土层为主泵房的持力层，该层为承压水含水层，且透水性较强，承压水头高 13.3～14.2 m，与老湖区有一定水力联系，该层承压水对建筑物及基坑稳定不利。

根据钻探和试验资料分析，在本工程场区钻探深度范围内，地下水类型为松散岩类孔隙水，第 4 层轻粉质壤土层为潜水主要含水层，为中等透水层，渗透系数为 1.22×10^{-4}～4.04×10^{-4} cm/s，该含水层主要受大气降水补给，并与周围的沟、渠、塘等地表水体有一定的水力联系。现场测得潜水位为 37.60～38.00 m，在丰水期该水位还有所抬高。第 8 层中细砂层为承压水主要含水层，透水性偏强，渗透系数为 3.39×10^{-3} cm/s，现场测得承压水位为 38.40～38.90 m(东平湖老湖区水位为 40.20 m)，承压水头为 13.30～14.20 m。因工程场区紧邻东平湖老湖区，经分析，该承压水与东平湖老湖区水源有一定的水力联系。

9.2.4 计算模型

根据八里湾泵站站区平面布置图，沿泵站轴线方向，长度取从站下的进水池到站上的出水池，具体长度为 548.6 m；基本以泵站中心线为轴线，沿东平湖老湖区南堤向长度取 840 m；再根据本工程所在地区的地层分布情况，最大计算深度取 97.3 m，从地表面向下算到 −50 m 高程。这样就形成 840 m×548.6 m×97.3 m(长×宽×高)的近似长方体计算域。底面边界为黏土弱透水层，在计算中视为隔水边界，地表面为可能逸出面，站上垂直面为定水头边界，并处处等于站上水位，站下垂直面也为定水头边界，进水渠底板高程以上为站下水位，减压井底面以下高程为承压水水位，这两者之间按直线变化，另外本计算域取承压水水位等于站上水位。对以上所形成的计算域进行有限元网格剖分，以八节点六面体空间等参元为主。上下游向(为了和习惯保持一致，本书将站上称为上游，站下称为下游)为纵向，取该向与 y 轴平行，垂直上下游向为横向，取该向与 x 轴平行，z 轴垂直于 xOy 平面，z 轴坐标的原点位于工程零高程面。具体如图 9-8 所示。纵向剖面网格见图 9-9。

9.2.5 含、隔水层结构

根据地层岩性和含水层水力特性，将计算域分为 4 个含水层和 4 个隔水层，其中第 1、2 含水层为潜水，第 3、4 含水层为承压水。具体地层结构如表 9-2 所示。

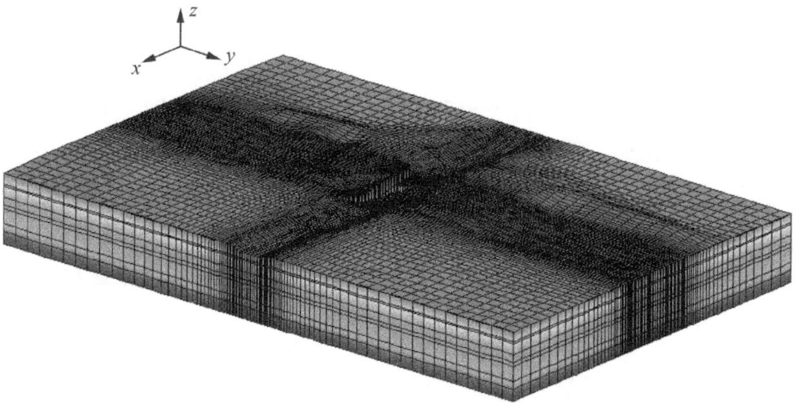

图 9-8 泵站工程区整体三维渗流场的计算域及有限元计算的单元网格透视

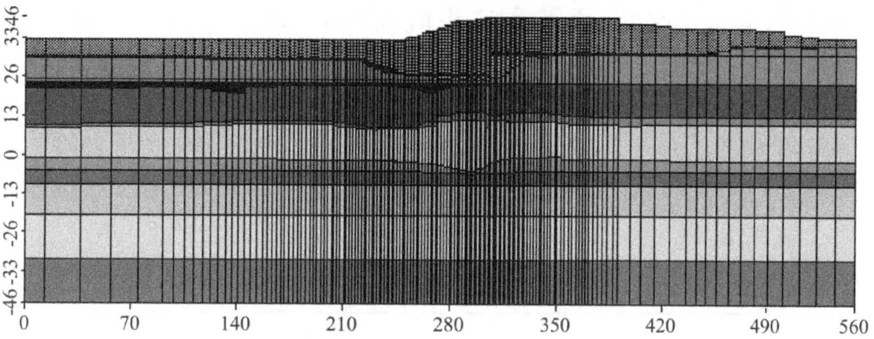

图 9-9 计算域中 x=411.9 m 纵向剖面上的单元剖分情况(单位:m)

表 9-2 泵站枢纽工程含、隔水层结构

地层号	层底高程/m	含、隔水层
1	35.95～40.18	第 1 含水层
2	31.53～37.48	
3	25.95～35.28	第 1 隔水层
4	26.70～32.88	第 2 含水层
5	22.60～29.10	第 2 隔水层
6	23.18～27.0	
7	18.80～26.10	
8-1	9.50～17.0	第 3 含水层
8-2	9.40～12.46	
9	−5.80～3.25	第 3 隔水层
10	−3.66～−3.35	第 4 含水层
11	−22.36	第 4 隔水层

第 1 含水层类型为潜水,主要由沟、渠和大气降水补给;

第 1 隔水层为微透水层;

第 2 含水层主要由沟、渠补给，由于本区沟、渠、塘较多，其深度局部已达该层，故该层含水层类型也为潜水；

第 2 隔水层由第 5、7 层重粉质壤土和淤泥及淤泥质壤土共同组成，透水性由弱到极微，该隔水层分布较广，是一相对良好的隔水层；

第 3 含水层由第 6、8-1、8-2 层粉土，中、粗砂组成，中等透水性，含水类型为弱承压水；

第 3 隔水层为第 9 层重粉质壤土，微透水，为良好的隔水层；

第 4 含水层为第 10 层粗砂夹砾层，强透水层，由于该含水层埋藏较深，且上部隔水层较厚，对本工程不会产生危害，故本书不进行讨论。

9.2.6 地层材料的渗透系数

结合可研阶段和本次勘探的室内外试验资料，经综合分析提出站址区第 1 到 9 地层渗透系数取值，如表 9-3 所示。在计算中，根据地质勘探资料，结合地层性质，将同一含、隔水层里的不同地层经均化后，取同一渗透系数，因这些不同地层的渗透系数相差不大，不会给计算结果带来大的影响，但是给计算网格的剖分工作带来很大的方便并有效地降低了解题的计算规模。图 9-10 为计算域 $x=411.9$ m(过减压井中心面)纵向地层剖面。如表 9-3 所示，某些地层具有较明显的渗透各向异性的特点，个别地层的渗透各向异性比达到了 2 个数量级，具有明显的渗透各向异性的特点。详见表 9-3。

表 9-3 泵站枢纽工程土层分布表

地层号	材料编号	材料类型	分布高程/m 层顶 层底	垂直渗透系数/(cm/s)	水平渗透系数/(cm/s)
1	材料 1	人工填土或耕植土	37.17～43.71 34.48～40.18	1.35×10^{-5}	5.68×10^{-5}
2	材料 2	淤泥质黏土夹粉土和细砂层	34.48～40.18 30.23～38.61	4.58×10^{-4}	4.88×10^{-6}
3	材料 3	黏土	30.23～38.61 28.13～35.61	8.32×10^{-7}	1.58×10^{-6}
4	材料 4	轻粉质壤土和中粉质壤土夹粉土	28.13～36.54 25.99～33.27	4.04×10^{-5}	1.22×10^{-5}
5	材料 5	黏土	26.09～33.27 24.29～32.54	1.11×10^{-7}	1.38×10^{-7}
6	材料 6	轻粉质壤土和中粉质壤土夹砂壤土	24.29～32.54 22.69～28.65	2.82×10^{-6}	2.43×10^{-5}
7	材料 7	淤泥质黏土和淤泥质壤土	22.73～29.21 18.97～26.30	3.62×10^{-7}	1.26×10^{-5}
8-1 或 8-2	材料 8	中砂或粗砂	18.97～27.33 9.63～14.80	3.55×10^{-3}	3.55×10^{-3}
9	材料 9	重粉质壤土夹中砂或粗砂含砾石	9.63～14.80 −5.60～11.23	2.63×10^{-8}	7.62×10^{-8}

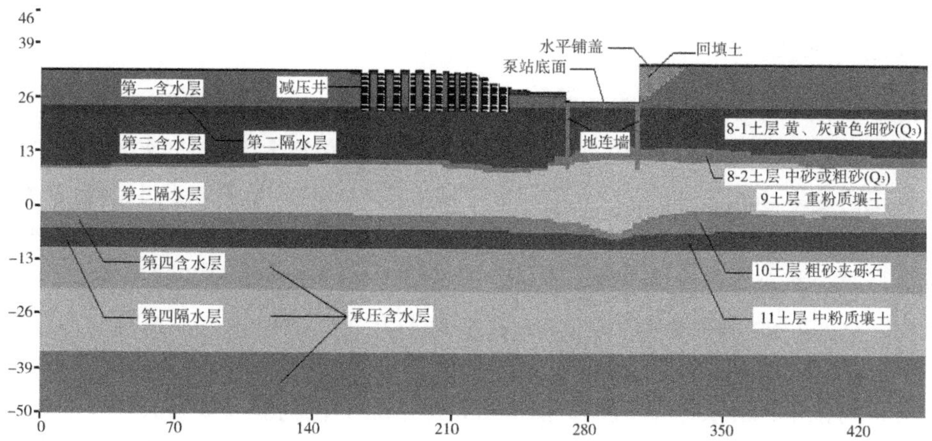

图 9-10 基础地层 x=411.9 m 纵向剖面的地层分布情况(单位:m)

9.2.7 计算工况说明

计算工况的选取主要是根据水位组合情况、地连墙的墙面调整、减压井间距、排水管间距、有无铺盖、地连墙深度等方面考虑,最终由此确定经济的地连墙布置方式,合适的减压井、排水管间距和地连墙深度,并且对铺盖的防渗效果做出合理的评价。本工程共有 6 个水位组合,此次计算仅选取上、下游水位差最大的,即设计防洪水位,站上水位 44.8 m,站下水位 35.8 m。将这几种水位组合又分为 10 种计算工况,每个工况中选取典型断面的水头、扬压力和渗透坡降等值线分布进行分析,对现有的渗控措施做出合理评价,并提出更经济有效的渗控方案。主要选取剖面 x=411.9 m 作为分析对象,该剖面为渠底中面且经过减压井中心面。各工况的详细说明见表 9-4。

表 9-4 计算工况说明

工况编号	工况说明
工况 1	地连墙、减压井、排水孔、排水管等防渗措施各参数均按原设计值选取
工况 2	去掉泵站下游面地连墙,其余情况同工况 1
工况 3	泵站底无排水软管,其余情况同工况 2
工况 4	地连墙的埋藏深度减少 2 m,其余情况同工况 2
工况 5	无减压井,其余情况同工况 2
工况 6	减压井间距调整为 8 m,其余情况同工况 2
工况 7	减压井间距调整为 6 m,其余情况同工况 2
工况 8	排水管间距调整为 4 m,其余情况同工况 2
工况 9	排水管间距调整为 5 m,其余情况同工况 2
工况 10	排水管间距为 5 m,地连墙埋藏深度减少 2 m,减压井间距为 8 m,无铺盖,其余情况同工况 2

9.2.8 计算结果分析

本书仅对工况 1～工况 3、工况 5 及工况 10 做详细说明。

9.2.8.1 工况 1

工况 1～工况 10 针对第 5 种水位组合在不同防渗措施下的渗流场计算，由于该水位组合下上、下游水位差最大，根据工程经验，上、下游水位差越大，对建筑物越不利，因此我们首先主要选取该水位组合进行渗流场计算。这 10 种工况中工况 1 是最基本工况，各防渗措施都按原设计参数计算，其余工况均在本工况的基础上进行适当的调整，由此本工况的计算分析就显得尤为重要，下面就着重对本工况的计算结果进行分析。

剖面 $x=411.9$ m 经过减压井中心，其水头等值线分布和相应的扬压力等值线分布见图9-11 和图 9-12，由于该剖面位于渠底中面且经过减压井中心，具有代表性，我们仅给出并分析与该剖面相关的等值线。图 9-11 为工况 1 在剖面 $x=411.9$ m 的水头等值线分布，此时防渗措施的参数为四面地连墙且埋藏深度 15 m、减压井间距 4 m、排水孔间距 1.5 m、有铺盖、地连墙下设排水软管间距为 3 m。在这些防渗措施的共同作用下形成如图 9-11 所示的水头等值线，此断面渗流场的主要渗流特性如下。

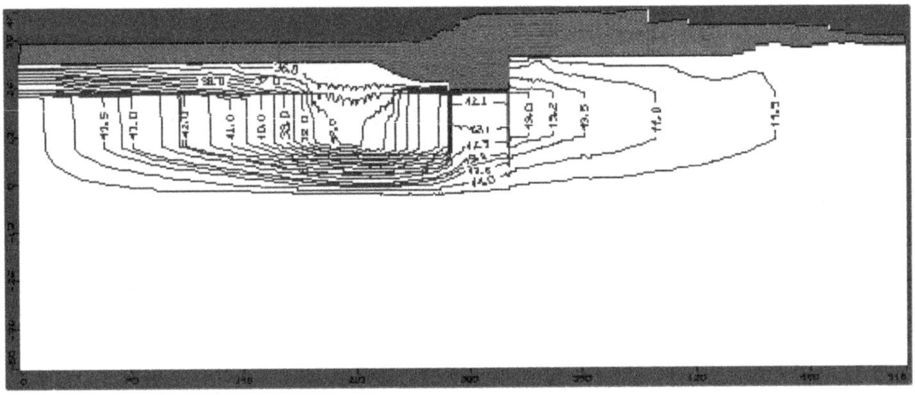

图 9-11 工况 1 剖面 $x=411.9$ m 的水头等值线分布(单位:m)

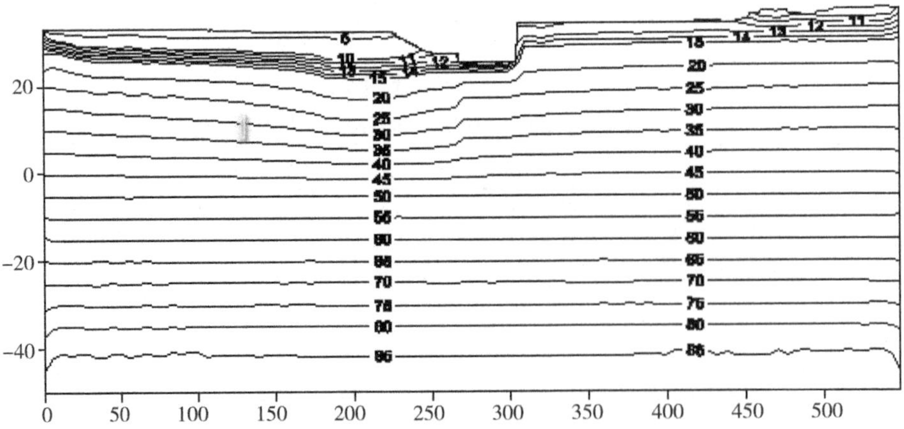

图 9-12 工况 1 剖面 $x=411.9$ m 的扬压力等值线分布(单位:m)

地连墙上游地层中水头降低较小，仅有 44.8 m－43 m＝1.8 m，偌大的地层仅降低如此小的水头，说明其渗透坡降也很小，这和渗透坡降等值线图是一致的。由图 9-13，铺盖上、下面的水头值并没有多大的降低，因此铺盖在这里并没有起到多大的防渗作用，我们甚至可以怀疑它根本起不到任何防渗作用，根据以往工程经验，铺盖在不同工程中真正起到的作用都不是很明显。

地表水、侧面边界水、第 3 含水层的承压水一起汇集到泵站底部的浅层地层中，然后流向低水位的下游。在下游地连墙的堵渗作用下，下渗水流绕过上游地连墙后，直接进入由四面地连墙围封的封闭区域内，在这个区域内由于排水软管的存在，被围封的水流流向排水软管，最终由排水软管排向下游后从排水孔排出，所以地连墙底部水头等值线的数值很小。上游地连墙截住 43.5 m－42 m＝1.5 m 的水头，占整个泵站上、下游水头差 44.8－35.8＝9 m 的 16.67%。下游地连墙截住 42 m－40.5 m＝1.5 m 的水头，占总水头差的 16.67%，很明显上、下游地连墙起到同样的防渗作用，两者加起来共截住 33.33%的水头。前池底部，由于减压井和排水孔的排水降压作用，该区等值线值较没有减压井时的大大降低。

另外，由于站址区地势较周围地势低洼，四周地表水都往站址区排泄，形成积水沼泽。在等值线上是以以下方式体现的：地连墙下游、进水渠地段，因为渠底的透水性，第 1 含水层和承压含水层的承压水一方面向上排泄，形成等值线图中最下游段等值线为水平向。另一方面该层水又向地势低洼的站址区流动，结合第 3 层承压的水向上涌动和上游水绕过地连墙通过前池底的排水孔排出，形成图 9-13 中所示的类似圆弧形等值线图。

通过以上三点分析，渗流场各渗控措施得到精确模拟，图 9-13 也精确反映了该渗流场的渗流特性。在地连墙的挡渗和减压井、排水孔的排水降压共同作用下，泵站上、下游下渗水流、承压水水流被很好地输导并从减压井和排水孔排出。

图 9-12 为剖面 $x=411.9$ m 的扬压力等值线分布，泵站下游引水渠底板扬压力值小于5 m，减压井部位的底板扬压力值也同样小于 5 m，由图估计大约为 4 m。扬压力是由两部分组成的，即浮托力和渗透压力。其中浮托力由下游水位引起，渗透压力由上、下游水位差引起，工程中主要关心的是渗透压力。下游引水渠底板和减压井部位的底板处扬压力中浮托力为 3 m(该组合的下游水位 35.8 m 减去底板高程 32.8 m)，所以此处渗透压力仅为1 m 左右。主泵房底部扬压力值在 11～12 m，而此处的浮托力为 11.2 m(35.8 m 减去主泵房底板高程 24.6 m)，非常接近扬压力值，也就是说主泵房底部渗透压力很小，不超过 1 m。泵站上游底板处扬压力值为 12 m 左右，此处浮托力为 10.54 m(上游水位 44.8 m 减去上游底板高程 34.26 m)，得到上游底板渗透压力为 1.5 m 左右。综合以上分析，在减压井、地连墙、排水软管等的防渗作用下，整个泵站底板的渗透压力都很小，甚至有的部位达到了零，这充分说明初步设计的防渗措施已经起到了很好的防渗作用。

减压井底面高程为 22 m，部分经过地层 3、4、5、6、7 直至 8-1，在这些地层中最小的允许水力坡降为 8-1 土层的允许坡降 0.2，图 9-13 中减压井处最大渗透坡降为 0.1，小于 0.2，满足要求。其余各土层的渗透坡降都小于或等于 0.2，其中大于 0.2 的渗透坡降绝大部分分布在埋藏较深的第 9 土层，由于该土层位于建筑物基础以下较深部位，对建

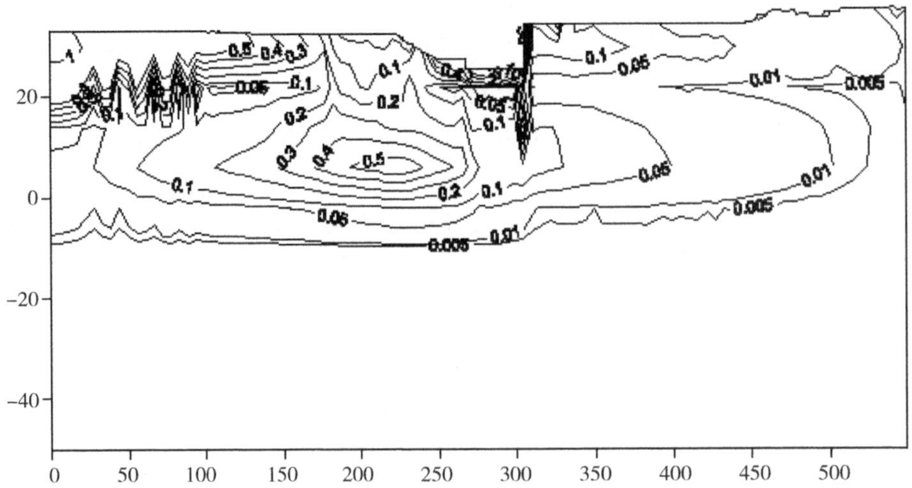

图 9-13　工况 1 剖面 $x=411.9$ m 的渗透坡降等值线分布(单位:m)

筑物不会产生过大的影响,所以可以不予考虑。地连墙和泵站底部水力坡降较大,甚至达到 35,由于此处为混凝土材料,允许水力坡降达到 1 000 左右,此处的渗透坡降同样满足渗控要求。靠近水渠底部,接近站下边界处水力坡降为 1,超出允许值,由于该处离主泵房较远,且很有可能接近边界,受边界条件的影响,由这两点看,此处的渗透坡降并不能说明现有的防渗措施不能达到要求。总体看出,整个渗流场内渗透坡降都在允许范围之内,满足渗透变形的要求。

图 9-14、图 9-15 分别为图 9-11 在下游边界和减压井的局部放大图。图 9-14 在高程 22 m 处等势线发生转折,这不是什么异常现象,却正好与边界水头的取值相一致:本组合中引水渠底板高程以上水头取 35.8 m,减压井底部高程以下水头取上游水头值 44.8 m,这之间水头按直线分布。图 9-15 给出了减压井局部放大图,该图说明减压井这一防渗措施在本工程中得到了很精确的模拟。

9.2.8.2　工况 2

工况 2 在工况 1 的基础上去除下游地连墙,从经济的角度考察下游地连墙是否必要。和工况 1 相比较,水头等值线仅在主泵房底部一小部分范围内发生变化。去除了下游地连墙,主泵房底部等水头数值减小,这主要是因为在工况 1 中下游地连墙的存在,形成了封闭的涌水区域,使得水头线上抬。图 9-16 中地连墙内部区域水头值在 39～40 m,而工况 1 地连墙内部水头在 42 m 左右,可见去除下游面地连墙后,地连墙内的水头减小,同时上游地连墙截住水头 43 m－40 m＝3 m,占总水头差的 33.33%,这和工况 1 的上、下游地连墙共同起的作用相当,也就是说去掉下游地连墙,整个地连墙起的作用并没有减小。但是由上游下渗的水流不会再像工况 1 那样进入封闭的地连墙后再从主泵房底的排水软管排向下游,而是直接排向下游排水孔和减压井。从这个意义上来讲,下游地连墙的存在只是起到改变水流流径的作用,最终上游下渗的水流和下游下渗的水流以

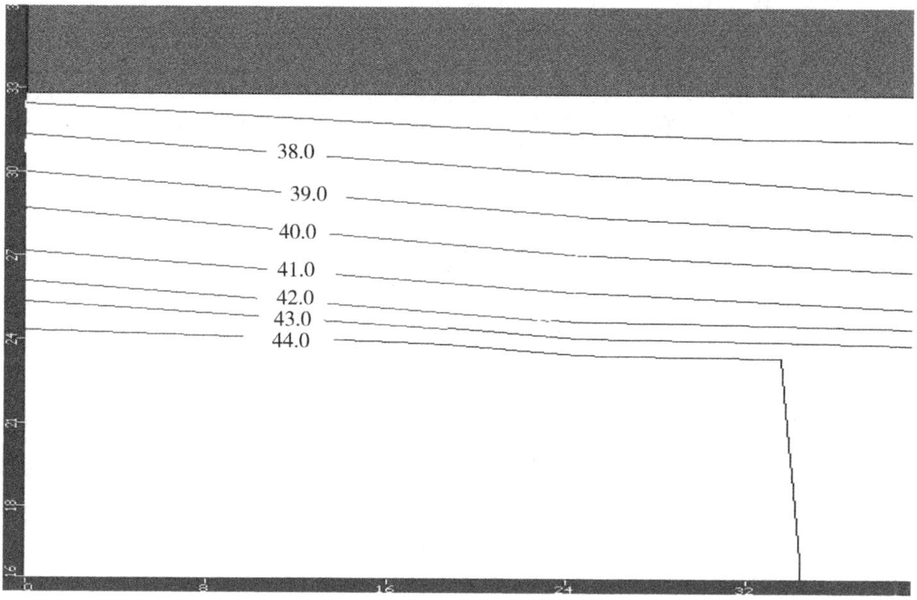

图 9-14　图 9-11 中下游边界放大图(单位:m)

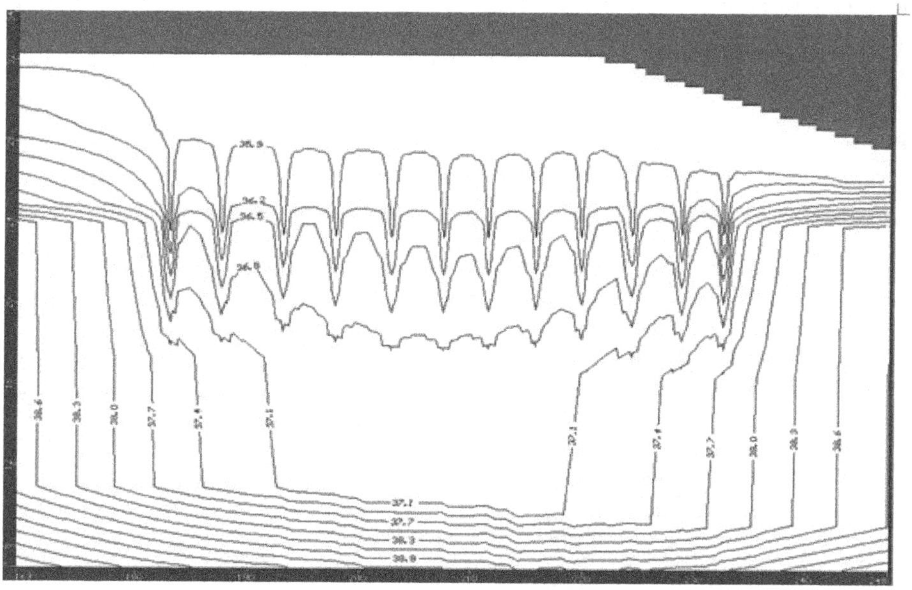

图 9-15　图 9-11 中纵剖面减压井局部放大图(单位:m)

及承压层的水流都是从减压井和排水孔排出的。

图 9-17 为该工况在剖面 $x=411.9$ m 的扬压力等值线分布，与图 9-12 比较，上游泵站底板、下游泵站底板，或是主泵房底板扬压力在数值上均无大的改变，主泵房底板扬压力值仍在 11～12 m，减压井部位的泵站底板扬压力也在 4 m 左右，这跟工况 1 一致，说明

去掉下游面的地连墙并未加大整个泵站底板的扬压力值，从这一角度看，可以设想下游地连墙可以去除。下面讨论下游无地连墙对渗透坡降的影响。

图 9-18 为工况 2 在剖面 $x=411.9$ m 的渗透坡降等值线分布。与工况 1(图 9-13)相比，整个等值线发生大的变化，下游靠近边界处在地层 4 和地层 5 内有一部分范围渗透坡降超过 0.6(地层 5 的允许渗透坡降)，这一点将在后面具体提出解决方法。另外在主泵房底部最大渗透坡降达到 15，该土层为 8-1 层，远远大于其允许渗透坡降 0.2，这主要是因为该处靠近地连墙，地连墙较大的渗透坡降和该处很小的渗透坡降之间在插值过程中发生这一不可避免的现象，所以这并不是该处真实的渗透坡降值，但可以从水头等值线分布上得到该处大致的渗透坡降值。地连墙本身是混凝土材料，允许渗透坡降达到 1 000 左右，因此图中此处的渗透坡降值仍在允许值范围内。上游最大渗透坡降为 0.5，由于处于第 3 地层，仍然小于允许渗透坡降 0.65，满足要求。埋藏较深地层处的渗透坡降和图 9-13 接近，没有大的改变，说明去除下游地连墙对埋藏较深土层的水力特性没有太大的影响。综合上文所述，渗透坡降除了在下游靠近边界的一小部分不满足要求，其他的都在允许值之内。不满足要求的地方将在下文论述。

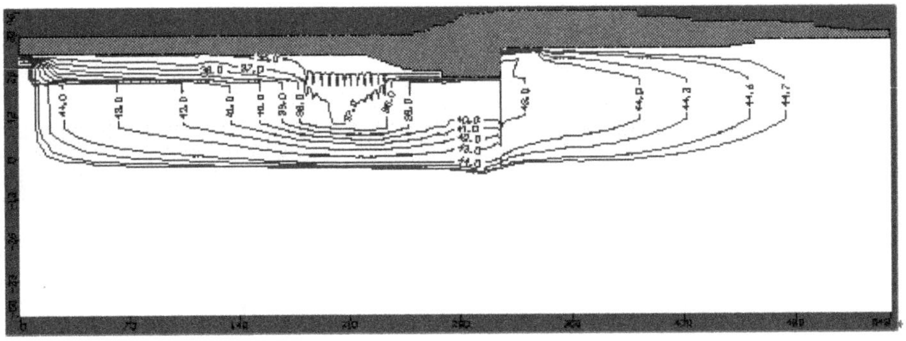

图 9-16　工况 2 剖面 $x=411.9$ m 的水头等值线分布(单位:m)

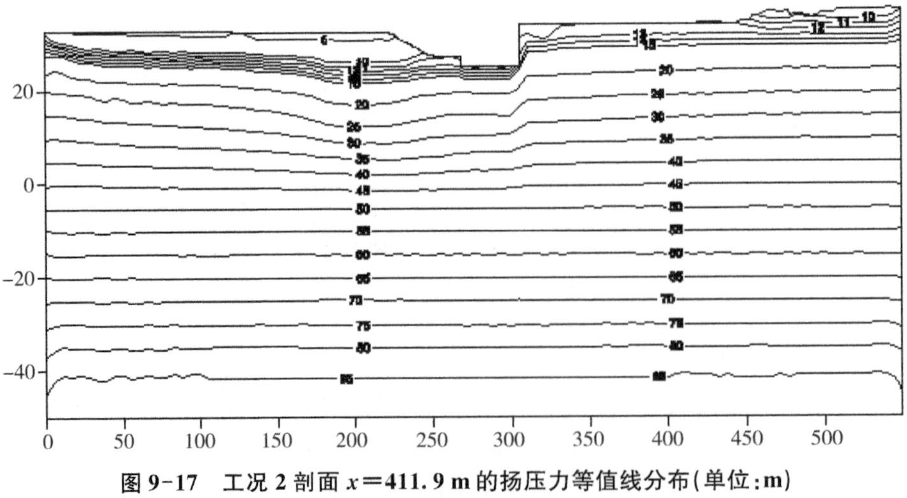

图 9-17　工况 2 剖面 $x=411.9$ m 的扬压力等值线分布(单位:m)

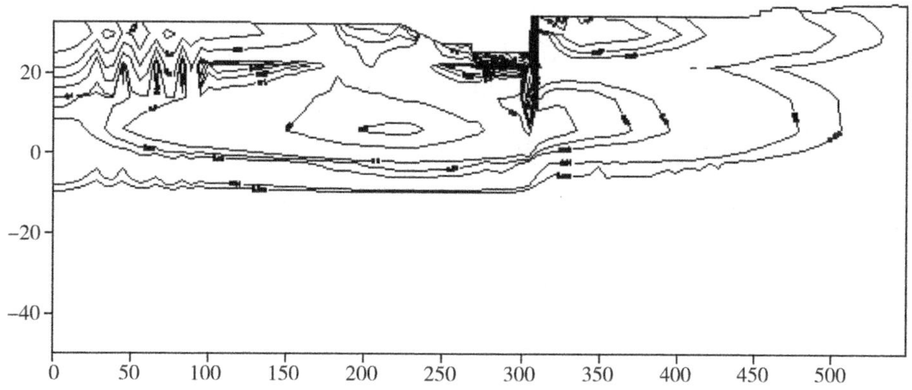

图 9-18 工况 2 剖面 x=411.9 m 的渗透坡降等值线分布(单位:m)

图 9-19 是纵剖面减压井局部放大图,其与图 9-15 相比基本没有过大的改变,这再次印证了对工况 2 的分析,下游地连墙只是改变了水流的流径,一种是直接流向减压井,另一种是先流向主泵房底板,再通过排水软管流向减压井,而对减压井处渗流场影响甚小。相邻排水软管之间最大的水头差仍然为 1.5 m,这和工况 1 的完全相同。可见去除下游地连墙对整个渗流场的渗流特性影响并不是很大,各水力参数都在允许值范围内。

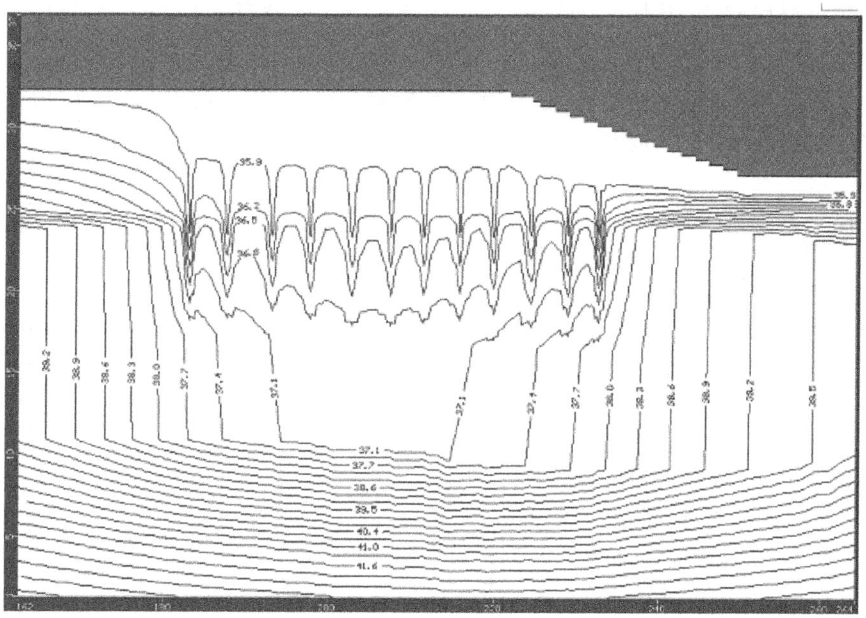

图 9-19 工况 2 剖面 x=411.9 m 减压井局部放大图(单位:m)

9.2.8.3 工况 3

工况 3 为去除排水软管,其余同工况 2,以检验排水软管的防渗作用。纵剖面 x=411.9 m 的渗流水头等值线、扬压力等值线和渗透坡降等值线分布见图 9-20～图 9-22。

上游地连墙消耗水头 43 m－40 m＝3 m，占整个上、下游水头差的 33.33%，和工况 1、2 的一样。上游水流绕过地连墙后和承压含水层的承压水一起排向减压井和排水孔，减压井处的水头值仍然很小，整个渗控措施中减压井和排水孔起到了很重要的排水降压作用，所以在泵站运行的过程中减压井和排水孔的畅通性必须得到有力的保证。

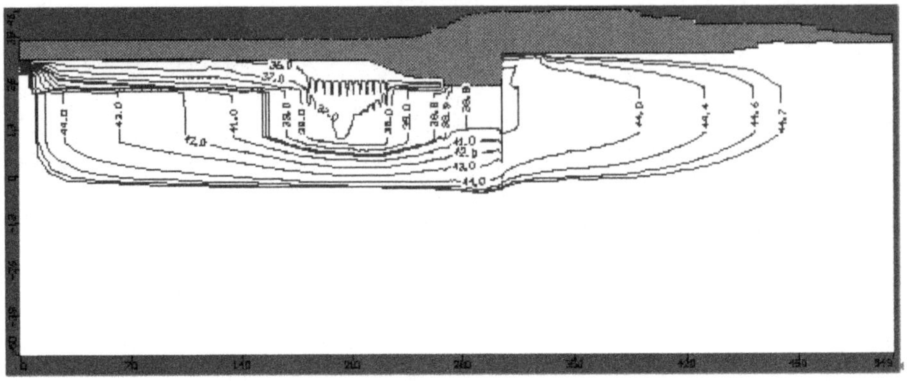

图 9-20　工况 3 剖面 x＝411.9 m 的水头等值线分布(单位:m)

图 9-21 为该剖面的扬压力等值线分布，下游泵站底板扬压力值还是 4 m 左右，最大的不同点在主泵房底板，其扬压力较工况 2 大 3 m 左右，这是去掉排水软管后带来的最大问题，但是此时主泵房底部水流基本处于静止状态，不会受到任何的水力动力影响，这在工程中是最理想的状态，初步建议去掉排水软管，至于增大后的扬压力可以采取其他措施抵消，比如增加主泵房底板厚度。

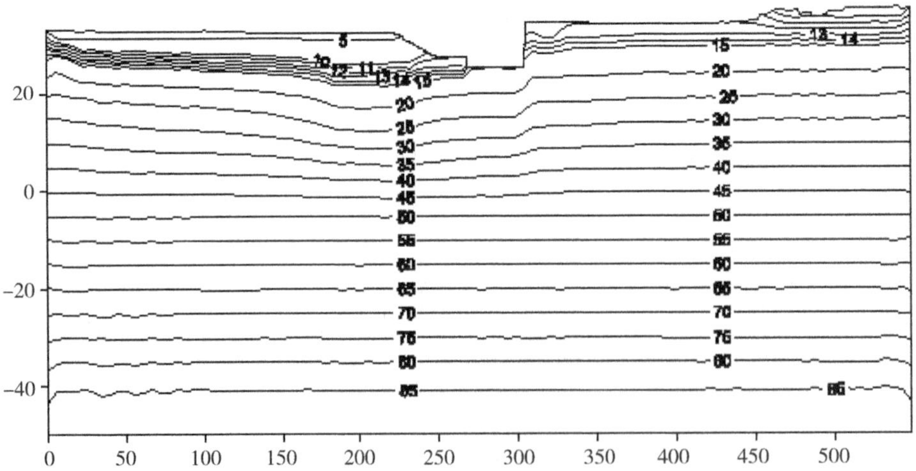

图 9-21　工况 3 剖面 x＝411.9 m 的扬压力等值线分布(单位:m)

图 9-22 是该剖面的渗透坡降图，和扬压力图类似，渗透坡降分布也没有大的改变，较大的渗透坡降值由于处于第 9 土层以下，由于埋藏较深，这里不予考虑。主泵房底部渗透坡降较大，不符合渗控要求。这主要是因为该处接近渗透坡降较大的地连墙，在插

值的时候发生这种现象，因此该渗透坡降不反映真实情况，这在工况 2 中已经说明。下游渗透坡降值都很小，都在各自地层的允许值之内。

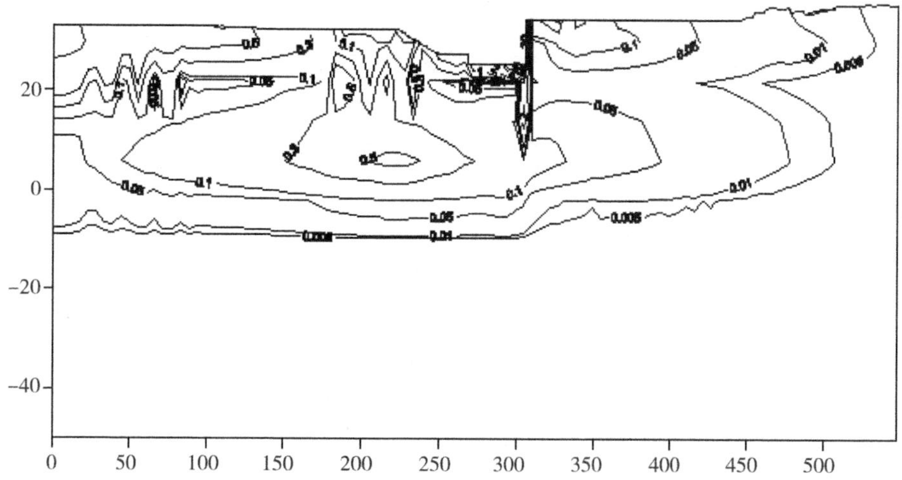

图 9-22　工况 3 剖面 x＝411.9 m 的渗透坡降等值线分布(单位：m)

总体看来，去掉下游地连墙后再去掉排水软管，得到扬压力和渗透坡降分布都能满足防渗要求，没有出现不满足要求的地方，而且在扬压力的分析过程中我们已经提到，去掉排水软管可以得到一劳永逸的效果。综观水头、扬压力和渗透坡降的分析，建议去掉主泵房底部的排水软管，根据计算适当增加主泵房底板的厚度。

9.2.8.4　工况 5

减压井的主要作用是排水和降低扬压力，如果所在地段扬压力并不是很大，或者减压井的存在并没有过大地降低扬压力，则减压井是否有必要，就需要进行论证，并且我们知道减压井施工工艺复杂，费用较高，这是每个工程项目都应尽量减少使用的。从这一点出发，在本工况中去除减压井这一渗控措施，对减压井的防渗作用进行一个精确的评价，以达到渗控措施的优化。图 9-23～图 9-25 是工况 5 在剖面 x＝411.9 m 的水头、扬压力、渗透坡降等值线分布。

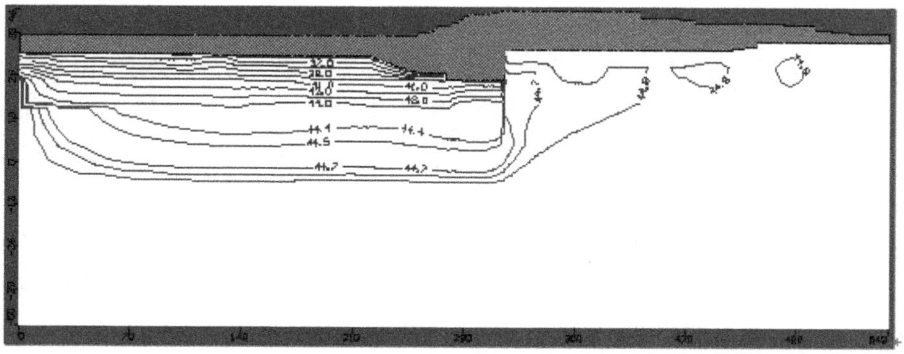

图 9-23　工况 5 剖面 x＝411.9 m 的水头等值线分布(单位：m)

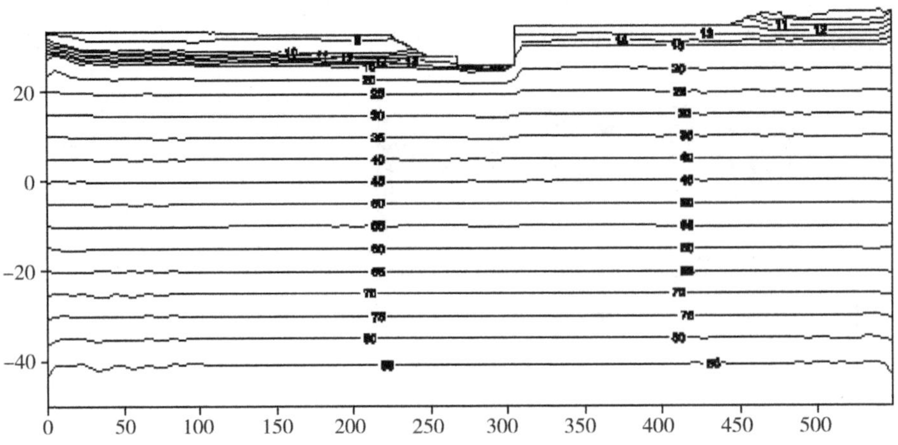

图 9-24 工况 5 剖面 $x=411.9$ m 的扬压力等值线分布(单位:m)

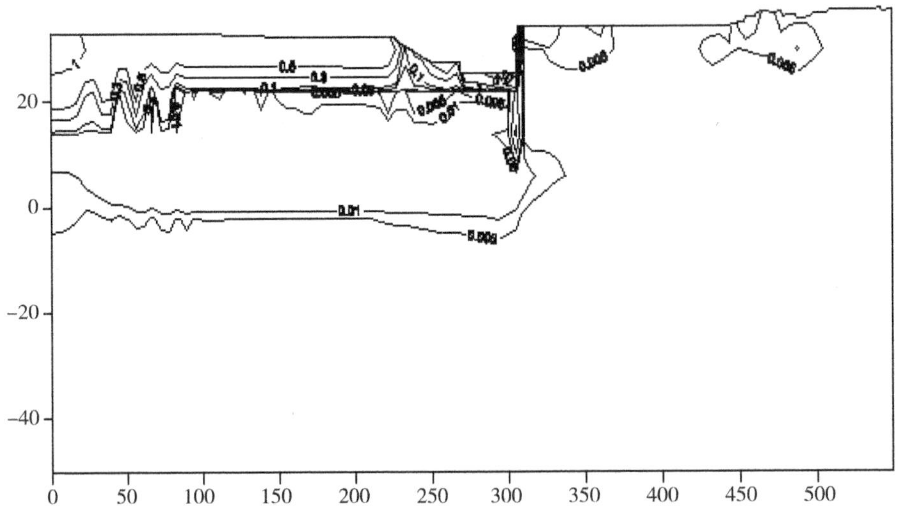

图 9-25 工况 5 剖面 $x=411.9$ m 的渗透坡降等值线分布(单位:m)

和工况 2 的图 9-16 相比,图 9-23 有明显的变化。整个渗流场的相应部位水头值变大,靠近地连墙上游面的水头值由工况 2 的 43 m 增加到 44.7 m,与上游水头差仅相差 0.1 m,说明上游水头在地连墙上游的土层中基本没有下降。上游地层中出现两个封闭等势线,这是因为上游水头、承压水头以及边界水头都是 44.8 m,并且都向一个方向流动,这样使得这三面水流在封闭区域停滞。上游地连墙损耗 44.7 m−41 m=3.7 m 的水头,占总水头差的 41.11%,说明地连墙的防渗作用由于减压井的去除被扩大。由于没有了减压井的存在,下游等势线在原减压井处并没有出现像图 9-16 那样的转折,而是直接以水平的走势延伸下去,这就使得原减压井处水头等值线数值大大增大,同时也说明上游水流绕过地连墙后和承压水一起向上走,这种水流走向和工况 2 不一样,汇合水流最终从下游泵站底板排出。主泵房底部区域,水流绕过地连墙后先向排水软管流动,再通过排水软管流向下游泵站底板，而不像前面上游水流绕过地连墙后部分直接向减压井流动。

相应的扬压力数值也有所增大，我们最关注的主泵房底部扬压力数值大约为 13 m，比工况 2 的大了 2 m 左右，渗透压力为 1.8 m。其余部位如下游进水渠底板、上游出水渠底板扬压力都没有大的改变，和工况 2 的相差不大。

图 9-25 是去掉减压井后纵剖面的渗透坡降等值线分布。去掉减压井后，渗透坡降等势线图在原减压井部位发生变化，数值普遍增大，大约在地层 5，渗透坡降增大到 0.5，虽然没有超过允许值 0.6，但是较工况 2 的有所增加，工况 2 中有了减压井后，虽然在减压井四周出现较大的渗透坡降，但在某些地层中渗透坡降值仅有 0.1，说明减压井的反滤层必须做好，才能保证减压井的正常运行。主泵房底部最小的渗透坡降值居然只有 0.005，基本可以认为该处渗透坡降为 0，这种现象可以这样解释：水流进入泵站底部后，由于缺少减压井的排水作用，水流流速较以前减小，从而引起渗透坡降的减小。地连墙上游地层中渗透坡降很小，几乎可以忽略，在水头等值线分布中我们也看到，水流在上游地层中水头降低很小，最靠近地连墙的水头值是 44.7 m，和上游地表水水位仅相差 0.1 m，这正好与渗透坡降等值线图是一致的。去掉减压井后，受影响最大的部位是下游土层，在这些土层中水头、扬压力数值明显增大，同时渗透坡降值也有所提高，但仍在允许值范围内。

9.2.8.5　工况 10

以上 9 个工况分别针对下游地连墙的有无、减压井间距、排水软管间距等参数进行了分析，综合以上分析，下游地连墙的存在只是起到改变水流流径的作用，减压井间距和排水软管间距的增大，并没有很大地改变各水力表征值，渗透坡降都在安全范围内，扬压力虽然在部分工况中有较大的变化，但这个较大的变化也是相对于水头和渗透坡降变化很小而言的，最大的也就是 2 m 左右，但仍在允许范围之内。因此在工况 10 中，我们从工程实际、技术经济方面考虑将排水软管间距设为 5 m，地连墙埋深减少 2 m，减压井间距取最大的 8 m，不设铺盖，其余的同工况 2。图 9-26～图 9-28 是该工况的水头、扬压力和渗透坡降等值线分布。

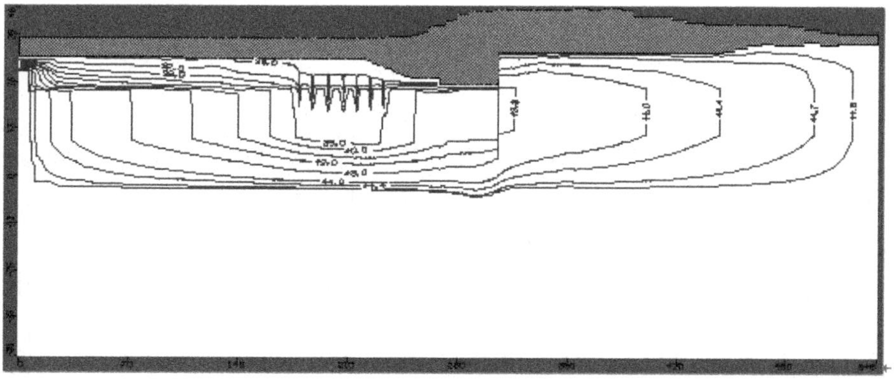

图 9-26　工况 10 剖面 x=411.9 m 的水头等值线分布(单位:m)

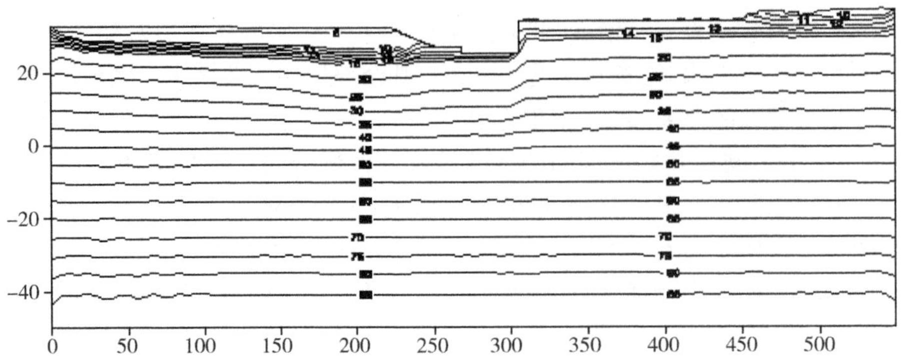

图 9-27　工况 10 剖面 $x=411.9$ m 的扬压力等值线分布(单位:m)

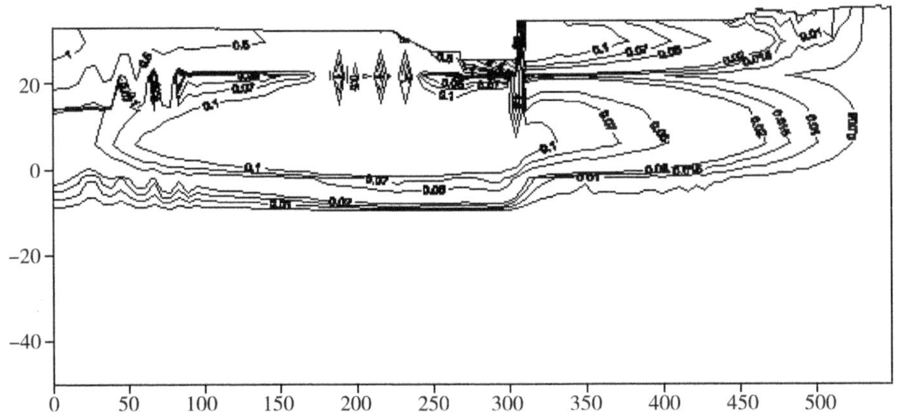

图 9-28　工况 10 剖面 $x=411.9$ m 的渗透坡降等值线分布(单位:m)

水头等值线分布显示去除铺盖后,在原铺盖位置水头值没有多大的改变,更进一步表明铺盖在本工程中仅起到很微小的防渗作用,建议可以去除铺盖。上游地连墙上消耗水头仅 2 m,占上、下游水头差的 22.22%,比起工况 2 的 33.33%有所减少,整个渗流域内水头值增大,特别是主泵房底部范围内。在工况 10 的防渗参数下,各水力参数仍然满足要求。

9.2.9　结论

通过三维有限单元法对八里湾泵站整体渗流场的计算分析,得到以下主要结论:

(1) 由于泵站上游铺盖下的回填土体为相对不透水体以及泵站混凝土结构四周有封闭性混凝土地连墙防渗体的防渗阻水作用,铺盖只起到非常局部性的、很小的防渗作用,从对泵站整体防渗要求来看,这种作用是完全可以忽略的,且这仅有的防渗作用也很容易损失,比如铺盖止水结构失效,这一点在其他修建在黏土地层上的工程中也已经反复多次得到反映。

(2) 据各工况成果分析,地连墙起到较大的防渗作用,为了节省工程量,可以去除下游面地连墙，采用三面地连墙，这对渗流场的影响不明显。为了充分发挥和利用地连墙的防渗作用，地连墙的埋藏深度应深入第 3 隔水层内 2 m，以起到长效可靠的堵水防渗作用；若深入深度太小，会出现墙底端部局部区较大甚至出现过大的渗流水力梯度。

(3) 地连墙的施工质量必须得到严格保证，敏感性计算显示，一旦有施工质量问题，比如墙体出现施工“天窗”等现象，则会明显降低地连墙的防渗作用，以及在长期渗流水的侵蚀作用下，地连墙会失去它的防渗作用。不过在本工程中，由于地连墙所处地层的渗透特性，对地连墙的相对抗渗程度要求不高，仅从防渗要求而言，计算表明地连墙的渗透系数不大于 3.55×10^{-3} cm/s 就能满足抗渗的要求。但是建议施工时对地连墙的施工质量要特别给予重视和把关，防止因施工质量不好、墙体不够密实，在今后工程长期运行的过程中墙体的抗渗能力出现逐年逐步下降的现象。

(4) 主泵房底部的排水软管能够将渗入主泵房底部的渗流水导排至泵站的下游河道，起到很好的导渗、排水、降压的作用，但是排水软管的存在会增大其四周土体中的渗透坡降，且局部区增大幅度较大，另外排水软管在今后的工程长期运行期间是否始终保持畅通无阻，这还是个值得考虑的问题，一般不容易保证，为此笔者建议不采用这一渗控措施，而用适当加厚主泵房底板厚度来代替，这样做不仅可以使得该区域的渗透坡降很小，还可以避免运行期担心的问题出现，达到一劳永逸的效果。事实上计算表明，因主泵站底部有三面截渗的混凝土地连墙的存在，当不用排水软管时，主泵站整个底部区形成一个渗透水流的“死角区”，那里的渗透坡降几乎为零，将来永远不会出现渗透变形破坏的可能，且因地连墙较深，“死角区”内的渗透水头也不是很大。

(5) 在本工程的防渗措施中，泵站下游减压井起到很大的排水降压作用，用与不用减压井，得到的是两种截然不同的渗流场水头分布结果，特别是工况 10 扩大了减压井的布置范围，减压井起到更明显的渗控作用，但是是否需要像工况 10 所述将减压井布置范围扩大到清污机桥下游，需要从经济的角度进一步确定，因为若不扩大减压井布置范围，各渗控参数也能满足要求，只是不能像工况 10 那样具有更好的相对安全富余度。减压井在地层深度方向的作用，基本上影响到了工程所关心的全部地层，因减压井的强排水降压作用，在它所及的地层中渗透水头变化很小，这意味着在减压井影响到的区域内，地层中的渗透坡降是很小的。减压井井壁局部区有渗透坡降集中的现象，务必要做好减压井井壁局部区的反滤层的施工。

(6) 因减压井的强排水降压作用，减压井间距在工程取值可能范围内，对渗流场水头分布的影响不是很大，在 6 m 和 8 m 的间距条件下所得到的水头分布、扬压力大小和渗透坡降分布等渗流场水力要素，都没有明显的变化，因此从工程节资角度考虑，完全可以适当增大减压井间距。但是在此要特别指出的是，为了保证减压井的渗控作用，最关键的因素是要千方百计确保减压井导渗排水能力的永久畅通性。

10 《水闸设计规范》相关内容讨论

(1) 针对冻胀土地基,《水闸设计规范》(SL 265—2016)(以下简称“规范”)偏重强调冻胀地基土上水闸结构选型布置的要求,对其他设计措施欠考虑,建议采用砂垫层替换部分冻胀土、采用保温措施、选用抗冻融材料、接缝止水、限制外来水迁移等方式进行处理。

(2) 针对建在风化夹层上的闸基,规范中有详细的处理方式,建议还可以采用在闸室下游处设置减压排水孔、加厚消力池的底板、在抗力体部位进行预应力锚固、采用湿磨超细水泥进行地基灌浆处理等措施来进行处理。

(3) 针对环境水对帷幕的侵蚀作用,在规范中没有提到,建议采用选择适当品种的水泥、提高混凝土的密实性、设置沥青防水层等措施来减小其影响。

(4) 针对岸坡绕渗,规范中提到了侧向绕流渗透压力的计算,但没有考虑绕渗对闸底板扬压力值的影响,对两岸的绕渗注意不够,因此建议采用沟、管、井、孔等排水设施,以及在下游岸墙或不透水护坡上开设冒水孔等措施来减小岸坡绕渗的影响。

(5) 规范第 6.0.2 条提到,对于岩基上的水闸,渗透压力计算采用全截面直线分布法;对于土基上的水闸,渗透压力计算推荐采用改进阻力系数法和流网法;对于复杂土质地基上的重要水闸,采用数值计算法。经计算分析,建议对黏土地基,当闸基下有浅埋深承压含水层时,考虑对改进阻力系数法进行修正,以快速准确地计算闸基下渗透压力分布,具体修正方法为:以承压含水层埋深 $L=10$ m,上、下游水头差 $\Delta H=4.0$ m 为基准,当承压含水层埋深是 10 m 的 x 倍时,其 a 值则为基准值的 $1/x$ 倍;上、下游水头差是 4.0 m 的 ω 倍,其 a 值则为基准值的 ω/x 倍。因此,可以插值出在不同承压含水层埋深及不同上、下游水头差下的 a 与 b 值,然后根据公式 $y=ax+b$(x 为承压水头)计算出渗透压力水头增加量,单位为 m。

(6) 规范第 4.3.7 条没有对闸基为黏性土时铺盖前端的垂直防渗体进行设计说明。建议:对于黏性土等弱透水地基上、下游水头较小的情况,垂直防渗体只深入黏土层等弱透水层地基即可;对于上、下游水头较大的情况,垂直防渗体则尽量深入相对不透水的基岩内,对于具体工程,应尽量做到具体情况具体分析,努力做到安全、合理、经济。

(7) 规范第 6.0.4 条在对防渗长度进行计算时推荐莱因法,即垂直防渗板桩的防渗效果是水平底板的 3 倍:

$$L = L_x/3 + L_y \tag{10-1}$$

式中：L 为防渗长度；L_x 为水平段长度；L_y 为垂直段长度。

依据莱因法的观点，在相同的基础上，防渗板桩加深 1 m 和水平防渗体延伸 3 m 起到的防渗效果应该是一样的。

经过详细的数值计算分析，结果显示规范中的方法不能正确地反映在计算防渗长度时垂直防渗体和水平防渗体的关系，莱因法扩大了水平防渗体的防渗作用。在实际设计工作中，对于某些工程而言，在防渗措施中水平防渗体所占比例较大的情况下，如果采用莱因法计算渗径长度，就可能不能满足防渗要求，甚至可能发生渗透破坏。

11 结论

(1) 在水闸设计初期闸址的选择中，要尽可能地对闸区的地质条件，特别是闸基下的覆盖层分布情况(主要是弱透水土层和强透水的土层的空间分布规律)、闸基下承压含水层存在与否(若存在，其埋藏深度多少)等会对闸基渗流产生影响的地质因素进行详细准确的勘探;在水闸建成后要加强对闸基承压含水层中承压水头的长期跟踪监测和分析，以及进一步勘探清楚闸基各地层的实际分布情况及其水文地质特性。

(2) 由于《水闸设计规范》对新建水闸的设计有借鉴和指导意义，因此规范会直接影响到水闸的设计，但水闸闸基情况各有不同，现行《水闸设计规范》中的有关内容有需要商榷的地方。建议对地基条件复杂的大型水闸在设计阶段进行较为详细的三维有限元渗流分析，给水闸的设计提供更为准确的依据。

(3) 在设计水闸的防渗设施的时候，除采取《水闸设计规范》中的相应措施外，还要采取其他措施以避免异常情况的出现，主要有:

①对闸基上游止水结构的施工质量要严格控制，采取相应措施避免裂缝的出现，并且在运行期进行检测，特别是对那些可能存在渗流异常现象的闸段更要细致地进行现场试验检测。若闸室是建立在弱透水特性黏土层上的，只要止水结构有很微小的裂缝存在，就会使混凝土铺盖的止水功能损失殆尽，因此对止水结构失效或受损的部位务必应进行灌浆加固处理，甚至在闸底板与铺盖之间增设钢板或其他型式的防渗结构。

②承压含水层对闸基渗流特性有着决定性的影响，特别是在汛期，承压水头显著升高，是导致测压管水位观测值过高，出现所谓渗流异常现象的主要原因。针对承压含水层的影响，除了保证上游止水结构的正常运作外，还要做好下游的排水降压措施(设置减压排水孔、井等)以及增稳措施(上游加宽闸室体、下游加厚消力池的底板等)。

③有条件时建议进行闸基钻孔渗流特性的现场地下水示踪技术的探测，以了解渗流场的实际流态。

④待工程资料和新的观测资料齐全后，应再进行闸基渗流场特性的复核性有限单元法分析研究和系统的敏感性分析，以完全了解闸基整个渗流场的渗流性态和可能的不利变异特性，更好地确保工程的安全。

(4) 水闸作为水工建筑物的一种，其渗透特性的影响因素有多种，包括闸区地形地质、水文、气候、水闸的运行管理等，是一个多元的复杂问题。因此对于具体工程，应尽量做到具体情况具体分析，努力做到安全、合理、经济。

参考文献

[1] 张士儒，张越. 三河闸闸基渗流观测的初步分析[J]. 水利工程管理技术，1990(2)：47-52.
[2] 吴明祥. 山河闸闸基渗流规律的探索[J]. 中国水利，2003(4)：119-120.
[3] 王波，徐恒，赵秀艳. 对水闸产生不良影响的因素分析[J]. 黑龙江水利科技，2005，33(6)：57.
[4] 郭文华. 水工建筑物冻害成因与防治措施[J]. 内蒙古水利，2002(4)：24-26.
[5] 钱卫华. 季节性冻胀地基设计与施工[J]. 建筑工人，2002(3)：41.
[6] 宋汉周，汤瑞凉. 某大坝局部扬压力异常的地质成因分析[J]. 大坝观测与土工测试，1992(3)：25-30.
[7] 庄正新. 葛洲坝坝基软弱夹层的保护与检查[J]. 湖北水力发电，1998(1)：32-34.
[8] 王桂容. 关于软弱夹层几个主要工程地质问题的研究现状[J]. 水利水电技术，1987(11)：20-26.
[9] 彭健强. 浅谈湿磨超细水泥灌浆在地基处理中的应用[J]. 广东水利水电，2003(5)：69.
[10] 宋汉周，赖诗坤，童海涛. 探讨大坝基础局部扬压力异常机理的综合分析方法[J]. 水力发电学报，2003(4)：60-66.
[11] 张文渊. 环境水对水泥混凝土的侵蚀作用及防护措施[J]. 腐蚀与防护，2000(2)：83-85.
[12] 陈岩光，王建成，吴华. 绕渗对闸坝及地基的安全影响[J]. 黑龙江水专学报，1999(1)：77-78.
[13] 毛昶熙. 渗流计算分析与控制[M]. 北京：水利电力出版社，1990.
[14] 周志芳，王锦国. 裂隙介质水动力学[M]. 北京：中国水利水电出版社，2004.
[15] 朱岳明，张燎军. 渗流场求解的改进排水子结构法[J]. 岩土工程学报，1997，19(2)：72-79.
[16] 朱岳明，陈振雷，吴愔，等. 改进排水子结构法求解地下厂房洞室群区的复杂渗流场[J]. 水利学报，1996(9)：79-85.
[17] 毛昶熙. 渗流水力学中某些概念性问题的讨论[C]//中国水利学会岩土力学专业委员会，中国水利学会工程管理专业委员会. 水工渗流研究与应用进展——第五届全国水利工程渗流学术研讨会论文集. 郑州：黄河水利出版社，2006：11-16.
[18] 陈胜宏. 水工建筑物[M]. 北京：中国水利水电出版社，2004.
[19] 朱岳明，赫健，邵敬东. 绘制流网的数值计算方法[J]. 水利水运科学研究，1994(6)：119-125.
[20] 赤井浩一. 用有限单元法分析饱和非饱和渗流问题[C]//日本土木学会论文报告集. 1978.
[21] 周明，孙树栋. 遗传算法原理及应用[M]. 北京：国防工业出版社，1999.
[22] 金菊良，杨晓华，储开凤，等. 加速基因算法在海洋环境预报中的应用[J]. 海洋环境科学，1997(4)：7-11.
[23] 陈建余，朱岳明，陈晓明，等. 改进加速遗传算法及其在非稳定渗流场反分析中的应用[J]. 水电能源科学，2003(3)：59-61+72-78.
[24] 刘杰. 砂砾石地基上闸坝渗流控制原理与方法[J]. 水电站设计，1997(13)：12-19.

[25] 谈松曦.水闸设计[M].北京:水利电力出版社,1986.
[26] 杨桂芳,姚长宏.长江干堤管涌研究现状及其发展趋势[J].江西地质,2001(3):50-52.
[27] 刘建刚,陈建生,赵维炳.堤基渗透变形与计算分析[J].长江科学院院报,2001(12):37-39.
[28] 姚秋玲,丁留谦,孙东亚,等.单层和双层堤基管涌砂槽模型试验研究[J].水利水电技术,2007(2):13-18.
[29] Wittke W. Rock Mechanics with Case Studies[M]. Berlin:Springer-Verlag,1990.
[30] ZHU Y M,WANG R Y,XU H B. Some techniques for solution to free surface seepage flow through arch dam abutments[C]//In Proceedings of the International Symposium on Arch Dams,1992.
[31] 朱岳明,龚道勇.三维饱和-非饱和渗流场求解及其逸出面边界条件处理[J].水科学进展,2003(1):67-71.
[32] 朱岳明,陈建余.嶂山闸闸基渗流性态分析研究报告[R].南京:河海大学高坝及地下结构工程研究所,2003.
[33] 朱岳明.渗流场特性的优化反演分析与反馈分析[C]//全国第4届岩土工程研讨会论文集.1991.
[34] 朱岳明,刘望亭.渗透系数反分析最优估计方法[J].岩土工程学报,1991(4):71-76.
[35] 朱岳明.坝基测压管水位的准实时确定性混合模型研究[C]//大坝安全监测技术国际学术讨论会论文集.1992.
[36] 吴中如,顾冲时.大坝原型反分析及其应用[M].南京:江苏科学技术出版社,2000.
[37] ZHU Y M,SU B Y. FEM solution of 3D unconfined seepage flow with the procedure of nodal virtual flow[C]//In Proceedings of the International Symposium on Hydraulic Research in Nature and Laboratory,1992.

附图

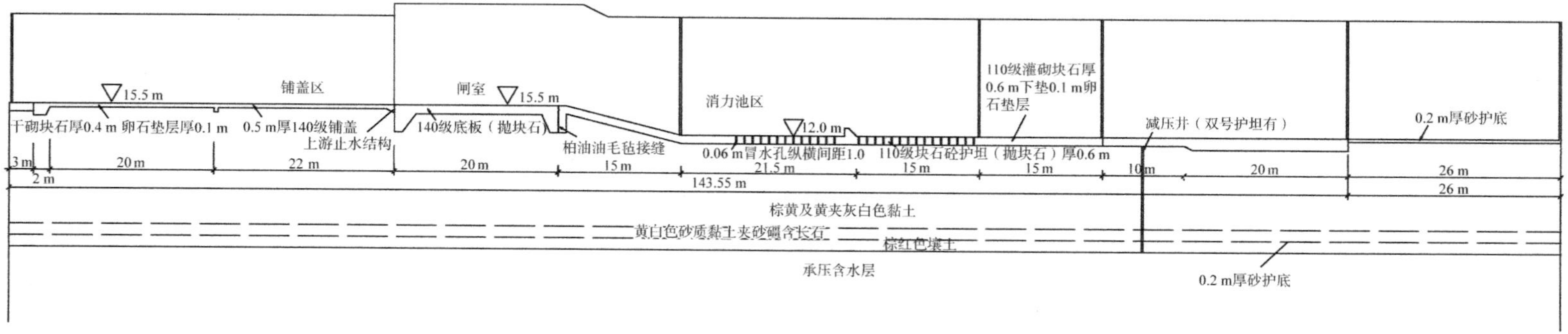

图 8-1　嶂山闸剖面结构布置

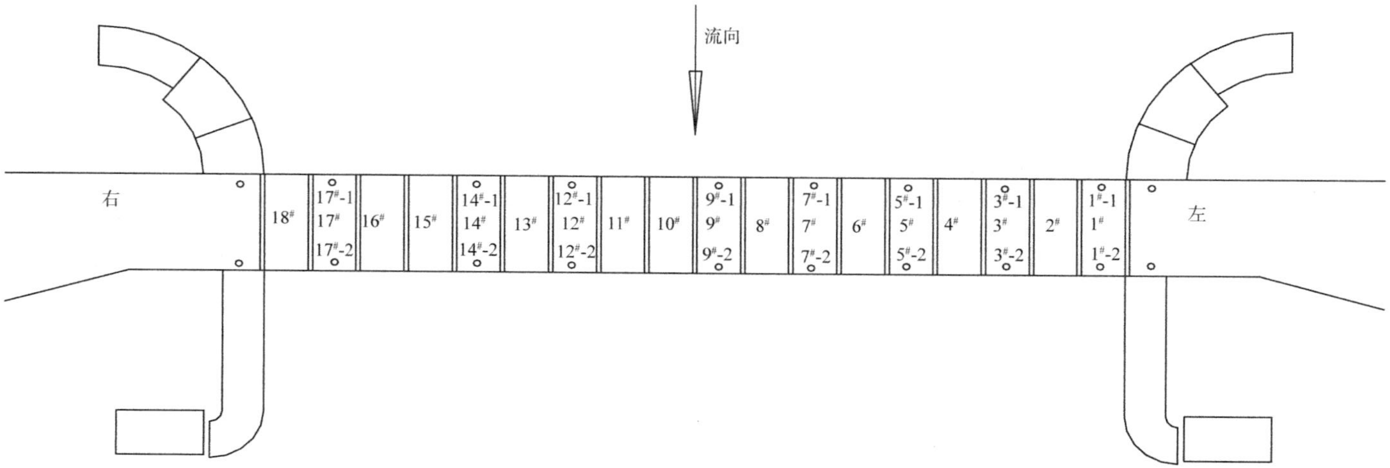

图 8-2　嶂山闸测压管平面布置

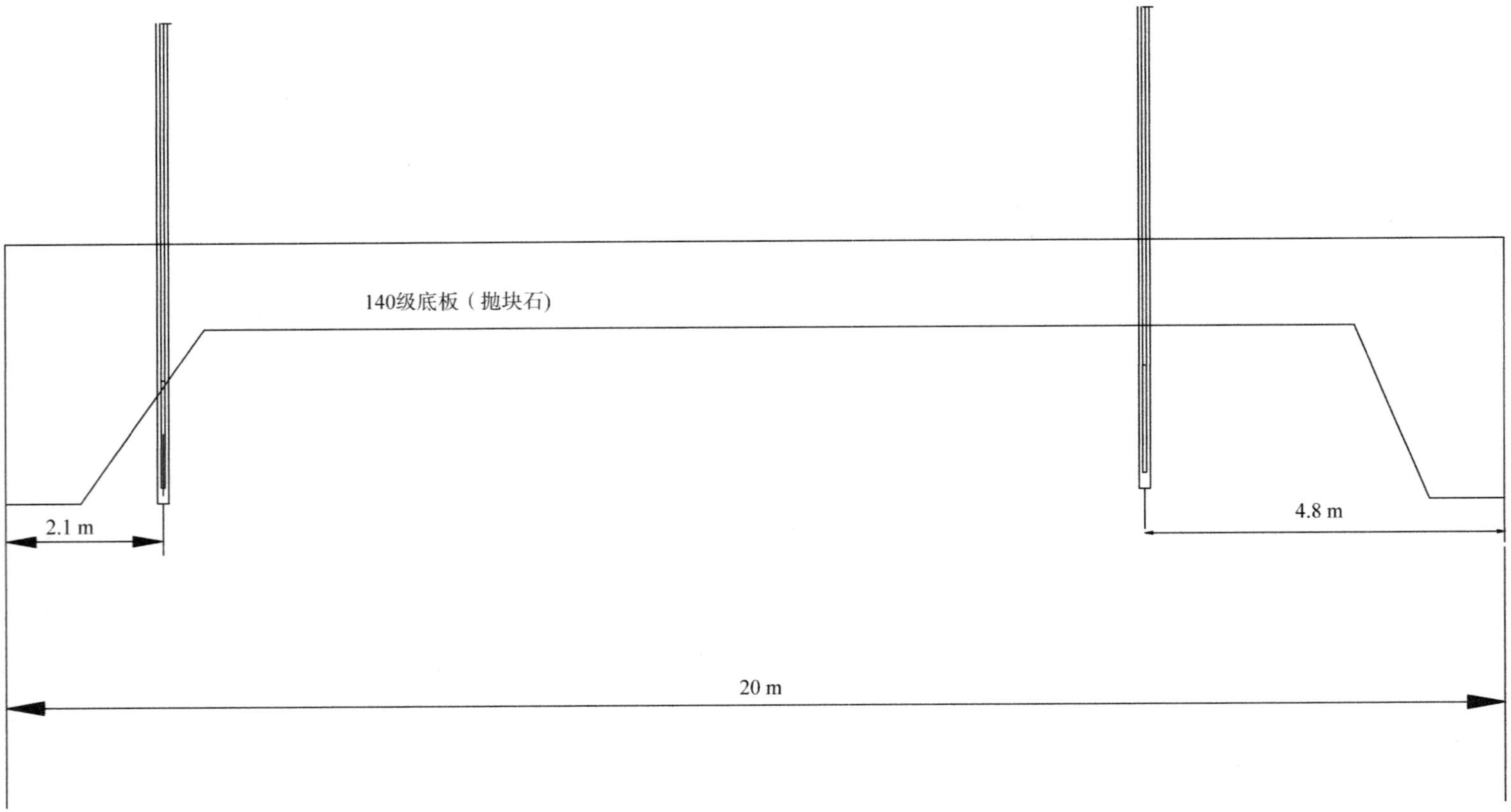

图 8-3　嶂山闸测压管剖面布置

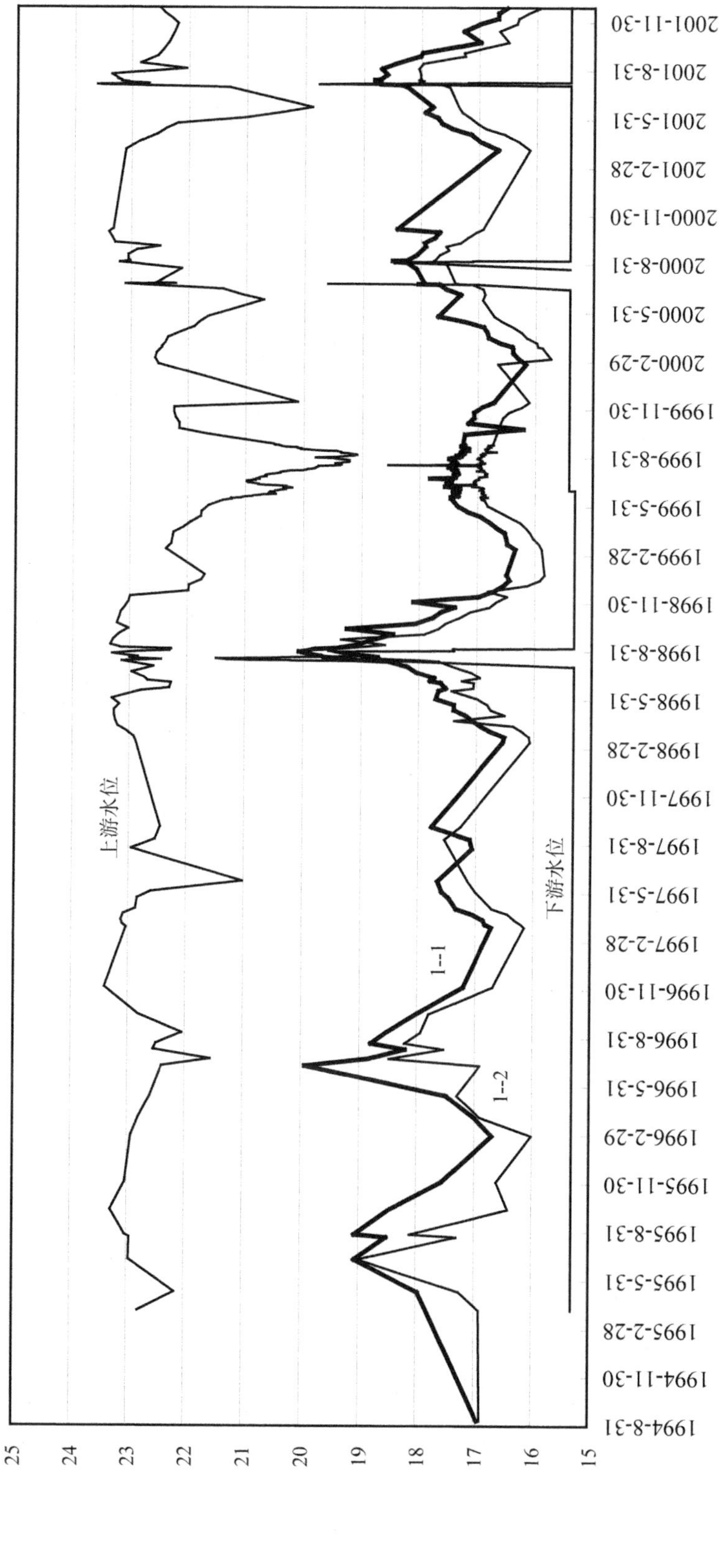

图 8-4　1#测压管水位随时间变化趋势(单位:m)

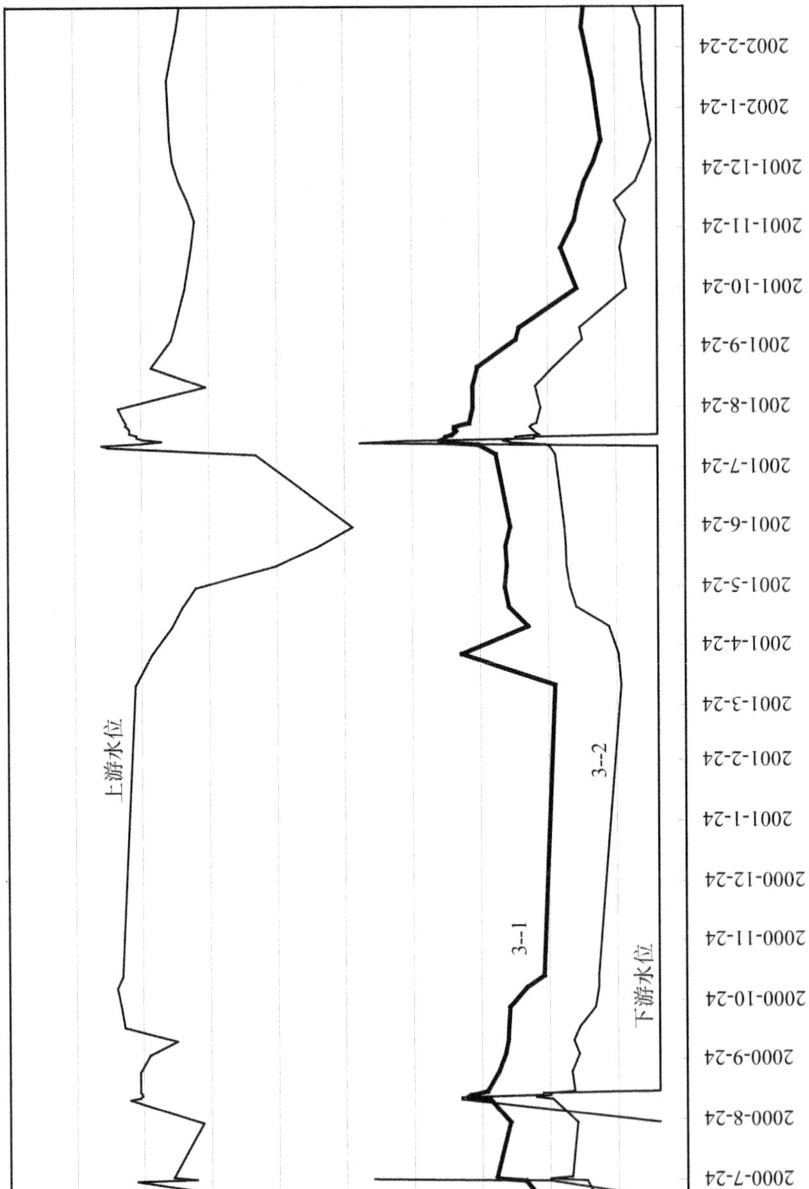

图 8-5　3# 测压管水位随时间变化趋势（单位：m）

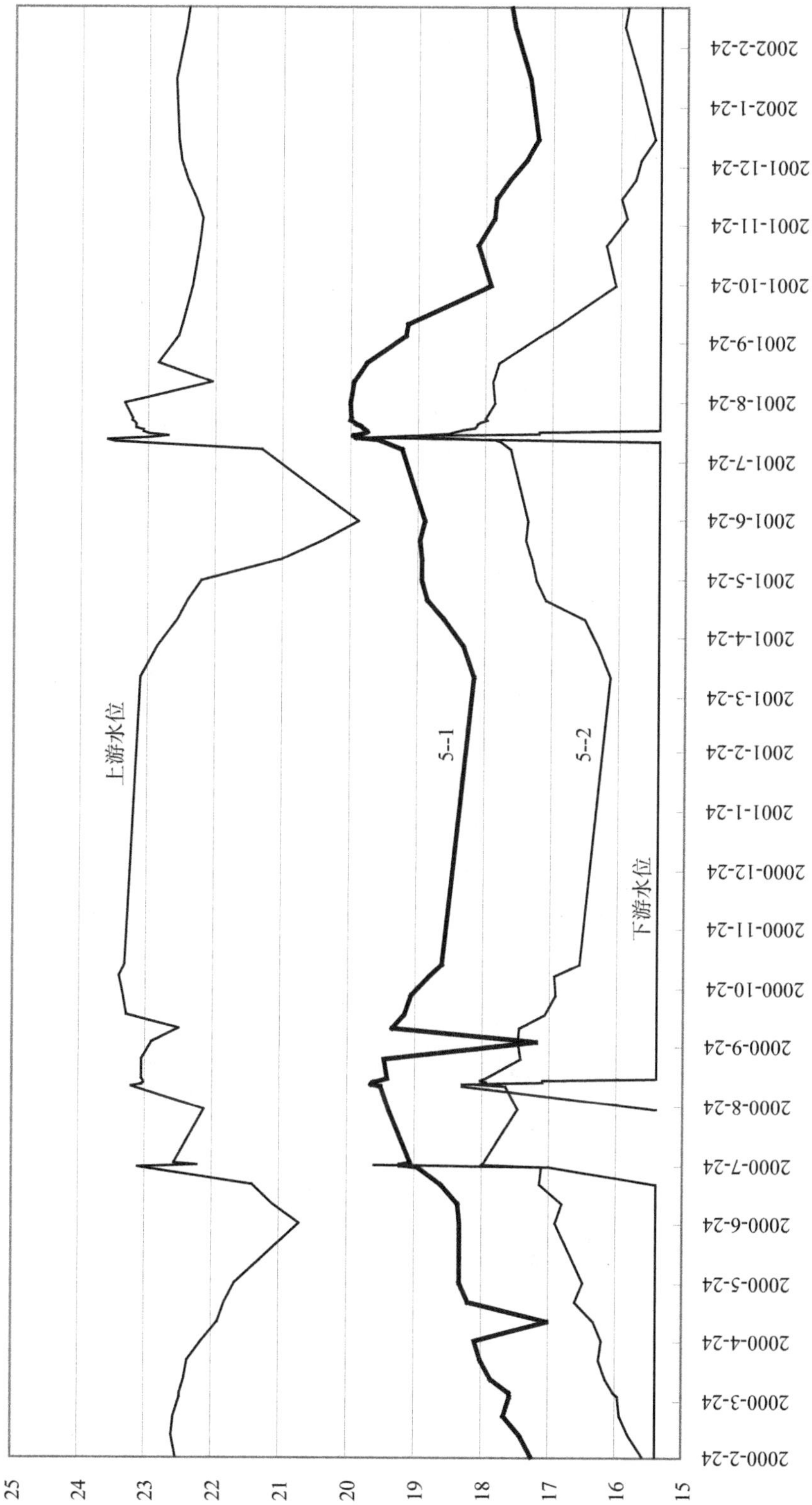

图 8-6　5# 测压管水位随时间变化趋势(单位:m)

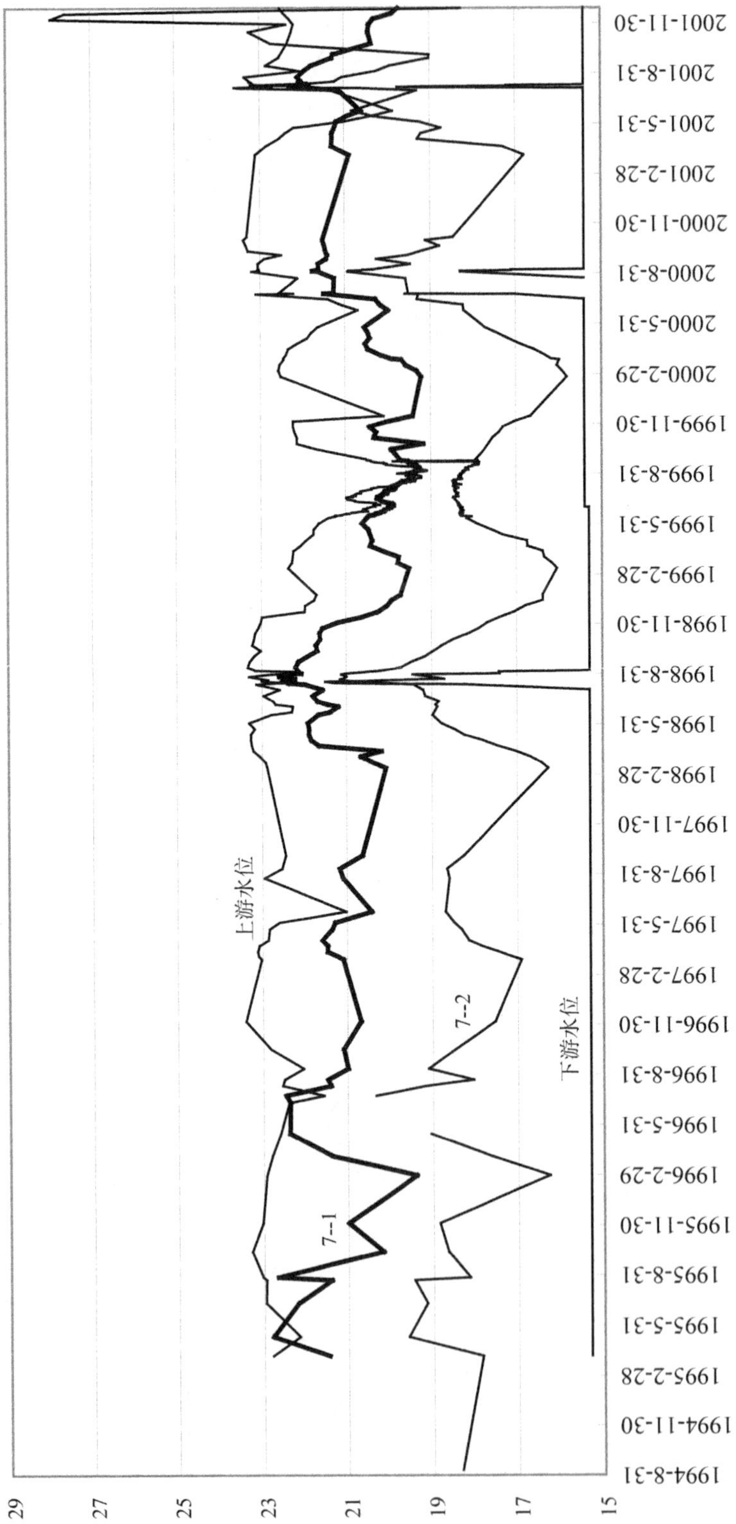

图 8-7　7# 测压管水位随时间变化趋势(单位:m)

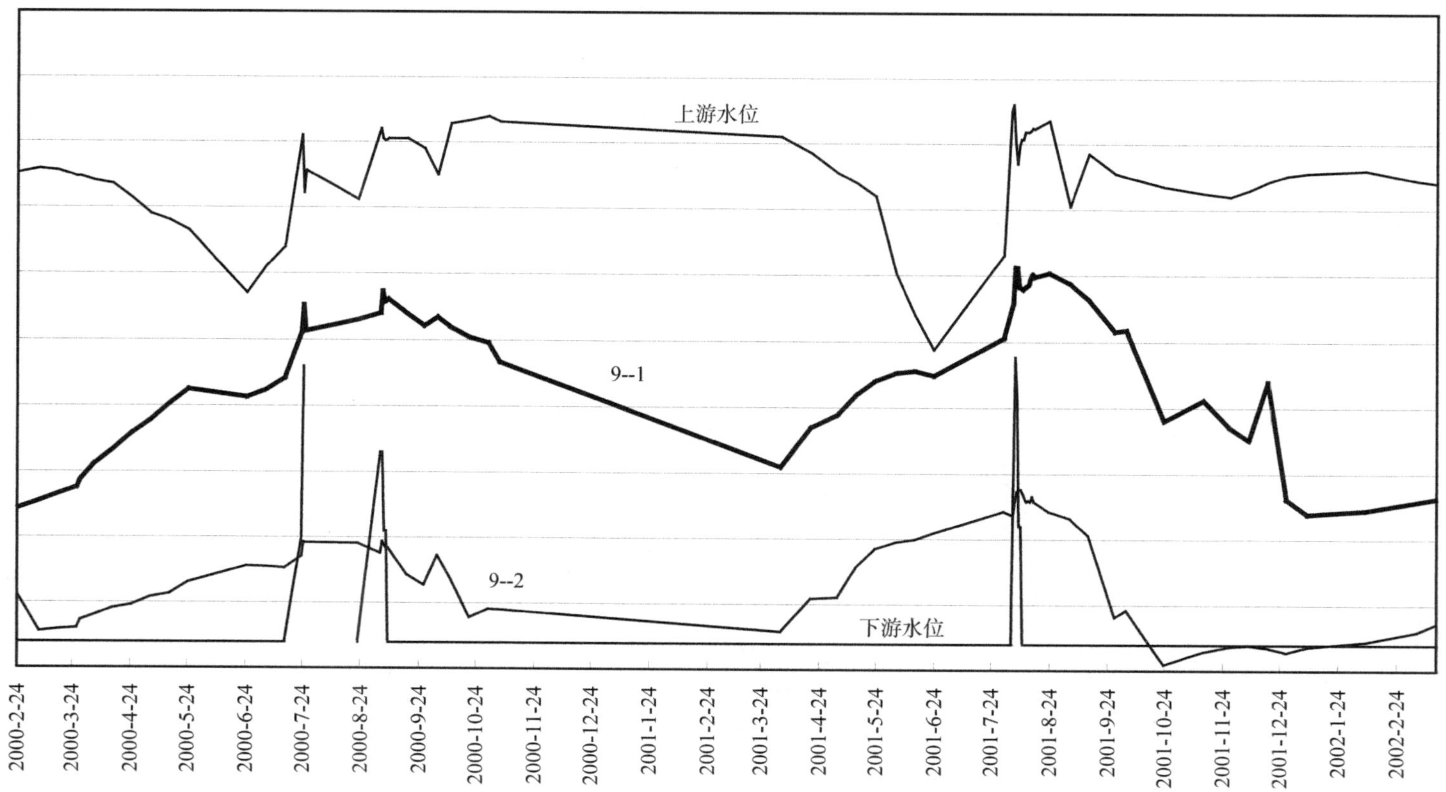

图 8-8　9# 测压管水位随时间变化趋势(单位:m)

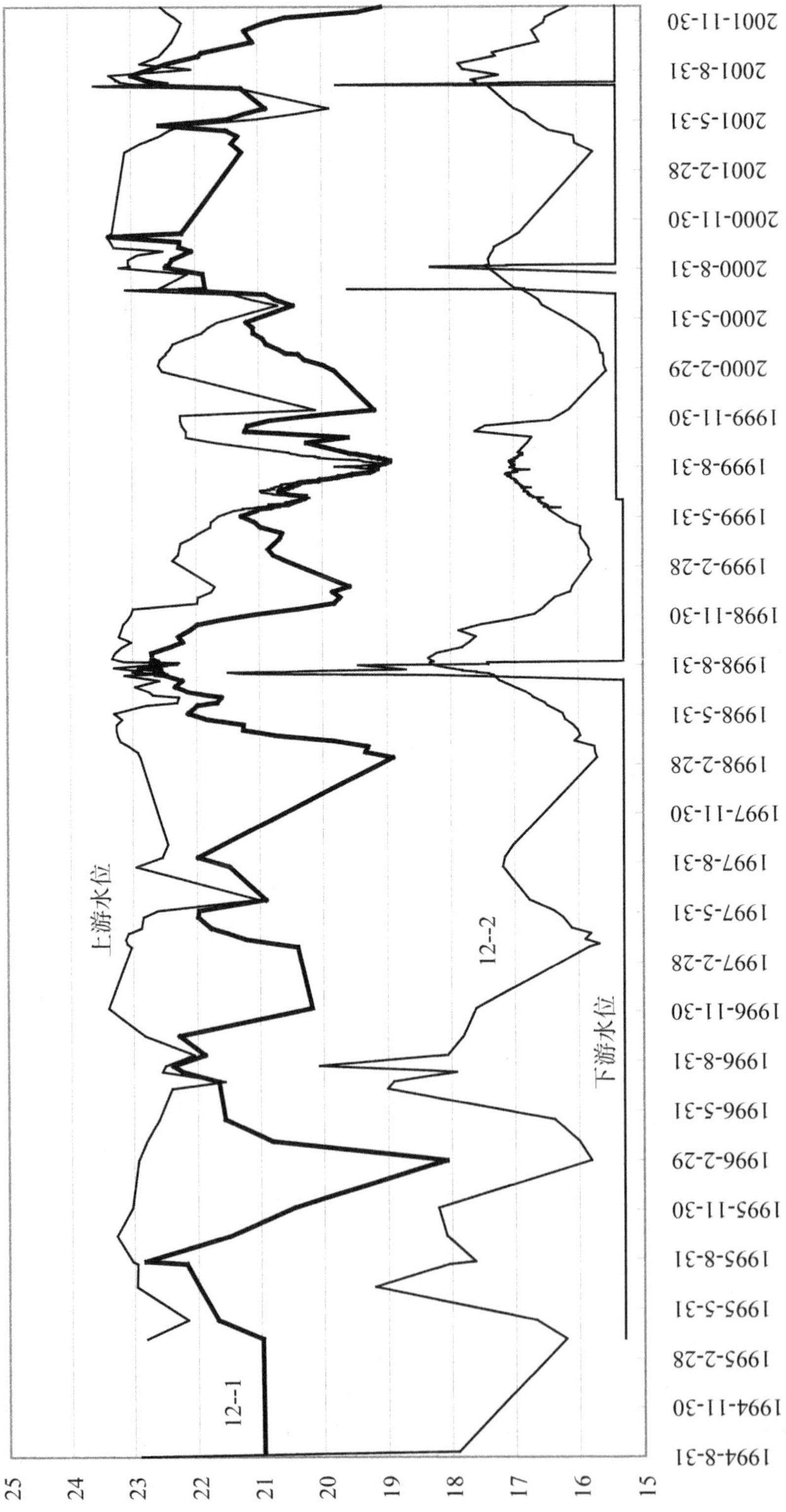

图 8-9　12$^{\#}$测压管水位随时间变化趋势(单位:m)

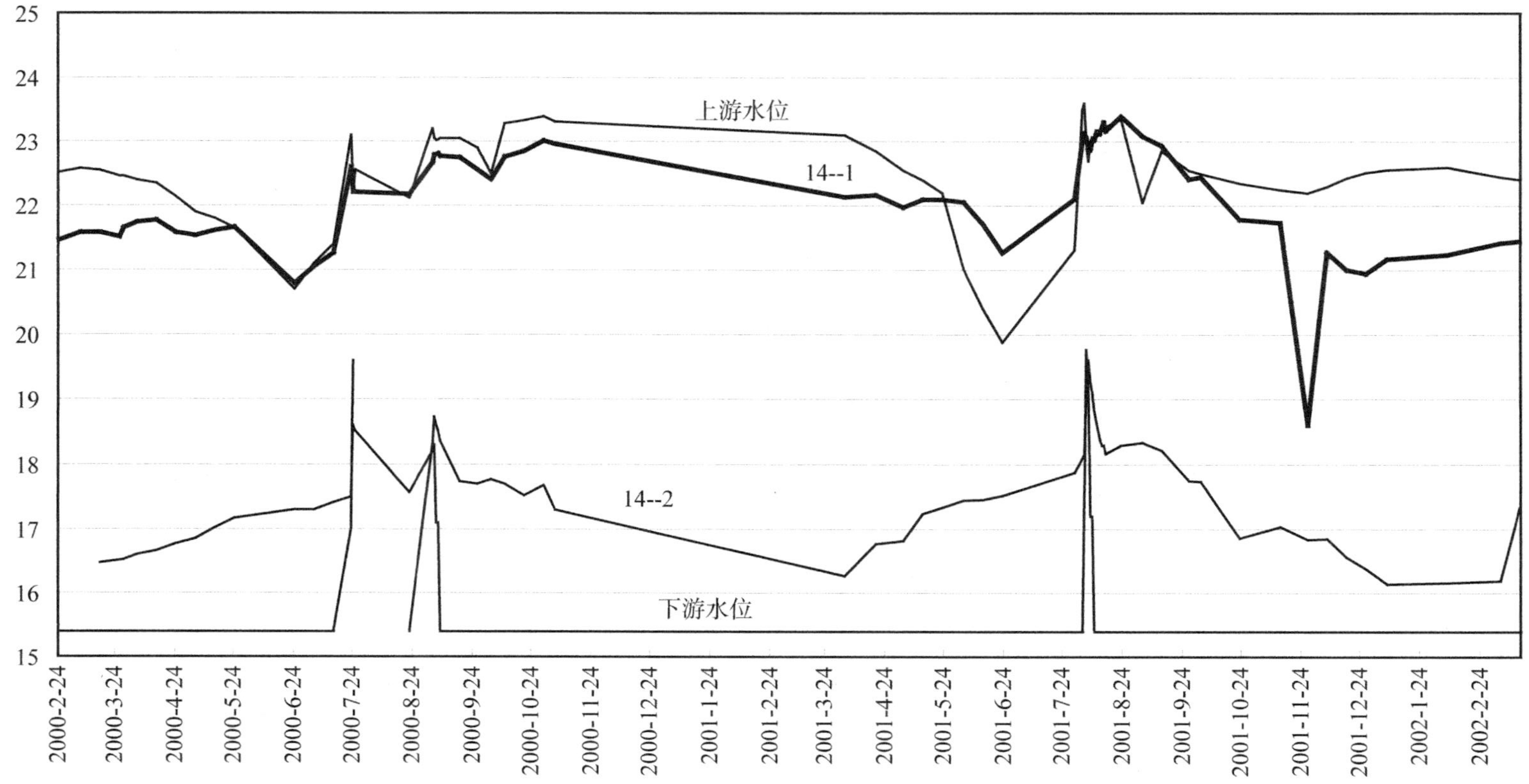

图 8-10　14# 测压管水位随时间变化趋势(单位:m)

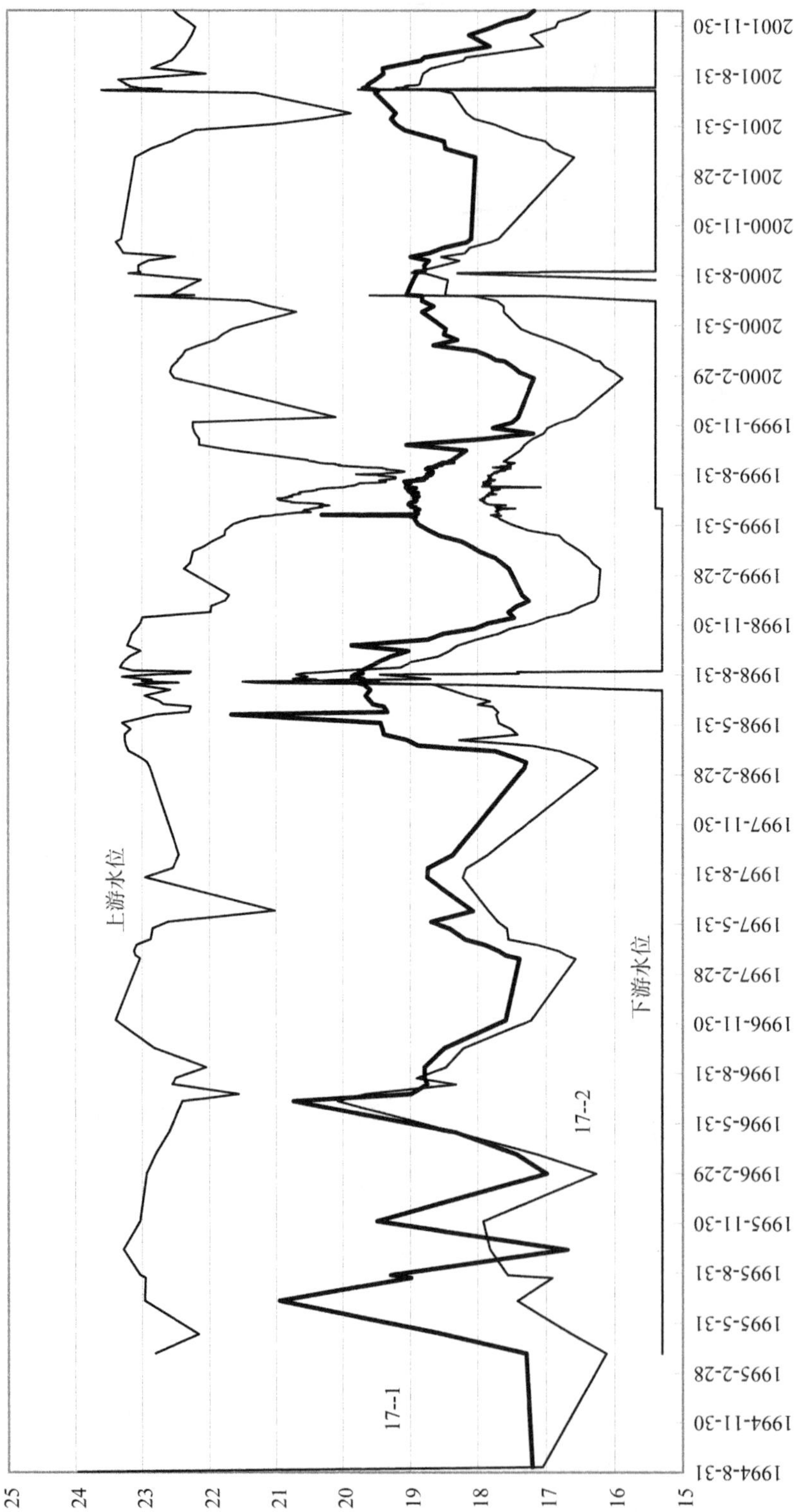

图 8-11　17# 测压管水位随时间变化趋势(单位:m)

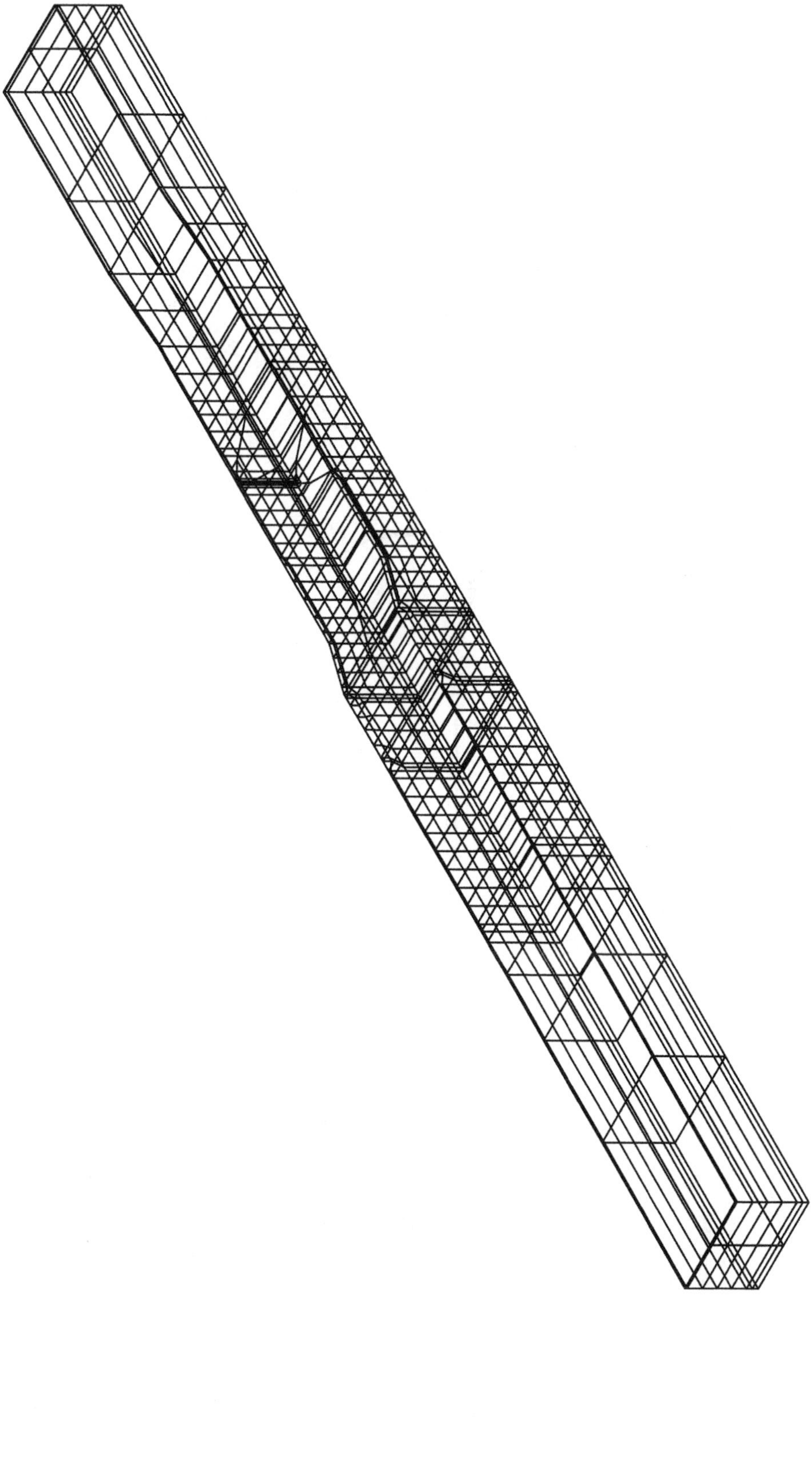

图 8-12　计算模型单元网格

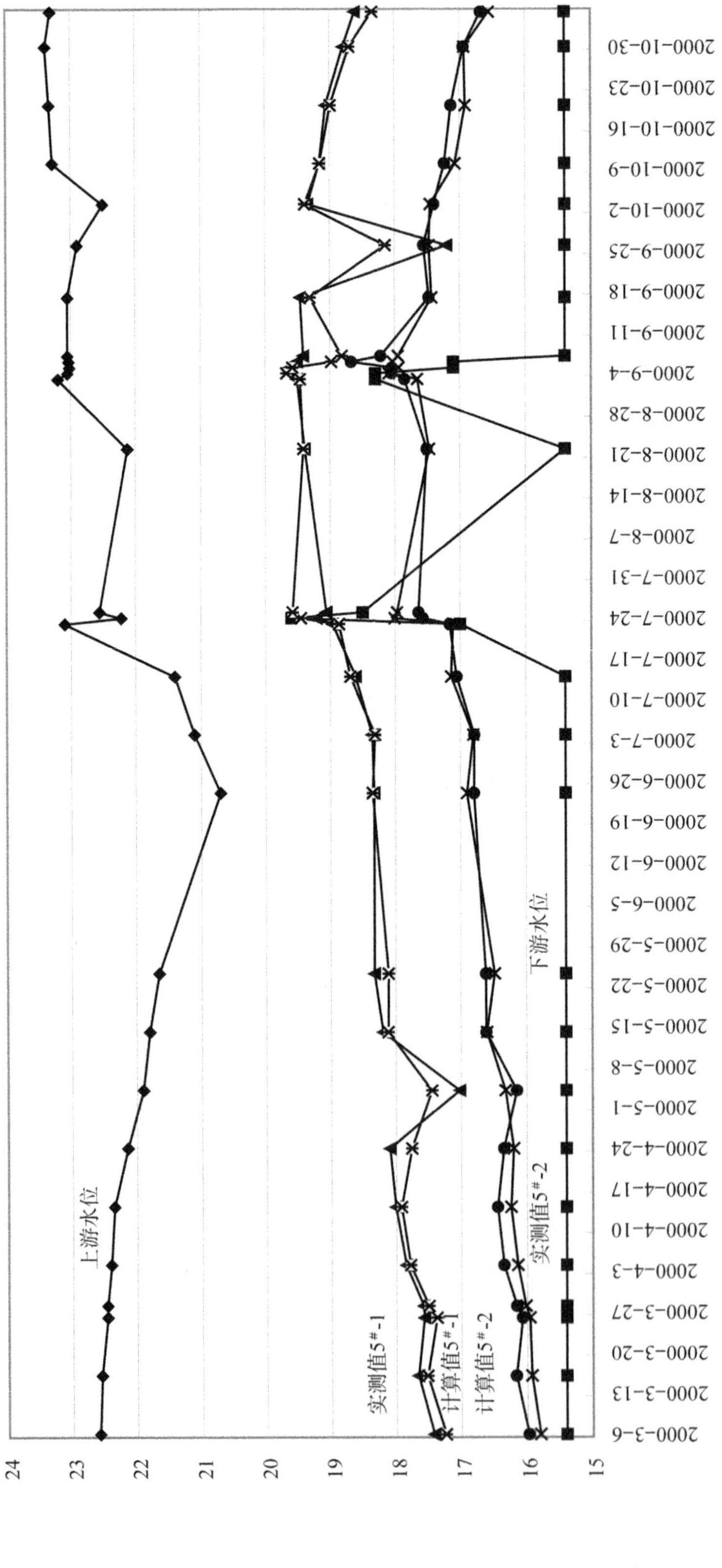

图 8-13　2000 年 5# 闸段闸室底板渗流场水头观测值与计算值对比(单位:m)

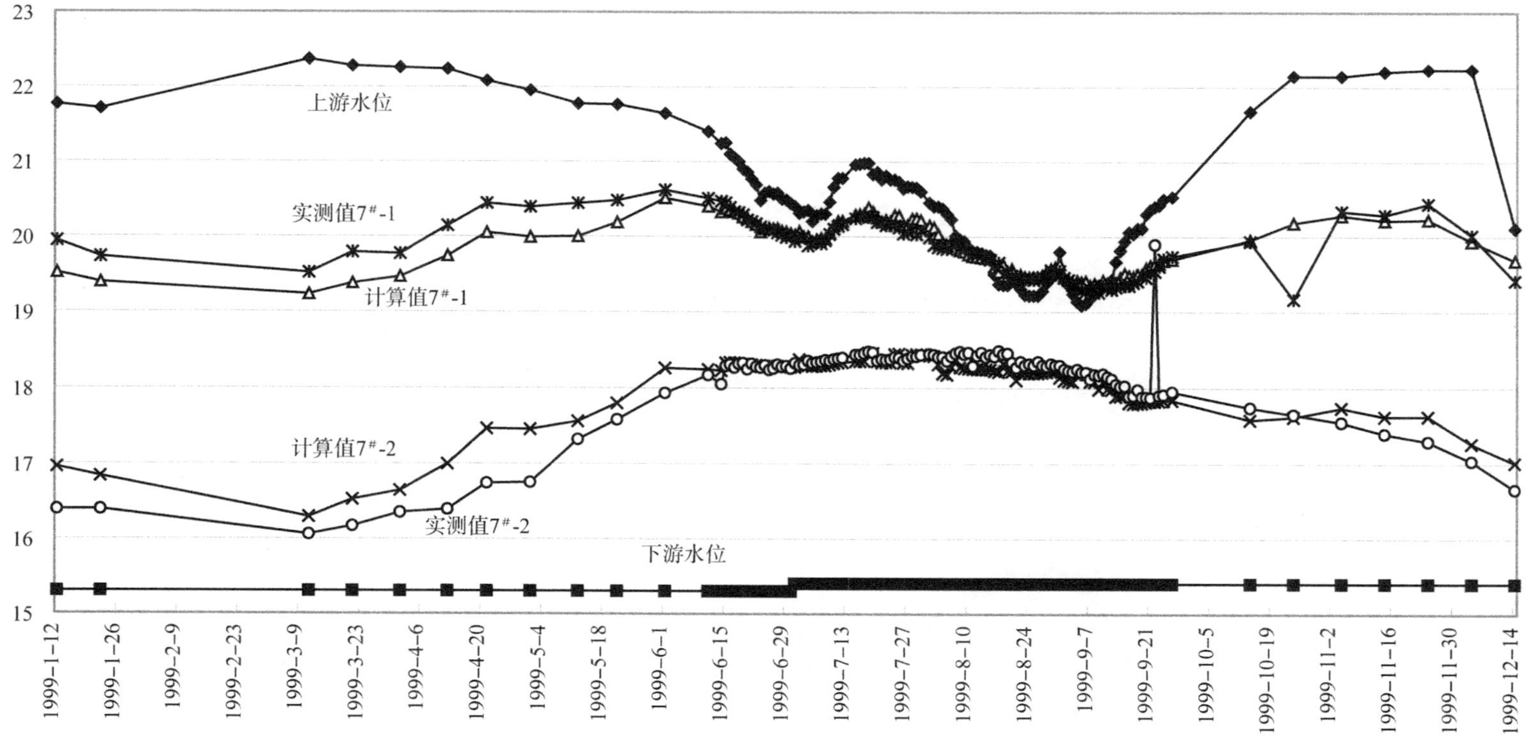

图 8-14　1999 年 7# 闸段闸室底板渗流场水头观测值与计算值对比(单位:m)

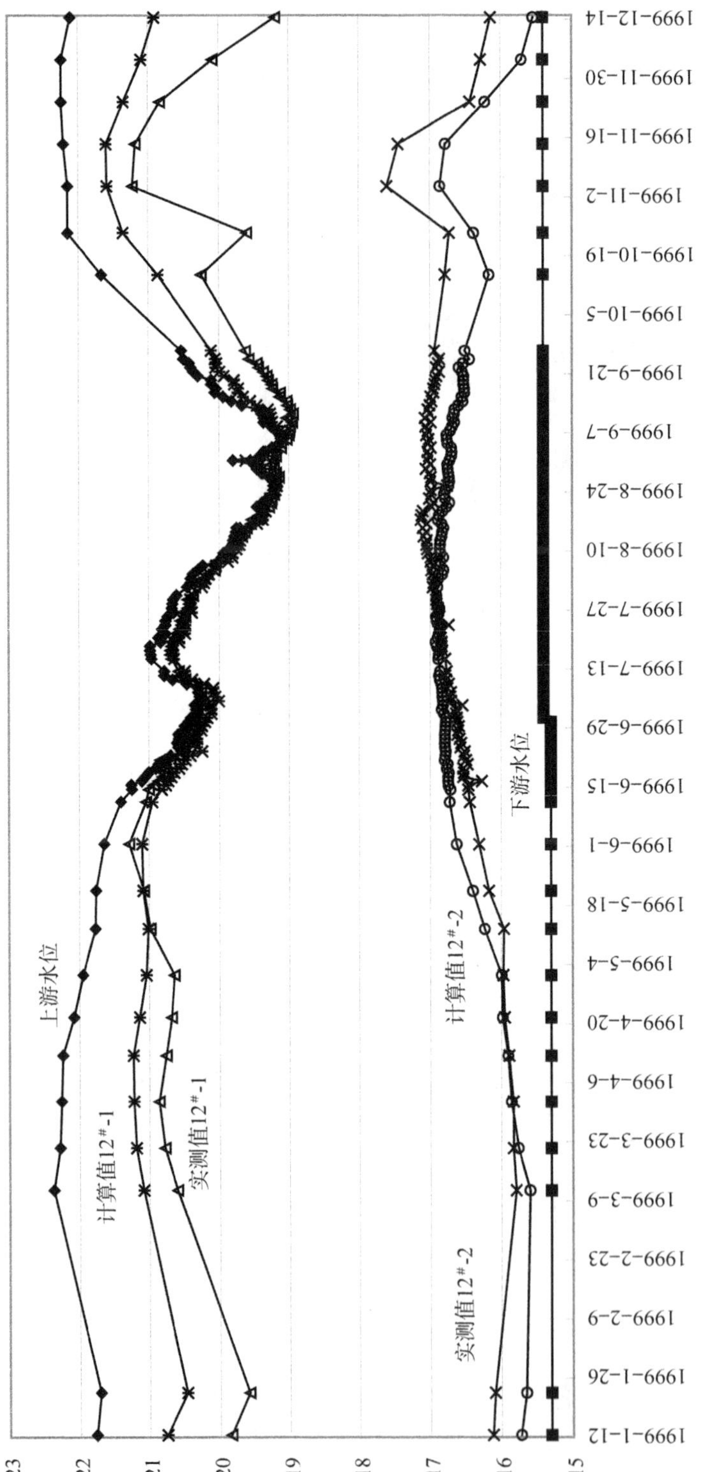

图 8-15　1999 年 12# 闸段闸室底板渗流场水头观测值与计算值对比(单位:m)

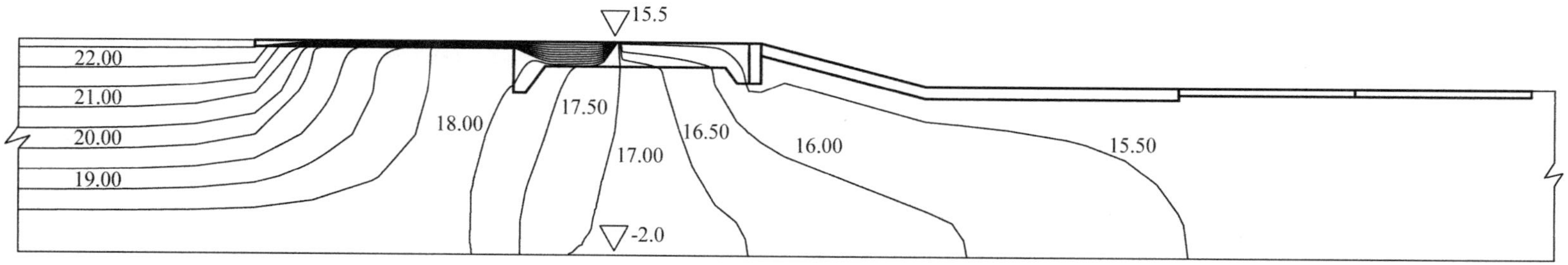

（a）闸基渗流场等水头线分布（单位：m）

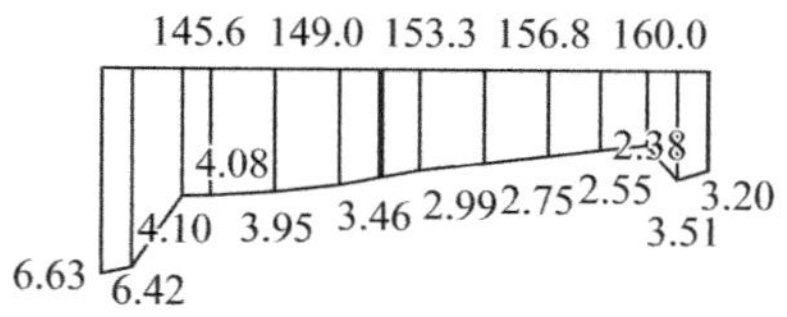

（b）闸基扬压力水头分布（单位：m）

图 8-16　5$^{\#}$闸段 2000 年 3 月 15 日闸基渗流场水头等值线及扬压力水头分布

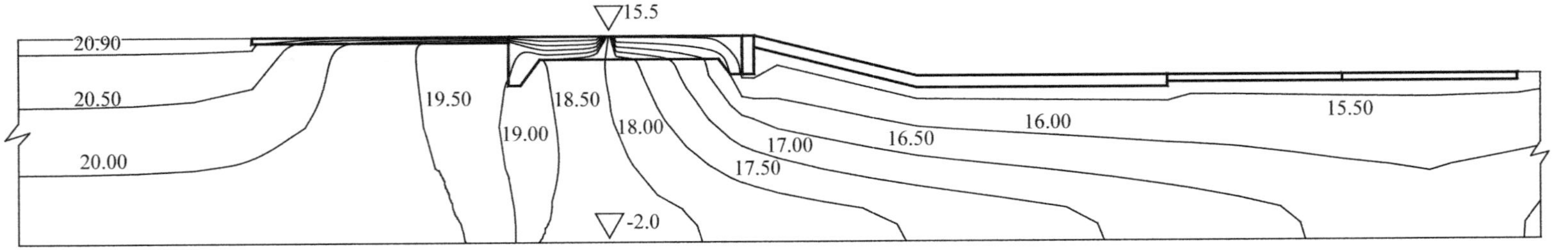

(a) 闸基渗流场等水头线分布(单位:m)

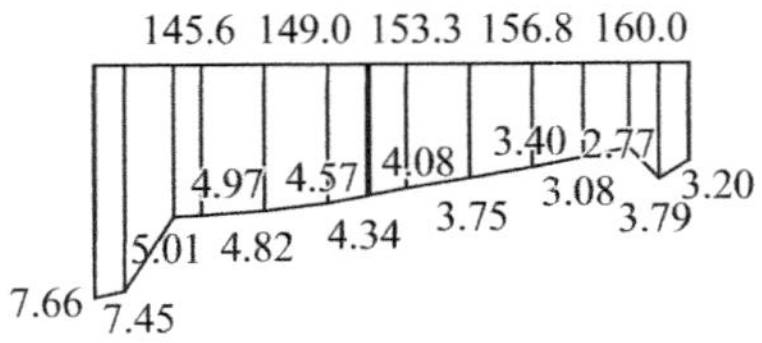

(b) 闸基扬压力水头分布(单位:m)

图 8-17　5# 闸段 2000 年 6 月 15 日闸基渗流场水头等值线及扬压力水头分布

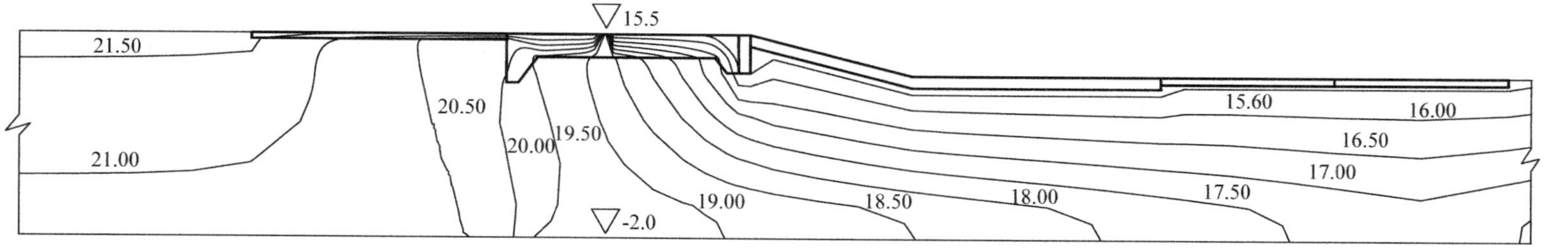

(a) 闸基渗流场等水头线分布(单位:m)

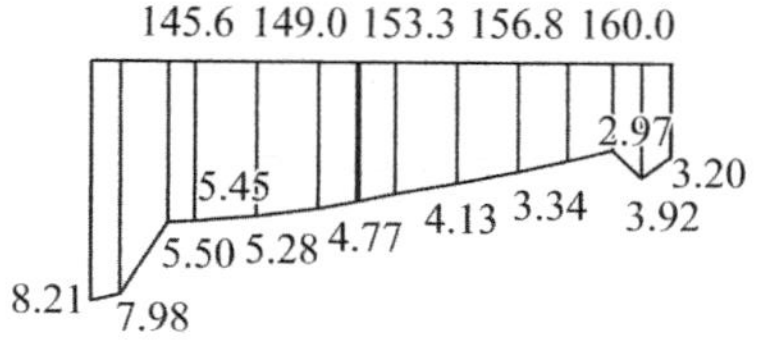

(b) 闸基扬压力水头分布(单位:m)

图 8-18　5# 闸段 2000 年 7 月 15 日闸基渗流场水头等值线及扬压力水头分布

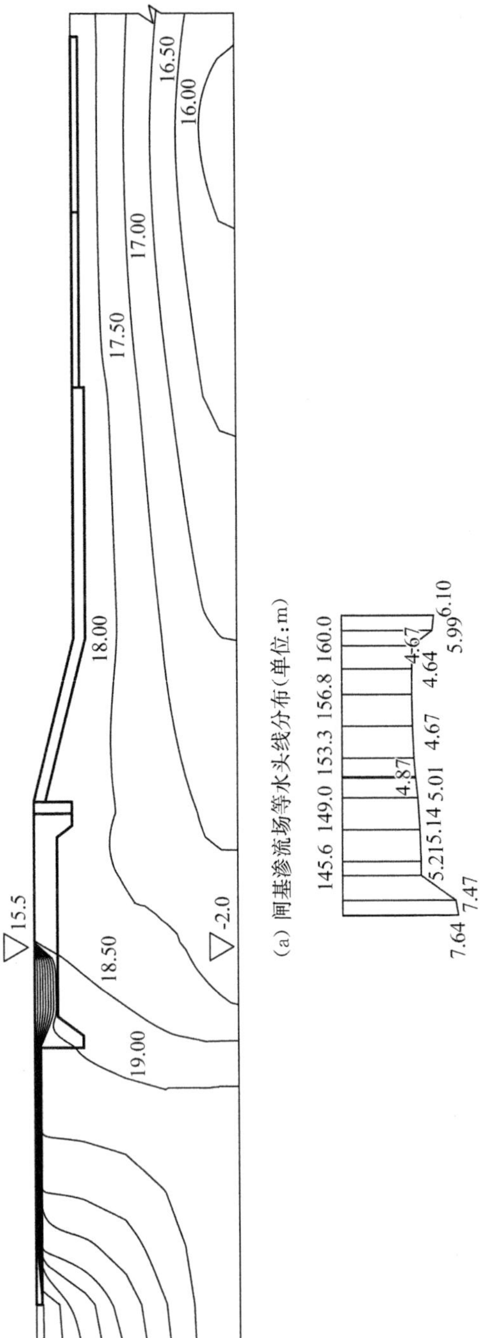

(a) 闸基渗流场等水头线分布(单位:m)

(b) 闸基扬压力水头分布(单位:m)

图 8-19　5# 闸段 2000 年 8 月 15 日闸基渗流场水头等值线及扬压力水头分布

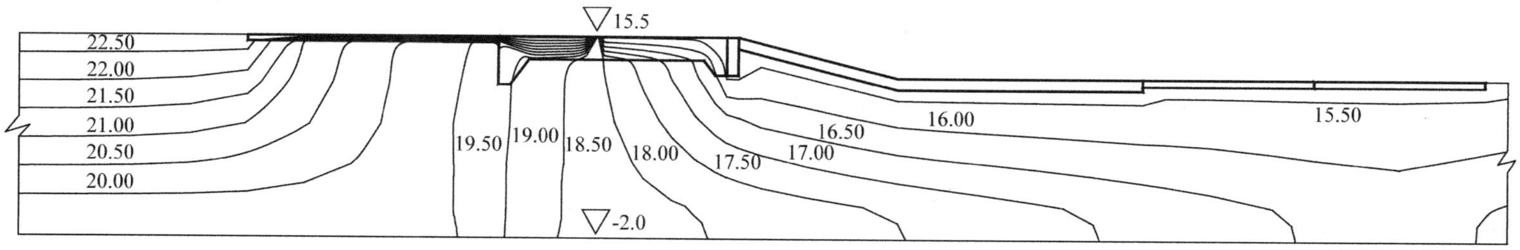

(a) 闸基渗流场等水头线分布(单位:m)

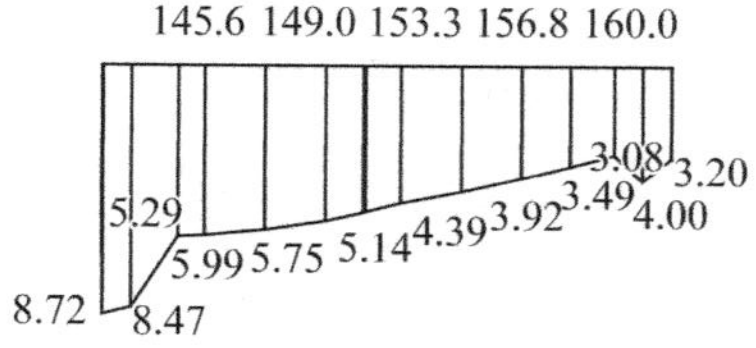

(b) 闸基扬压力水头分布(单位:m)

图 8-20　5# 闸段 2000 年 9 月 15 日闸基渗流场水头等值线及扬压力水头分布

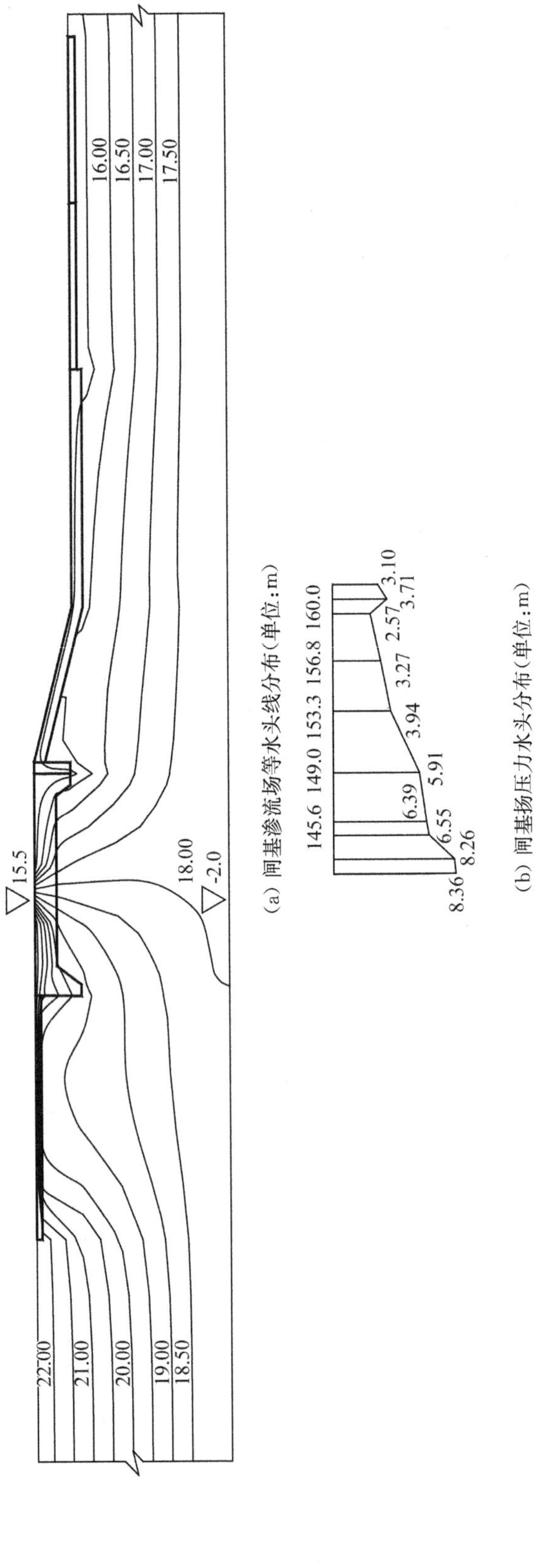

（a）闸基渗流场等水头线分布（单位：m）

（b）闸基扬压力水头分布（单位：m）

图 8-21　7# 闸段 1999 年 3 月 15 日闸基渗流场水头等值线及扬压力水头分布

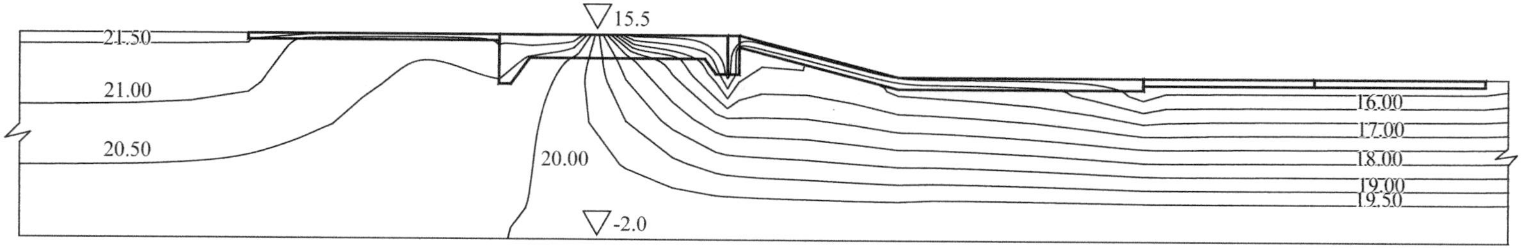

（a）闸基渗流场等水头线分布（单位：m）

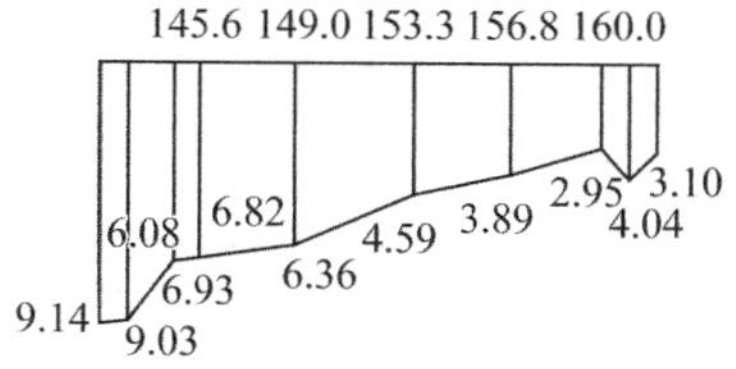

（b）闸基扬压力水头分布（单位：m）

图 8-22　7# 闸段 1999 年 6 月 15 日闸基渗流场水头等值线及扬压力水头分布

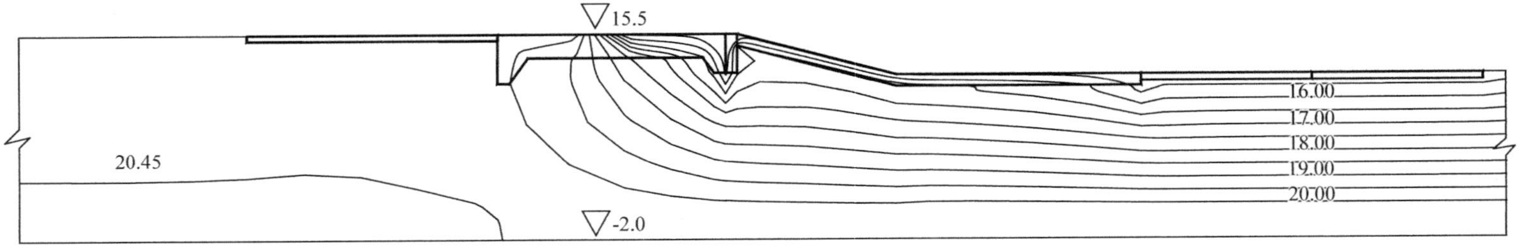

(a) 闸基渗流场等水头线分布(单位:m)

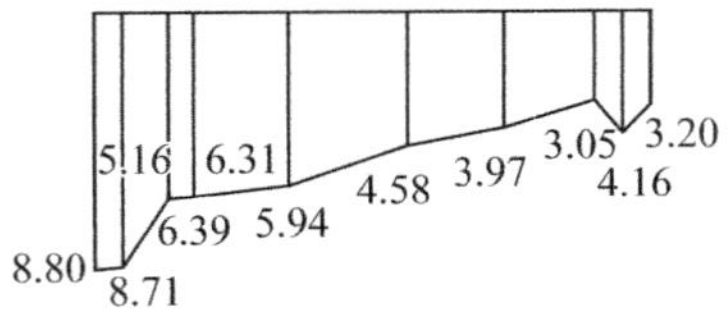

(b) 闸基扬压力水头分布(单位:m)

图 8-23　7# 闸段 1999 年 7 月 15 日闸基渗流场水头等值线及扬压力水头分布

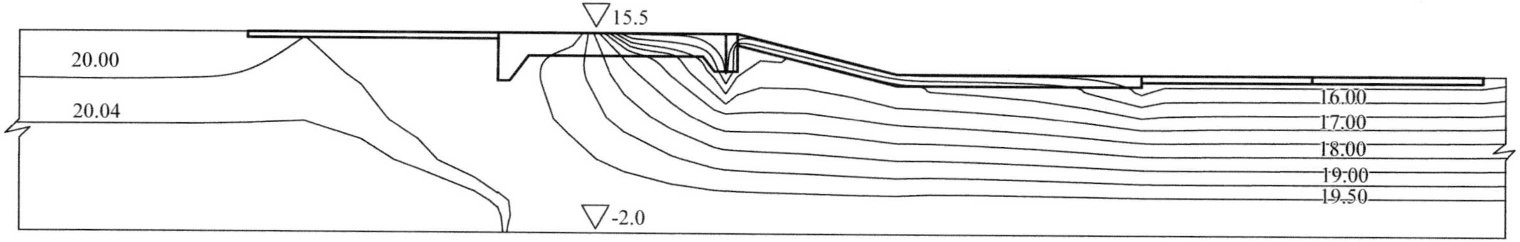

（a）闸基渗流场等水头线分布（单位：m）

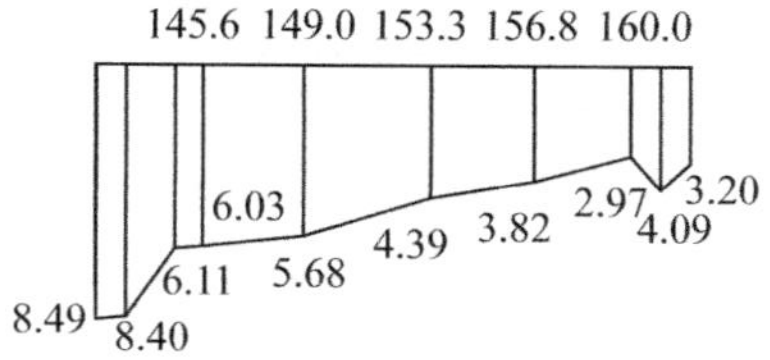

（b）闸基扬压力水头分布（单位：m）

图 8-24　7# 闸段 1999 年 8 月 15 日闸基渗流场水头等值线及扬压力水头分布

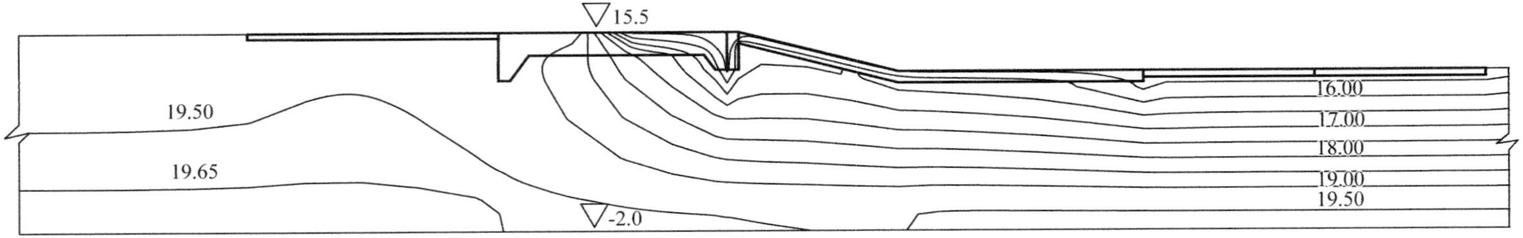

（a）闸基渗流场等水头线分布（单位：m）

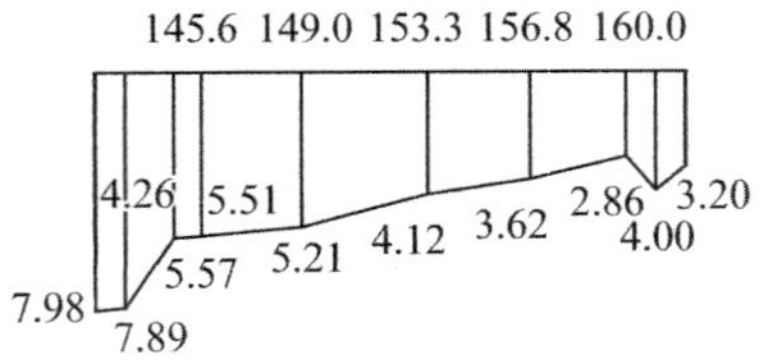

（b）闸基扬压力水头分布（单位：m）

图 8-25　7# 闸段 1999 年 9 月 15 日闸基渗流场水头等值线及扬压力水头分布

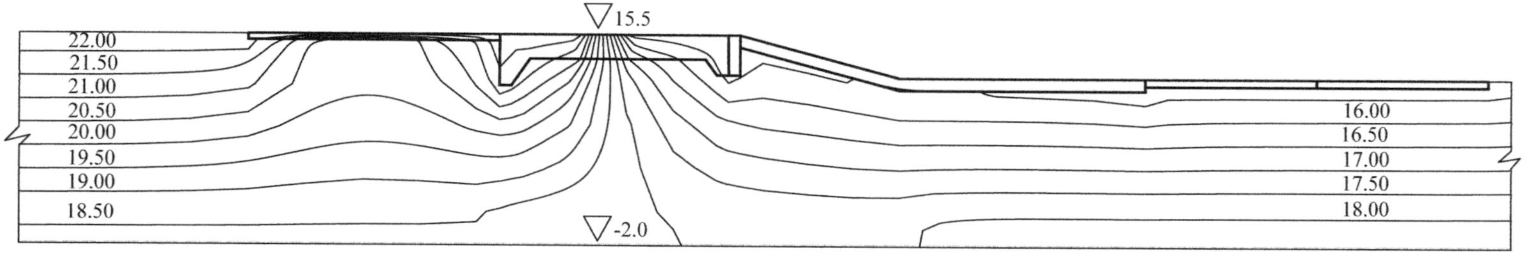

（a）闸基渗流场等水头线分布（单位：m）

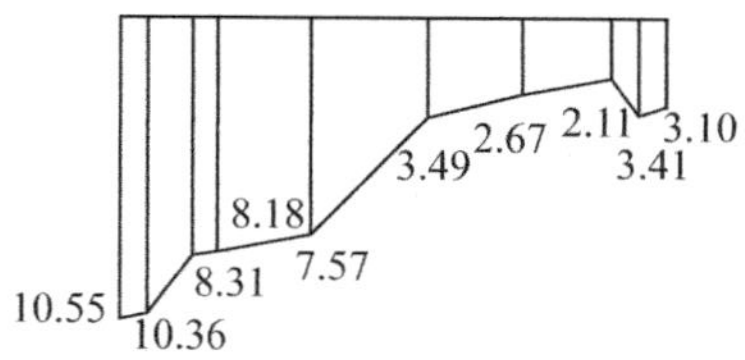

（b）闸基扬压力水头分布（单位：m）

图 8-26　12# 闸段 1999 年 3 月 15 日闸基渗流场水头等值线及扬压力水头分布

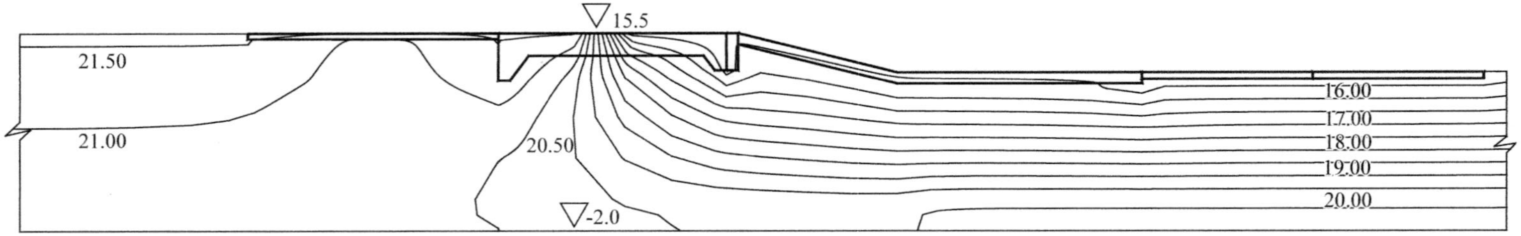

（a）闸基渗流场等水头线分布（单位：m）

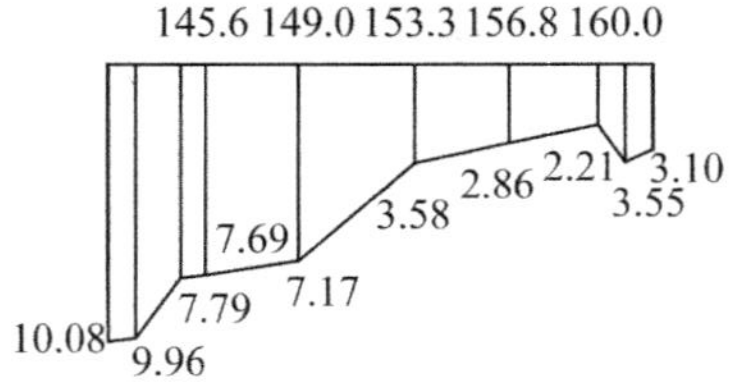

（b）闸基扬压力水头分布（单位：m）

图 8-27　12# 闸段 1999 年 6 月 15 日闸基渗流场水头等值线及扬压力水头分布

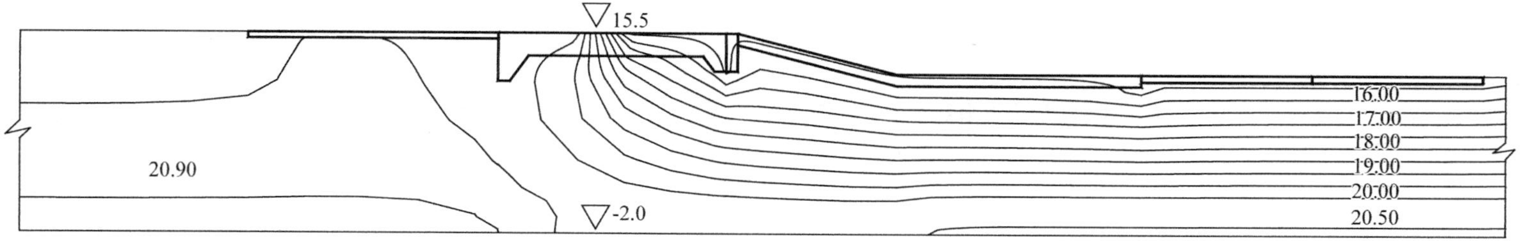

（a）闸基渗流场等水头线分布(单位:m)

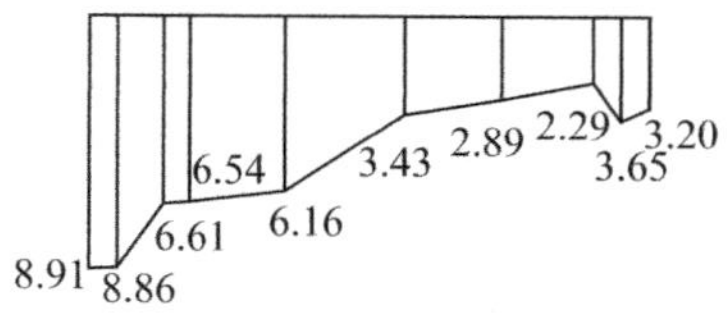

（b）闸基扬压力水头分布(单位:m)

图 8-28　12# 闸段 1999 年 7 月 15 日闸基渗流场水头等值线及扬压力水头分布

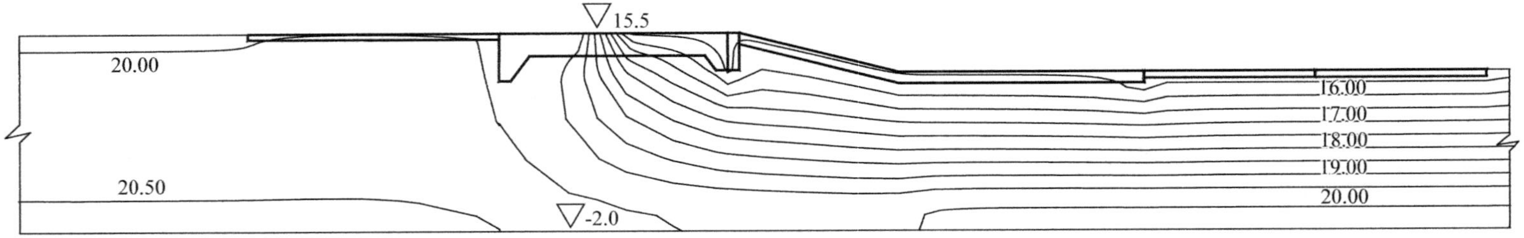

（a）闸基渗流场等水头线分布（单位：m）

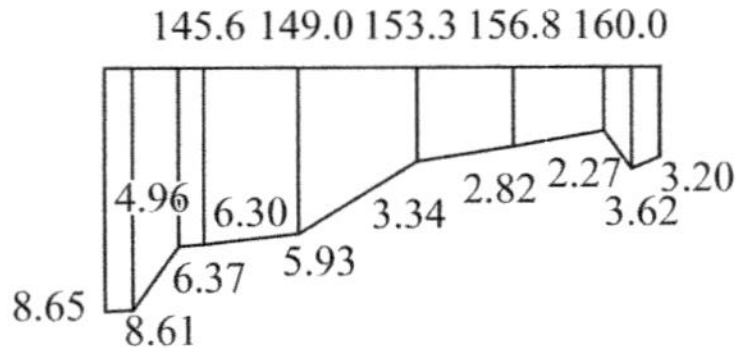

（b）闸基扬压力水头分布（单位：m）

图 8-29　12# 闸段 1999 年 8 月 15 日闸基渗流场水头等值线及扬压力水头分布

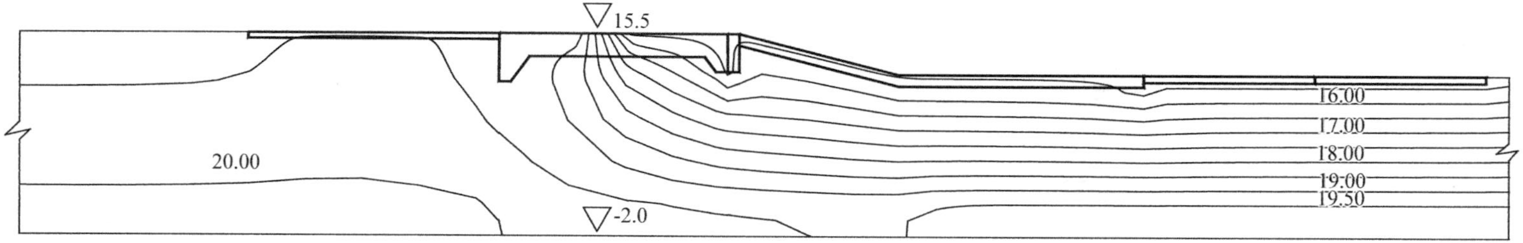

(a) 闸基渗流场等水头线分布(单位:m)

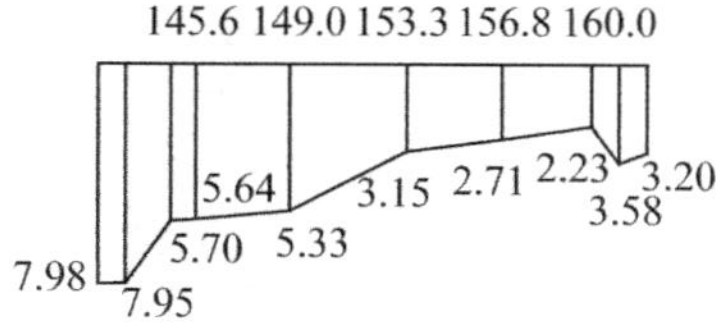

(b) 闸基扬压力水头分布(单位:m)

图 8-30　12# 闸段 1999 年 9 月 15 日闸基渗流场水头等值线及扬压力水头分布

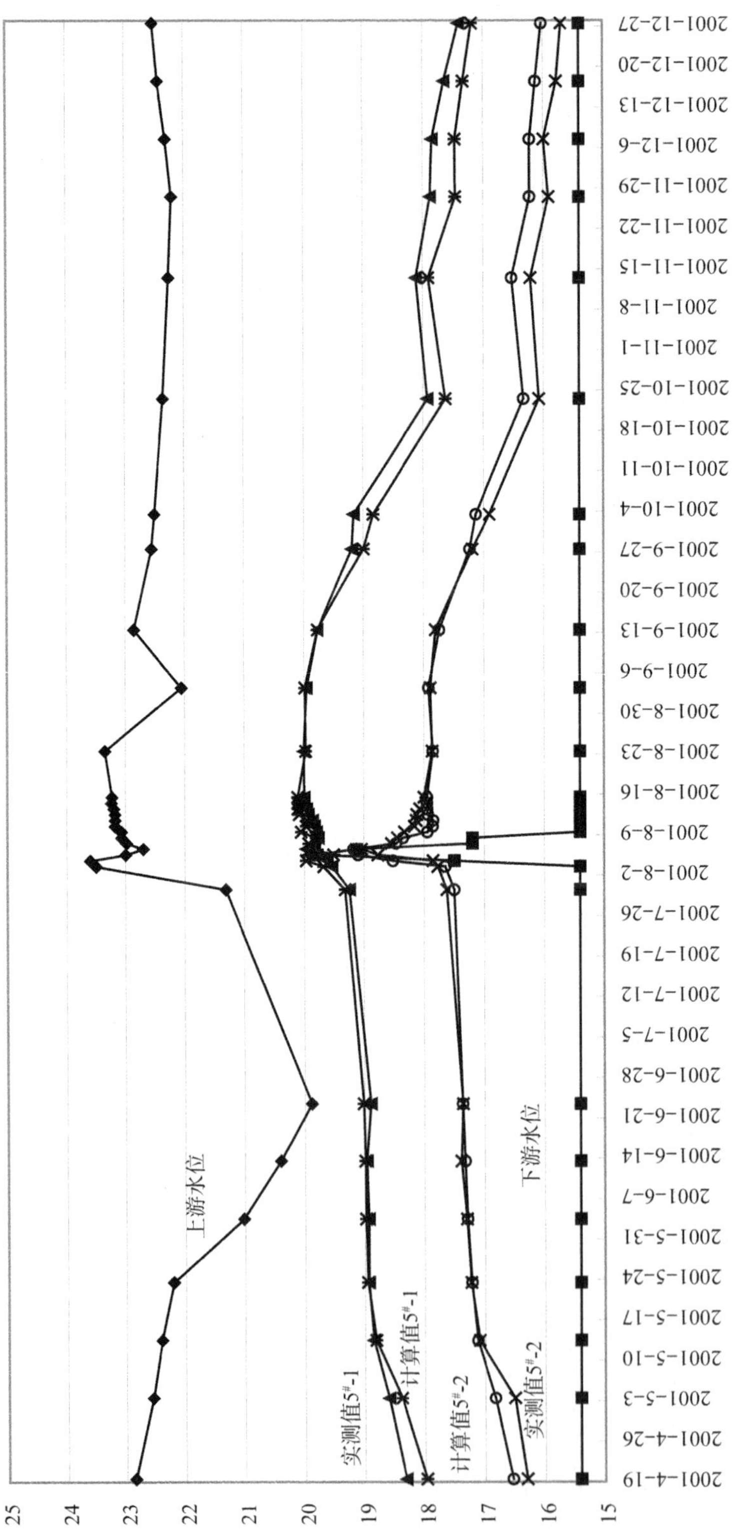

图 8-31　2001 年 5# 闸段闸室底板渗流场水头观测值与计算值对比(单位:m)

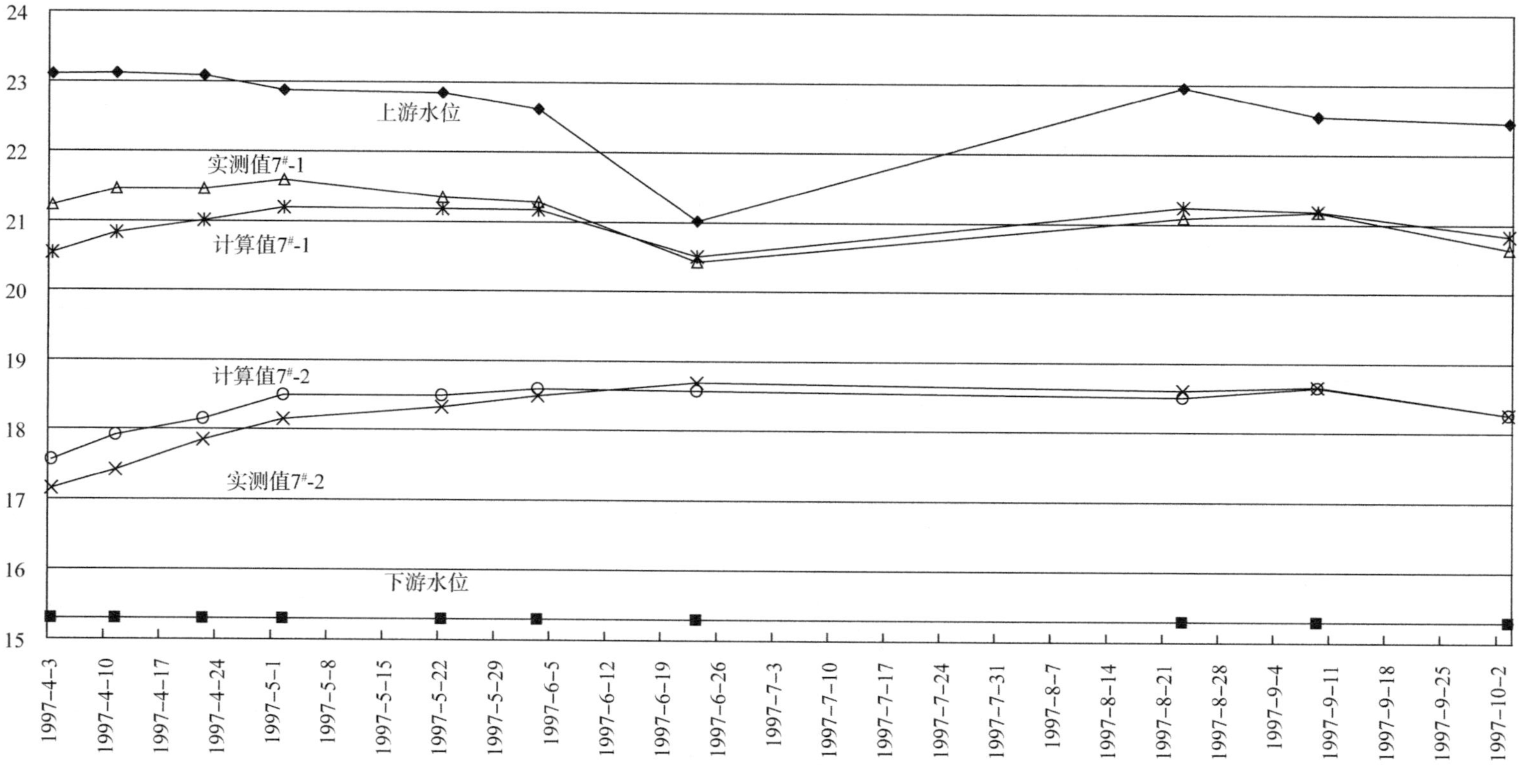

图 8-32 1997 年 7# 闸段闸室底板渗流场水头观测值与计算值对比(单位:m)

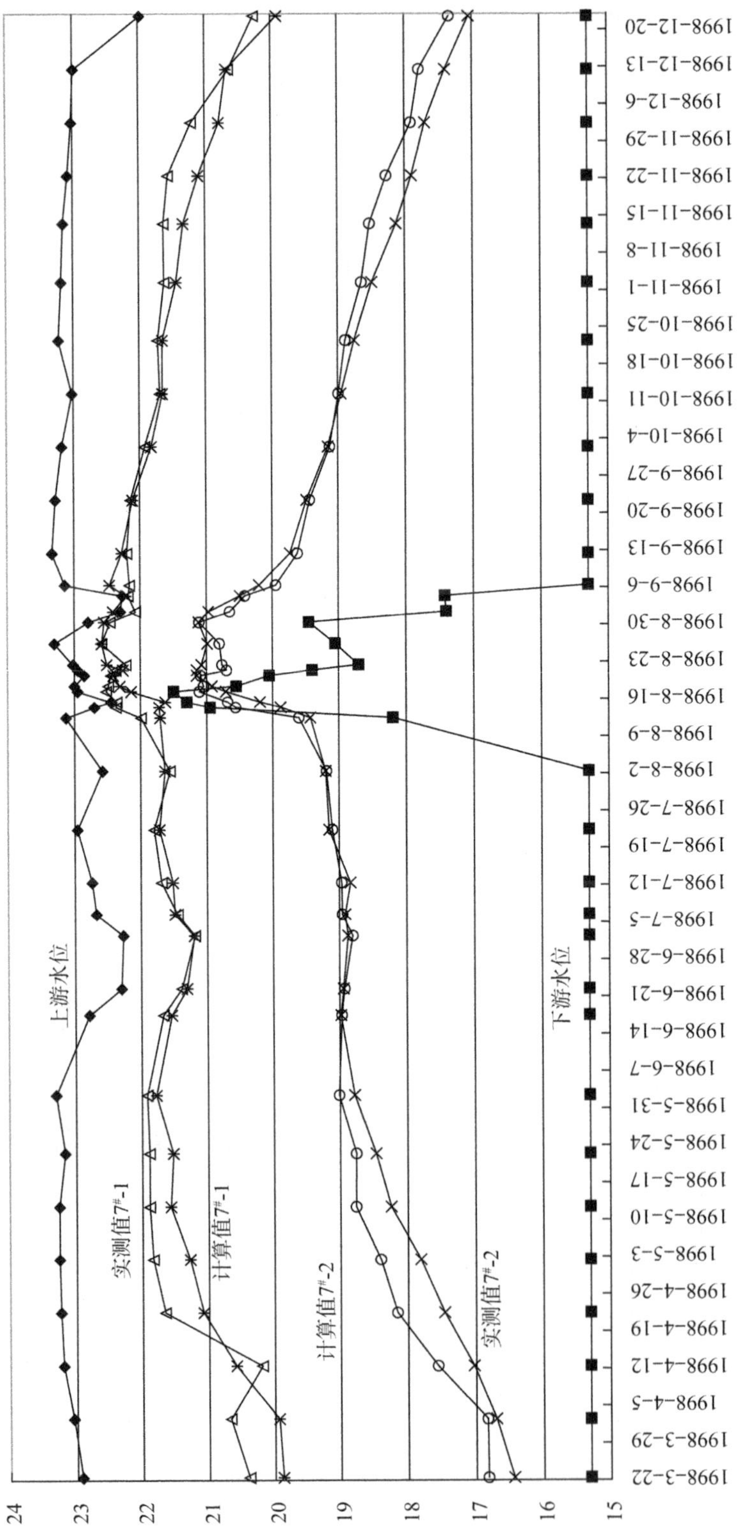

图 8-33　1998 年 7# 闸段闸室底板渗流场水头观测值与计算值对比（单位：m）

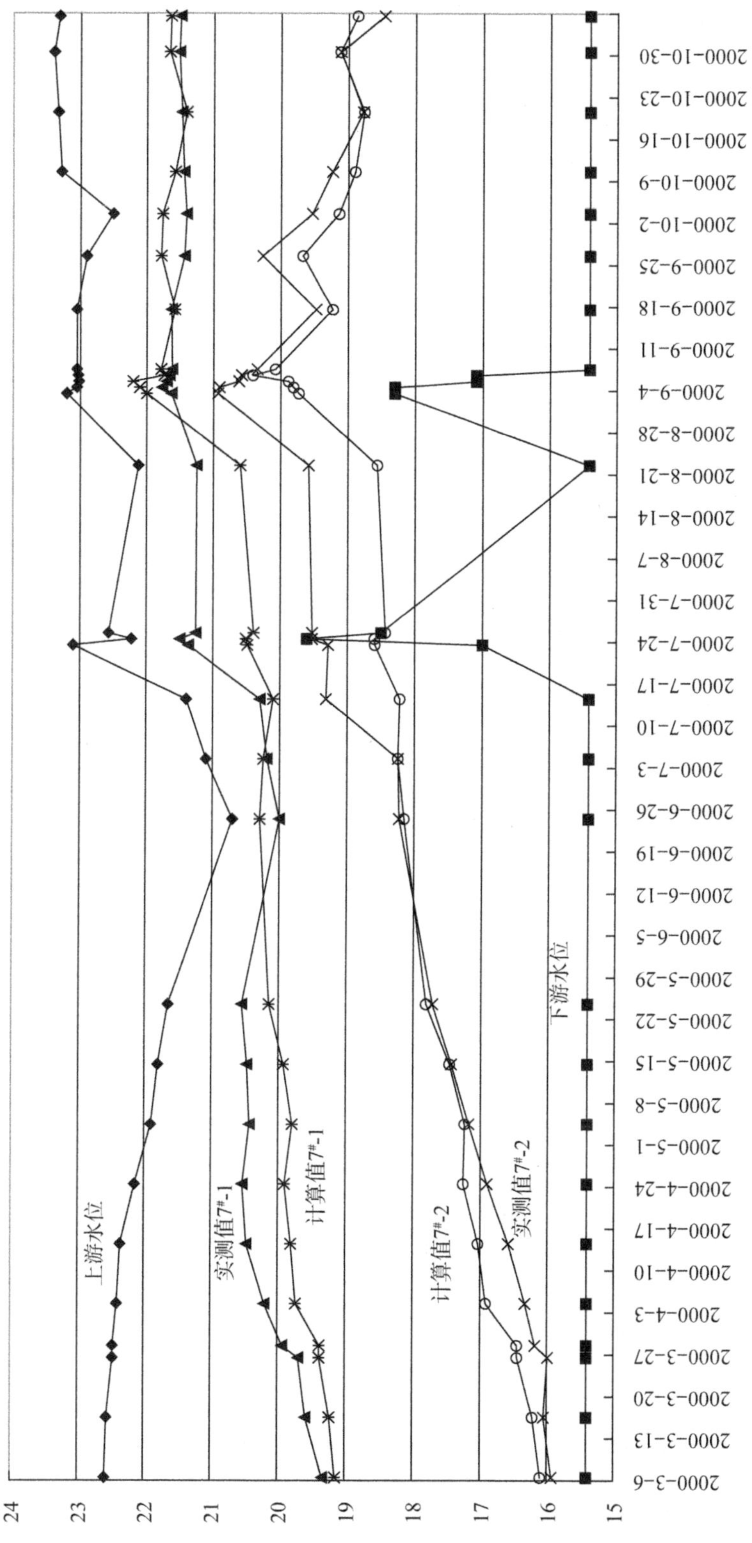

图 8-34　2000 年 $7^{\#}$ 闸段闸室底板渗流场水头观测值与计算值对比（单位：m）

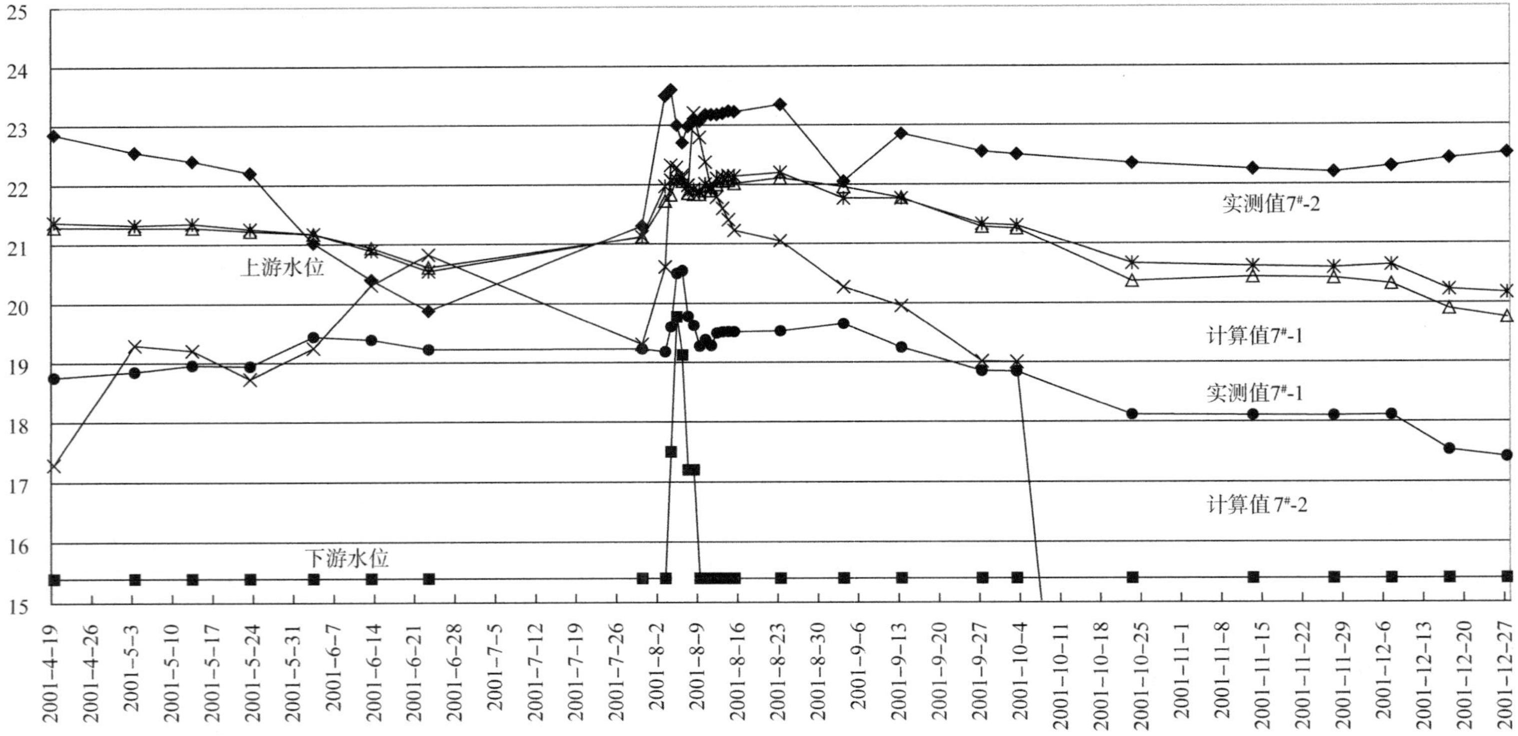

图 8-35 2001 年 7# 闸段闸室底板渗流场水头观测值与计算值对比(单位:m)

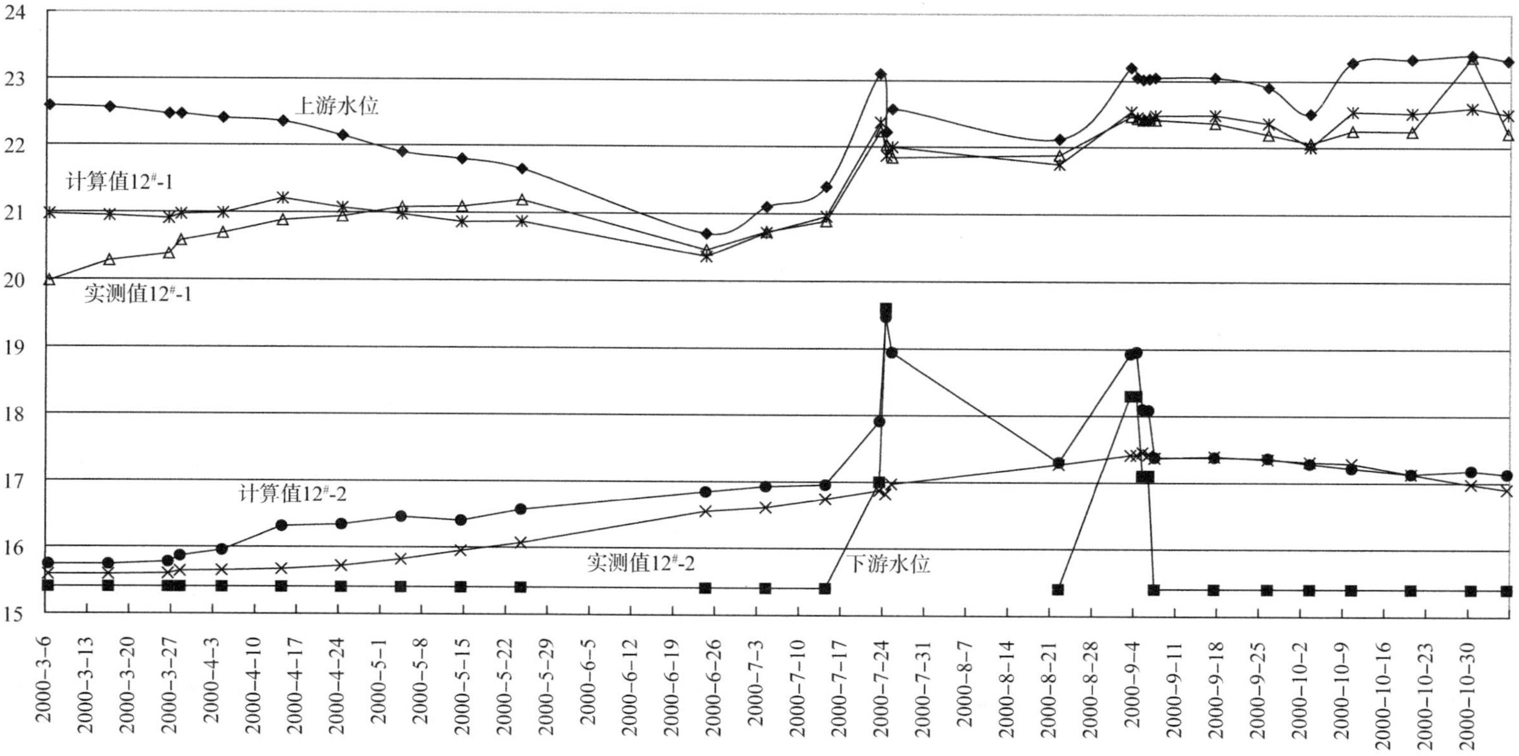

图 8-36　2000 年 12# 闸段闸室底板渗流场水头观测值与计算值对比(单位:m)

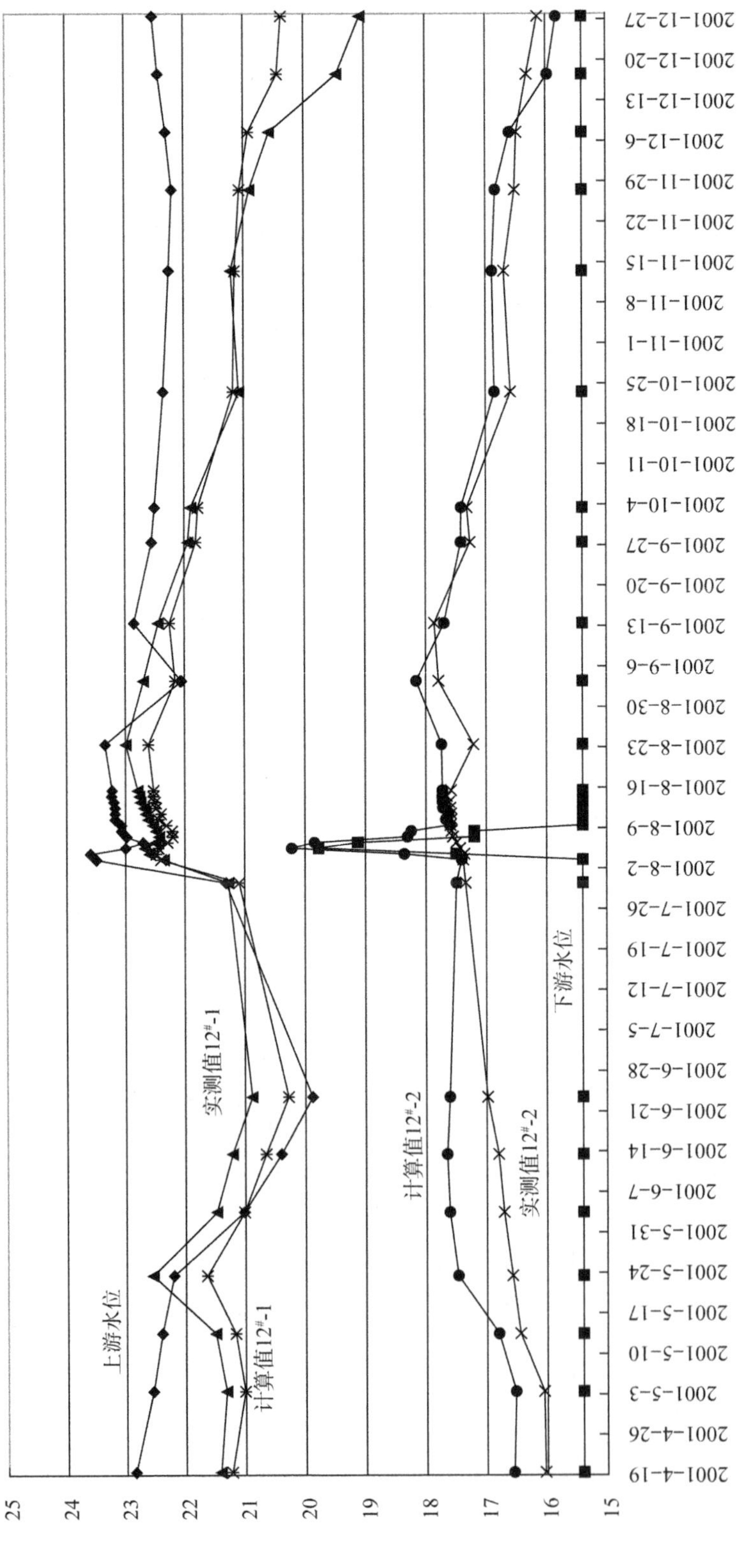

图 8-37 2001 年 12# 闸段闸室底板渗流场水头观测值与计算值对比(单位:m)

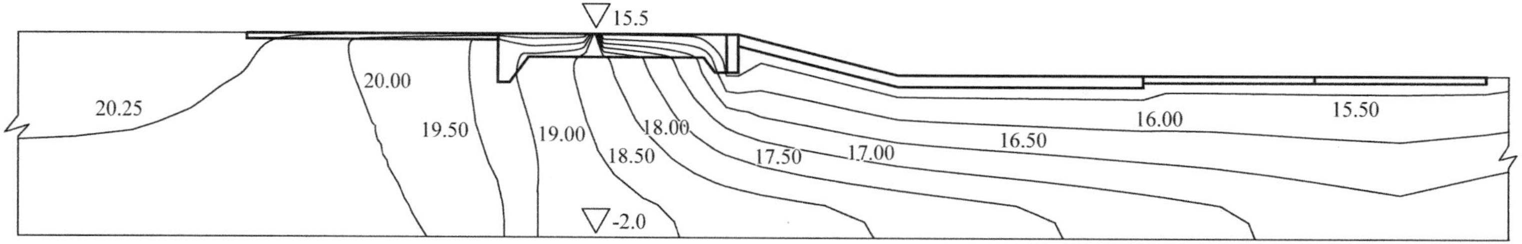

（a）闸基渗流场等水头线分布（单位：m）

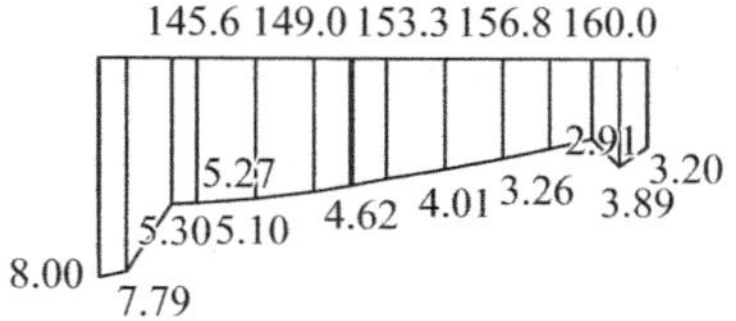

（b）闸基扬压力水头分布（单位：m）

图 8-38　5# 闸段 2001 年 6 月 15 日闸基渗流场水头等值线及扬压力水头分布

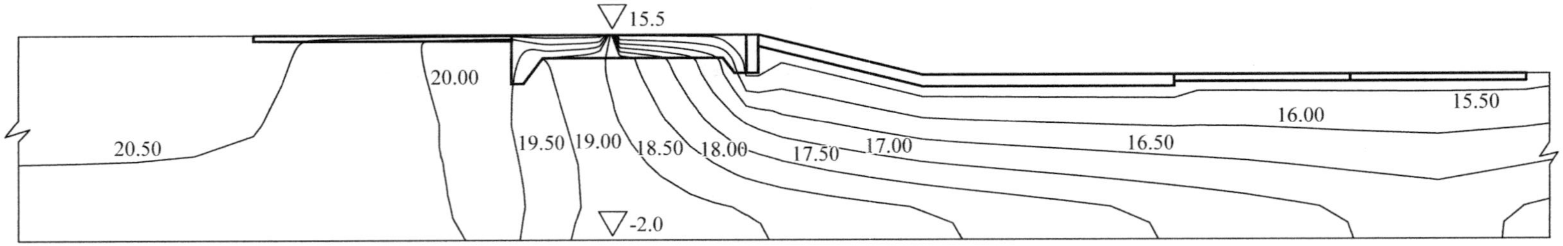

(a) 闸基渗流场等水头线分布(单位:m)

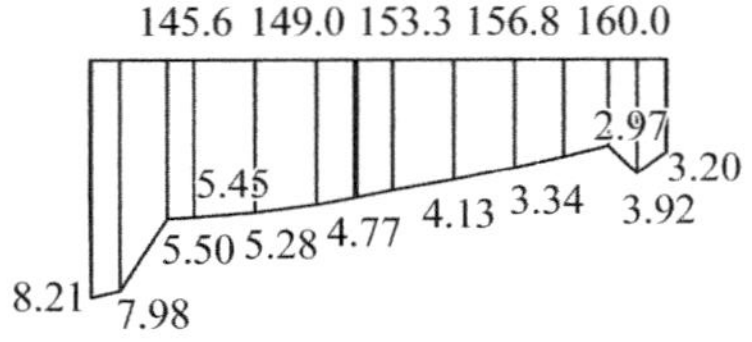

(b) 闸基扬压力水头分布(单位:m)

图 8-39　5# 闸段 2001 年 7 月 15 日闸基渗流场水头等值线及扬压力水头分布

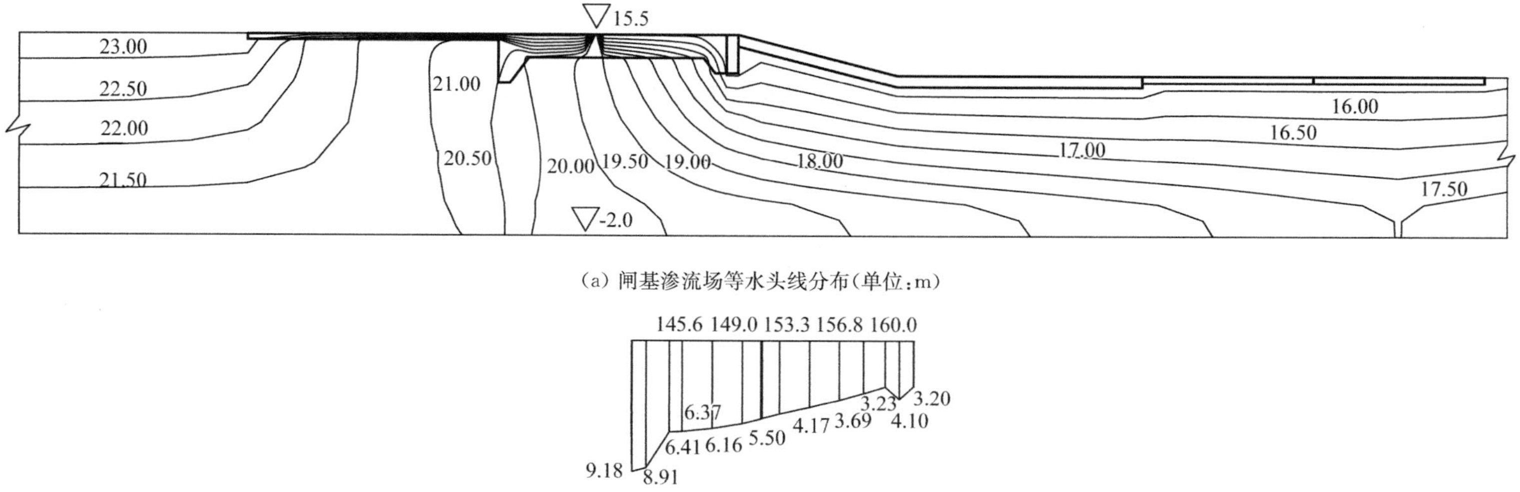

(a) 闸基渗流场等水头线分布(单位:m)

(b) 闸基扬压力水头分布(单位:m)

图 8-40　5$^{\#}$ 闸段 2001 年 8 月 15 日闸基渗流场水头等值线及扬压力水头分布

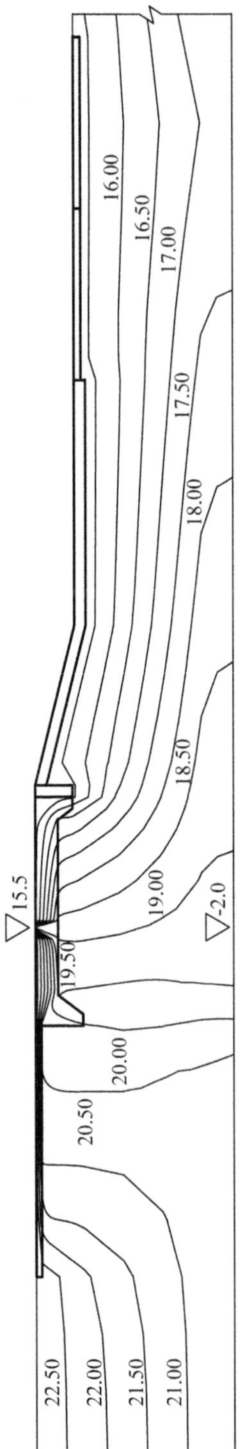

(a) 闸基渗流场等水头线分布(单位:m)

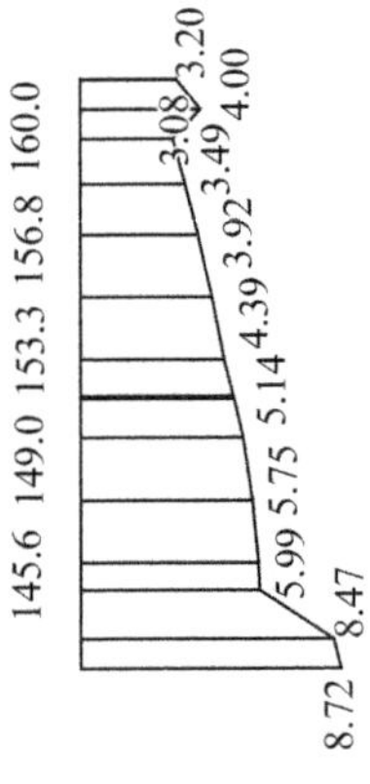

(b) 闸基扬压力水头分布(单位:m)

图 8-41　$5^{\#}$ 闸段 2001 年 9 月 15 日闸基渗流场水头等值线及扬压力水头分布

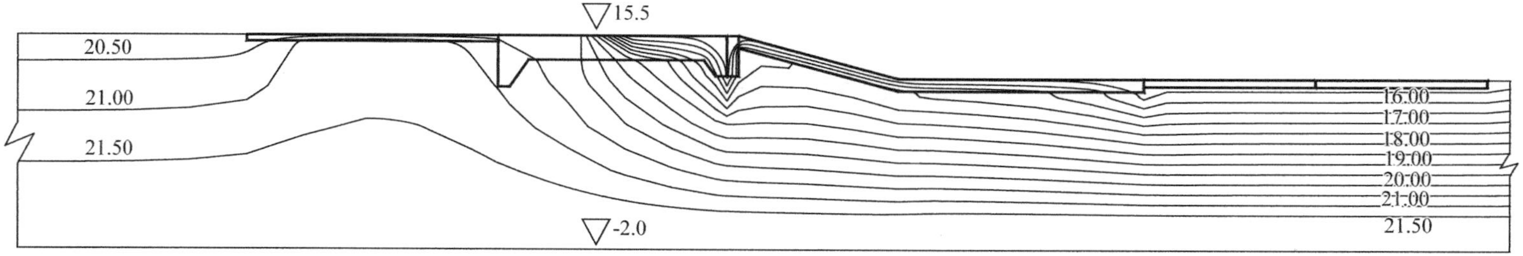

（a）闸基渗流场等水头线分布(单位:m)

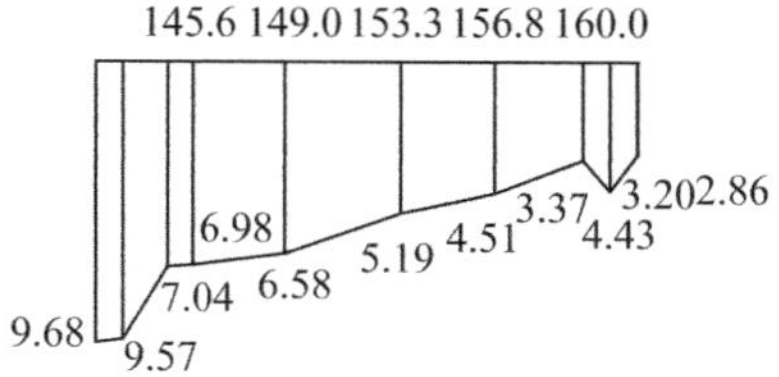

（b）闸基扬压力水头分布(单位:m)

图 8-42　7# 闸段 2001 年 6 月 15 日闸基渗流场水头等值线及扬压力水头分布

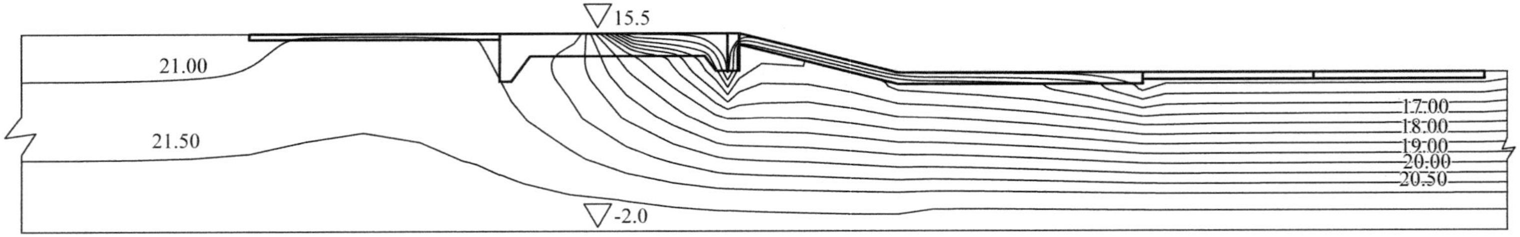

（a）闸基渗流场等水头线分布（单位：m）

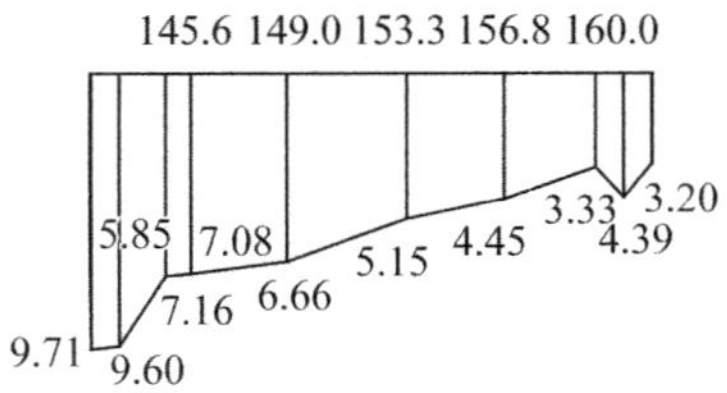

（b）闸基扬压力水头分布（单位：m）

图 8-43　7# 闸段 2001 年 7 月 15 日闸基渗流场水头等值线及扬压力水头分布

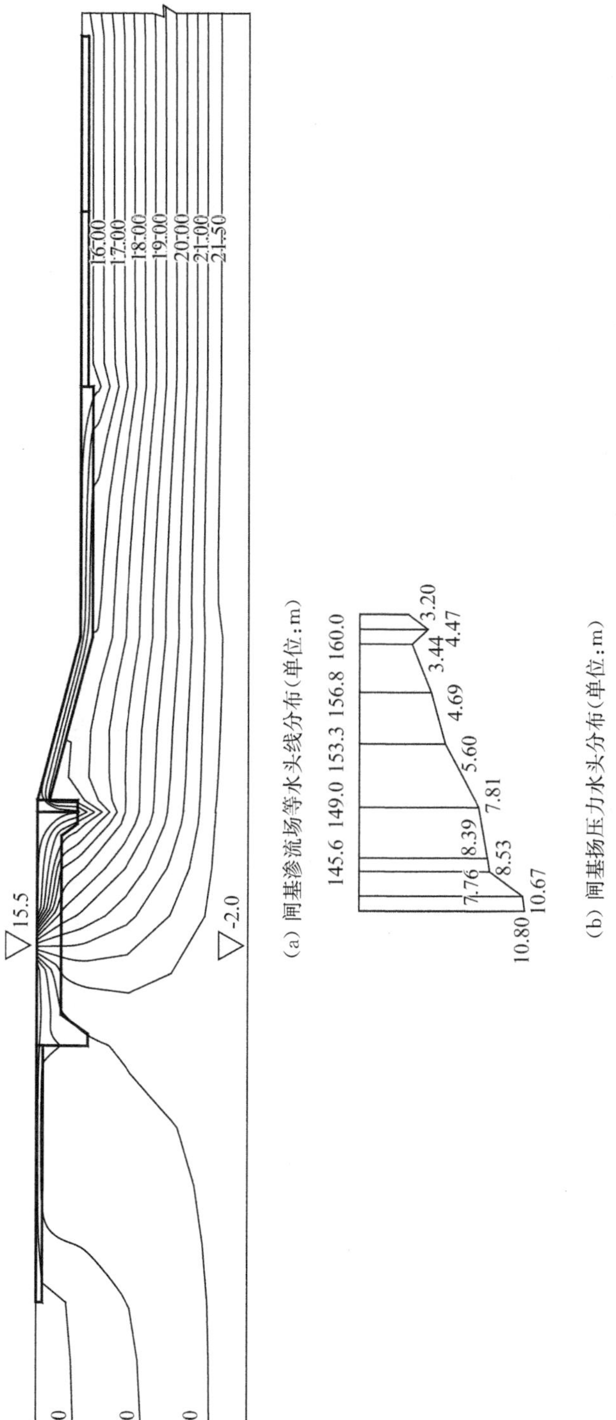

(a) 闸基渗流场等水头线分布(单位:m)

(b) 闸基扬压力水头分布(单位:m)

图 8-44　7[#] 闸段 2001 年 8 月 15 日闸基渗流场水头等值线及扬压力水头分布

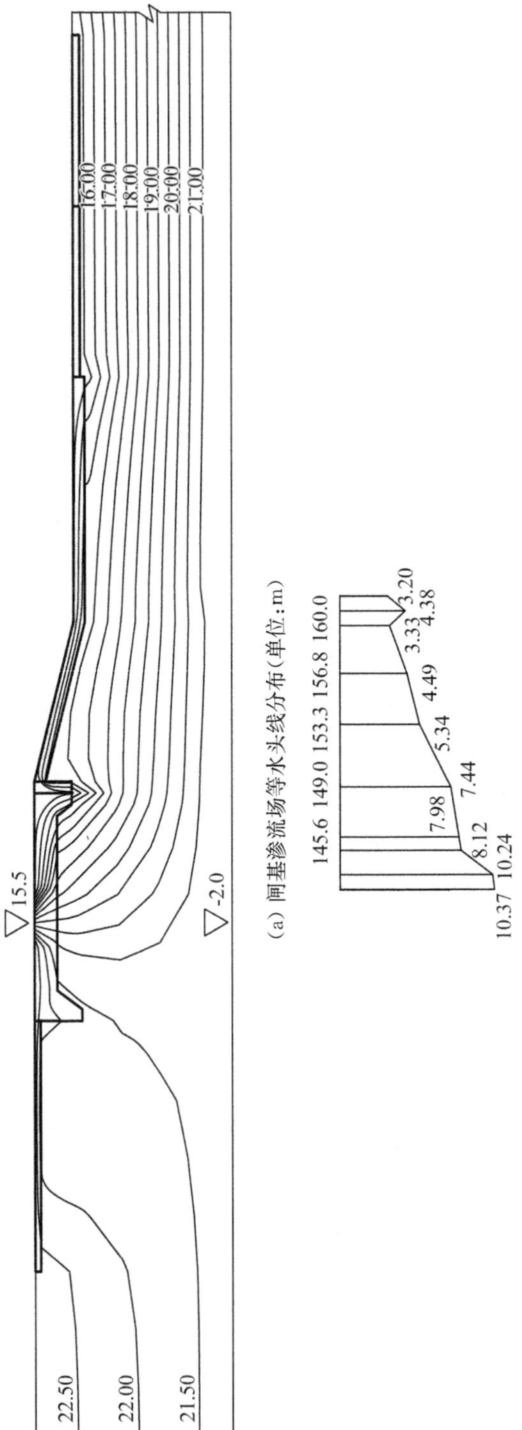

(a) 闸基渗流场等水头线分布(单位:m)

(b) 闸基扬压力水头分布(单位:m)

图 8-45 7# 闸段 2001 年 9 月 15 日闸基渗流场水头等值线及扬压力水头分布

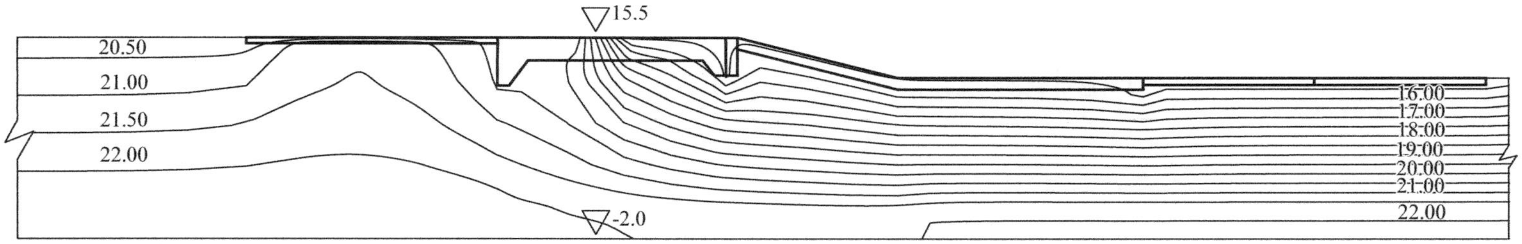

(a) 闸基渗流场等水头线分布(单位:m)

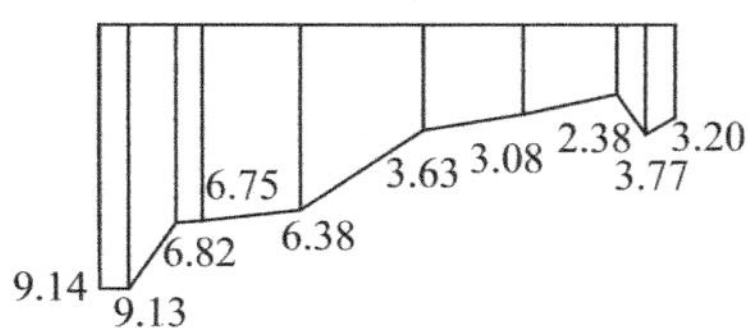

(b) 闸基扬压力水头分布(单位:m)

图 8-46　12# 闸段 2001 年 6 月 15 日闸基渗流场水头等值线及扬压力水头分布

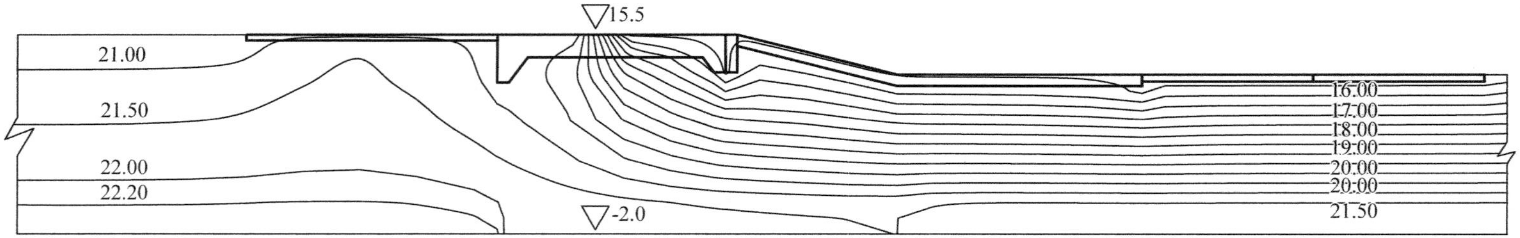

(a) 闸基渗流场等水头线分布(单位:m)

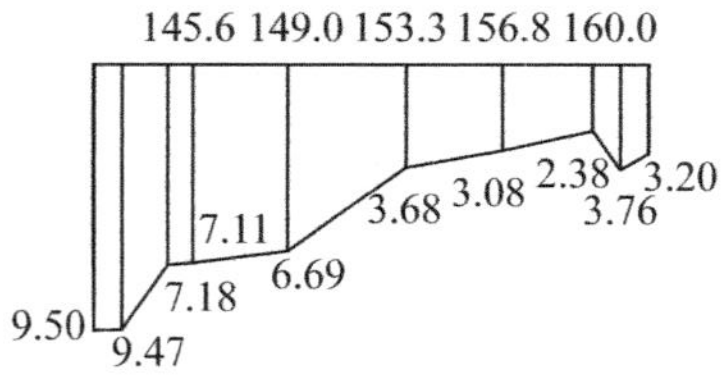

(b) 闸基扬压力水头分布(单位:m)

图 8-47　12# 闸段 2001 年 7 月 15 日闸基渗流场水头等值线及扬压力分布

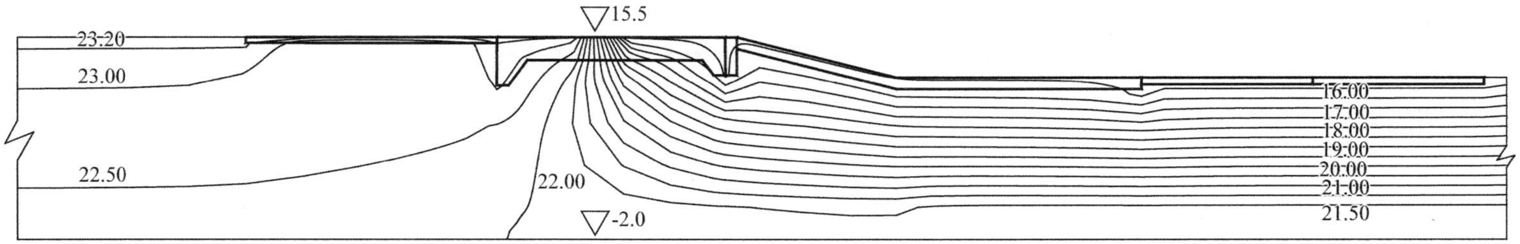

(a) 闸基渗流场等水头线分布(单位:m)

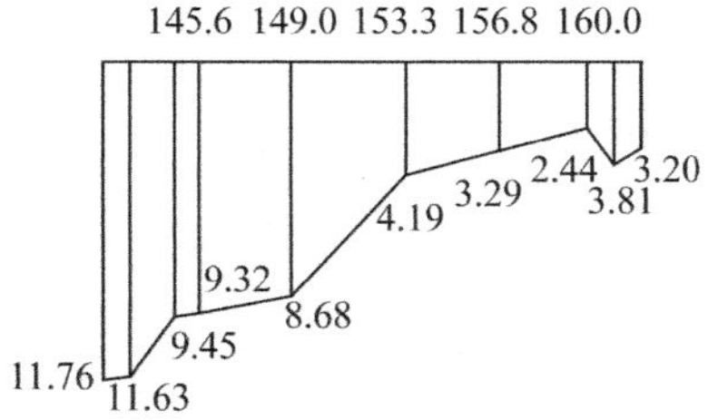

(b) 闸基扬压力水头分布(单位:m)

图 8-48　12# 闸段 2001 年 8 月 15 日闸基渗流场水头等值线及扬压力水头分布

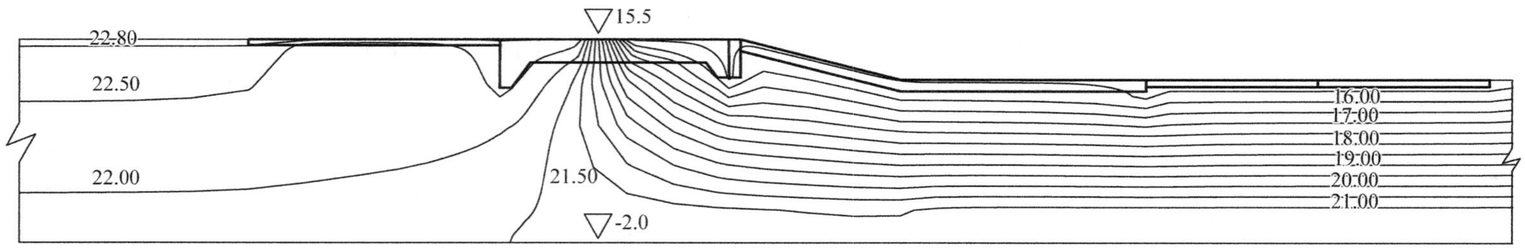

(a) 闸基渗流场等水头线分布(单位:m)

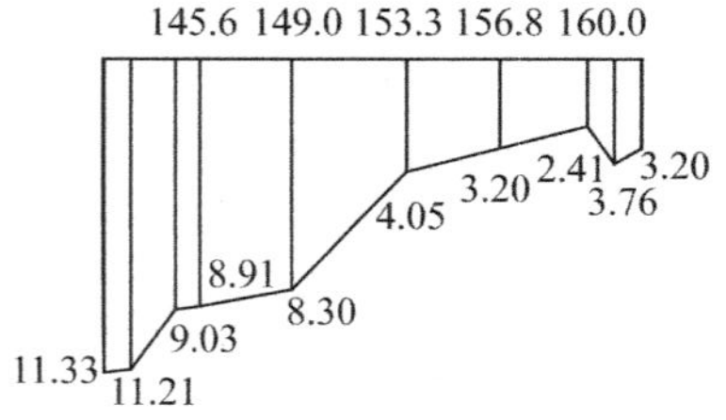

(b) 闸基扬压力水头分布(单位:m)

图 8-49　12# 闸段 2001 年 9 月 15 日闸基渗流场水头等值线及扬压力水头分布

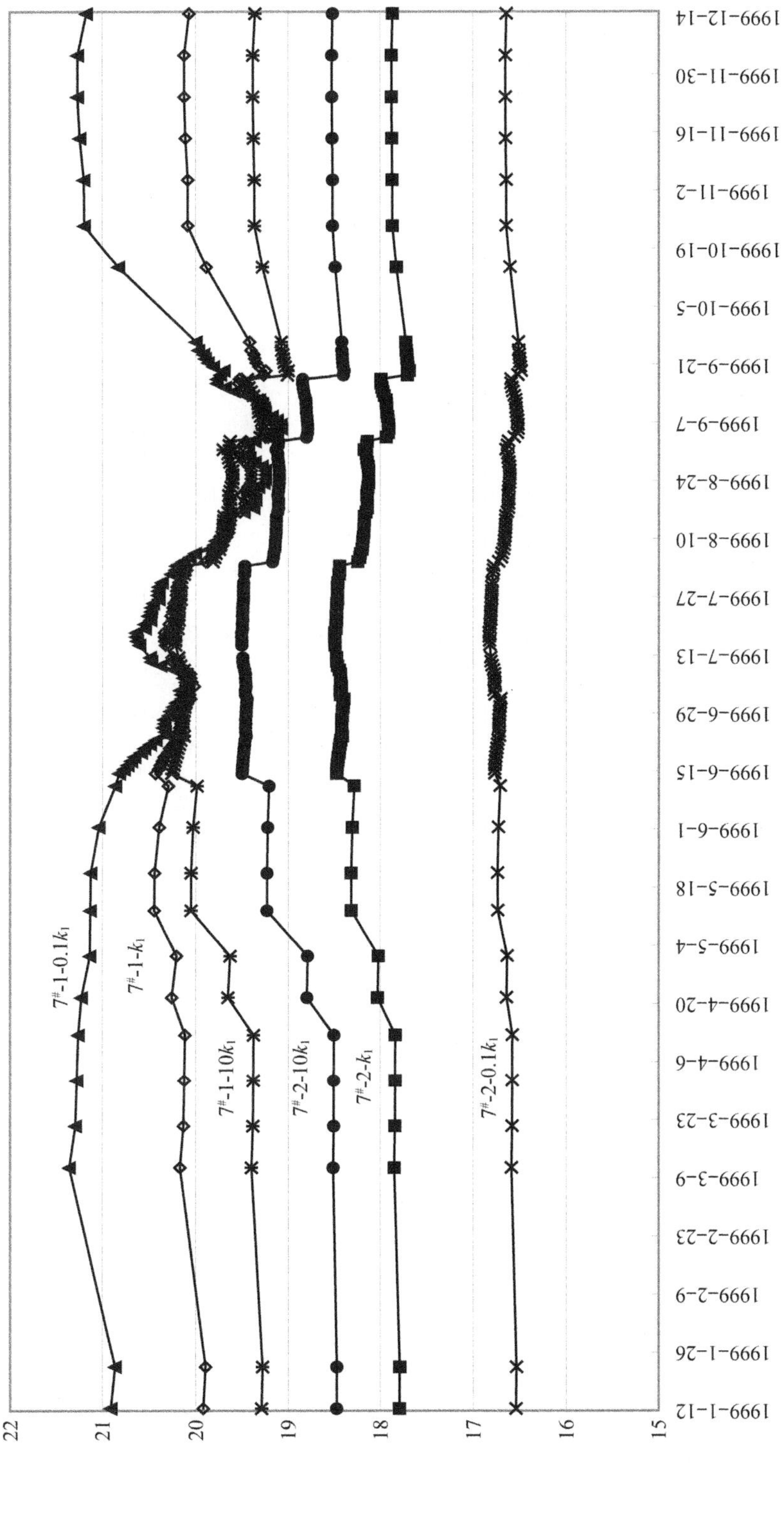

图 8-50　7# 闸段 k_1 变化时闸室底板测点处水头计算值对比(单位:m)

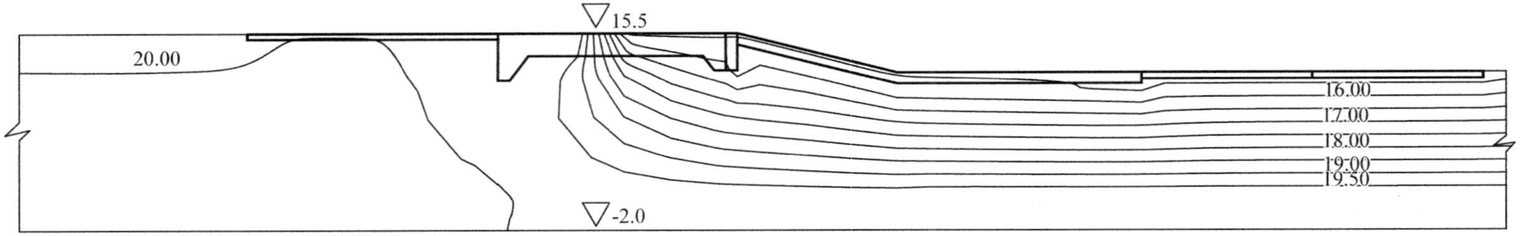

（a）闸基渗流场等水头线分布（单位：m）

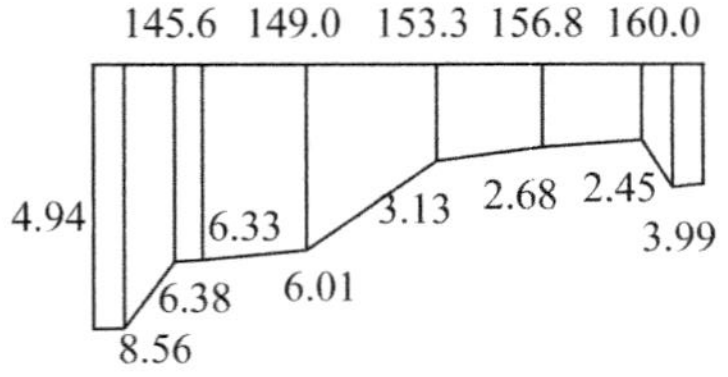

（b）闸基扬压力水头分布（单位：m）

图 8-51　7# 闸段 1999 年 8 月 15 日 k_1 缩小为 0.1k_1 后的闸基渗流场水头等值线及扬压力水头分布

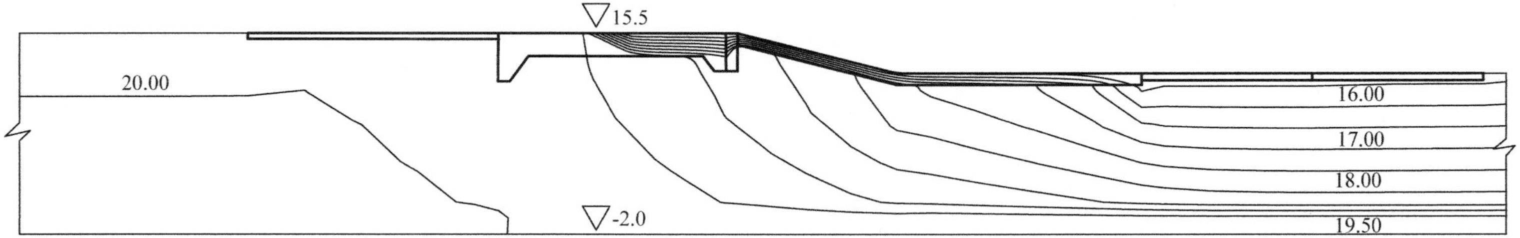

(a) 闸基渗流场等水头线分布(单位:m)

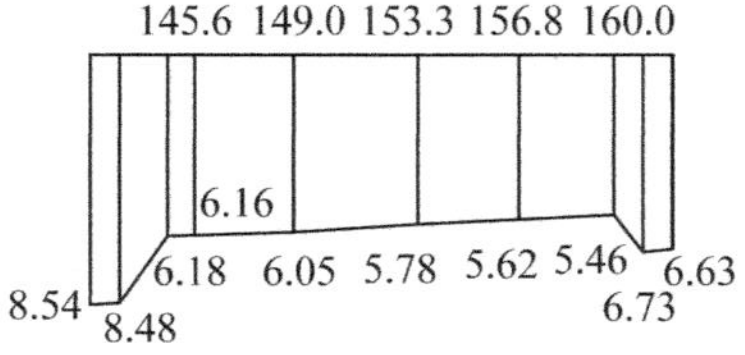

(b) 闸基扬压力水头分布(单位:m)

图 8-52　7# 闸段 1999 年 8 月 15 日 k_1 扩大为 $10k_1$ 后的闸基渗流场水头等值线及扬压力水头分布

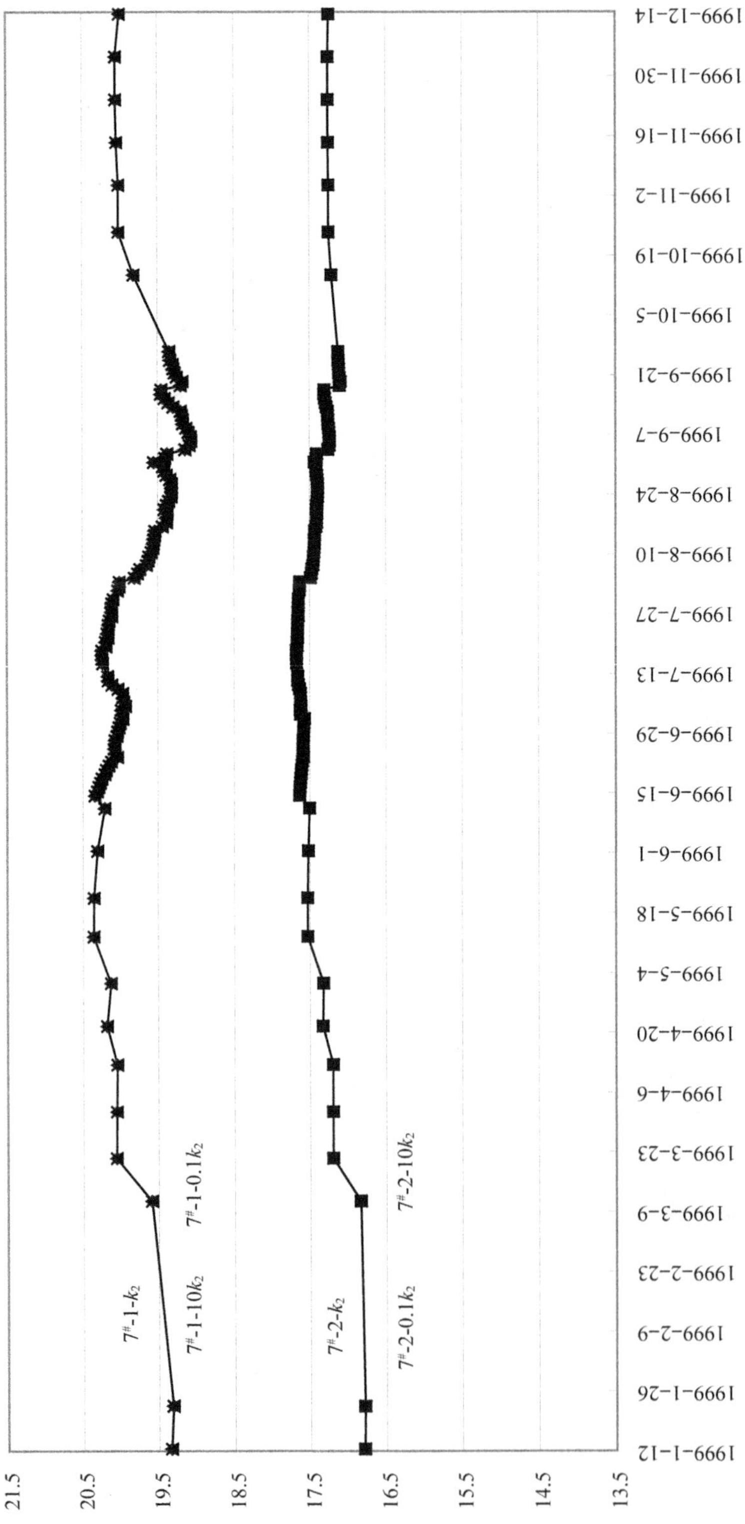

图 8-53　7# 闸段 k_2 变化时闸室底板测点处水头计算值对比(单位:m)

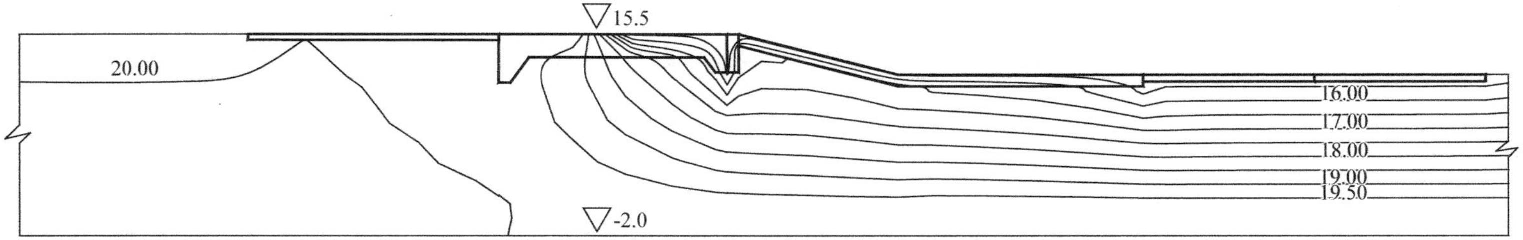

(a) 闸基渗流场等水头线分布(单位:m)

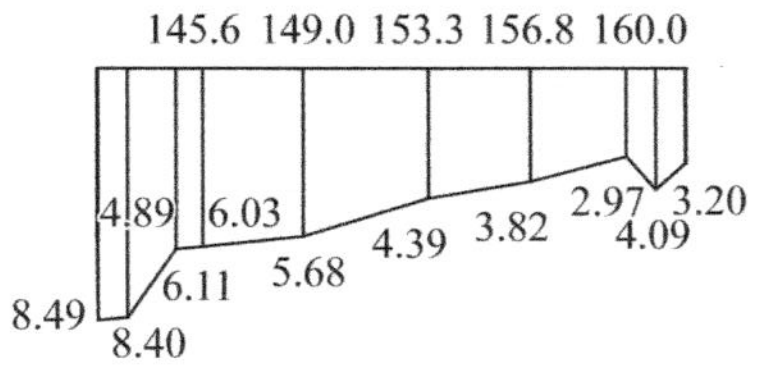

(b) 闸基扬压力水头分布(单位:m)

图 8-54　7# 闸段 1999 年 8 月 15 日 k_2 缩小为 $0.1k_2$ 后的闸基渗流场水头等值线及扬压力水头分布

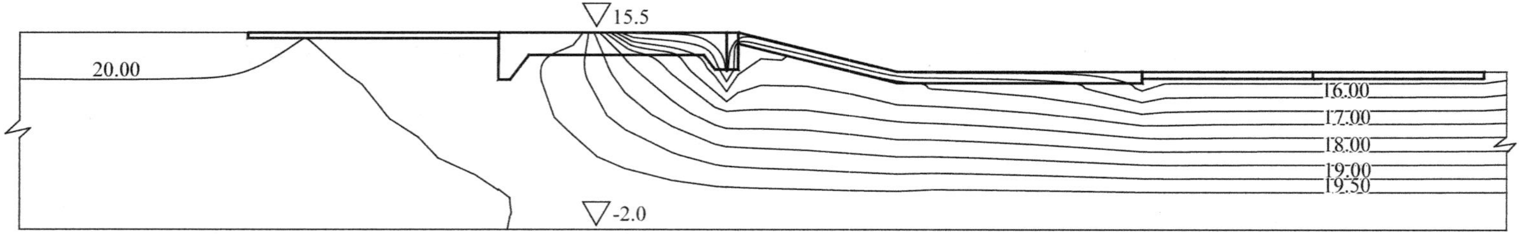

（a）闸基渗流场等水头线分布（单位：m）

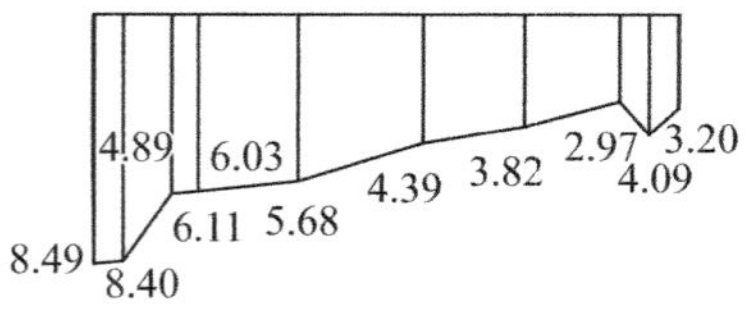

（b）闸基扬压力水头分布（单位：m）

图 8-55　7# 闸段 1999 年 8 月 15 日 k_2 扩大为 $10k_2$ 后的闸基渗流场水头等值线及扬压力水头分布

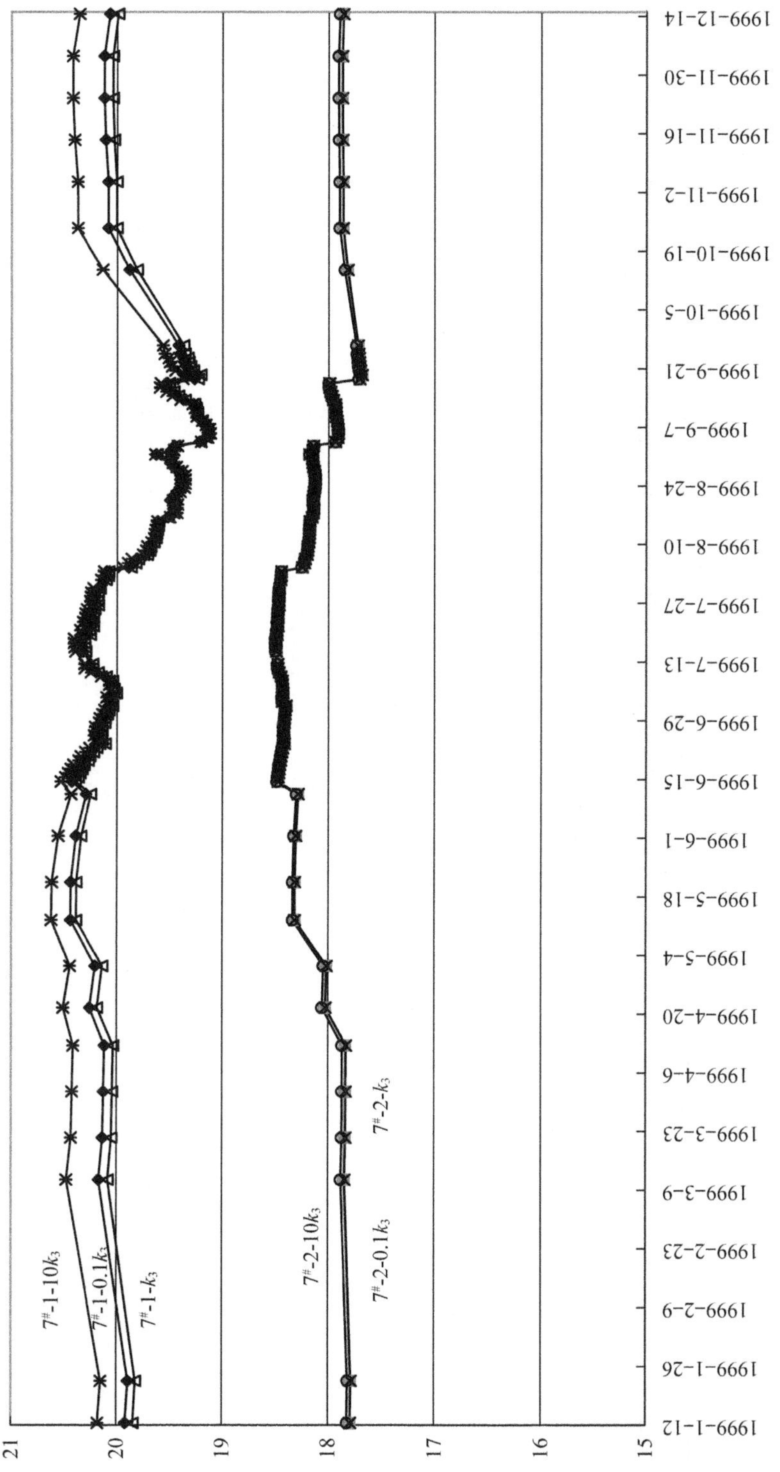

图 8-56　7# 闸段 k_3 变化时闸室底板测点处水头计算值对比(单位:m)

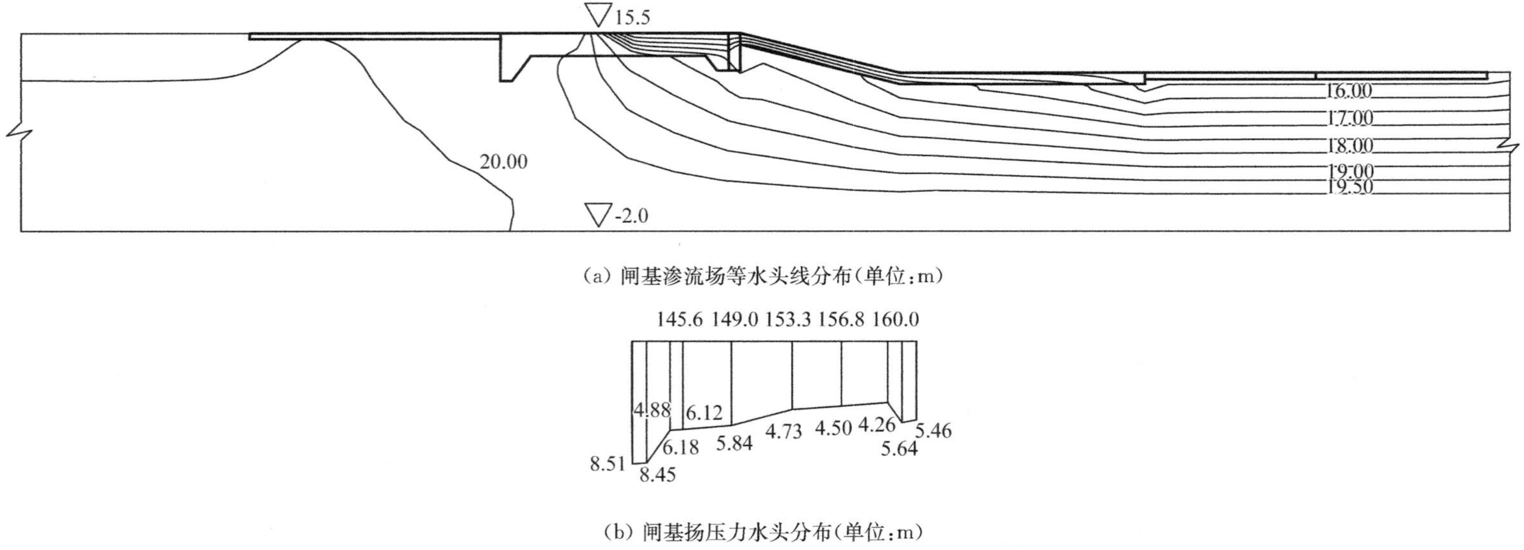

图 8-57　7# 闸段 1999 年 8 月 15 日 k_3 缩小为 $0.1k_3$ 后的闸基渗流场水头等值线及扬压力水头分布

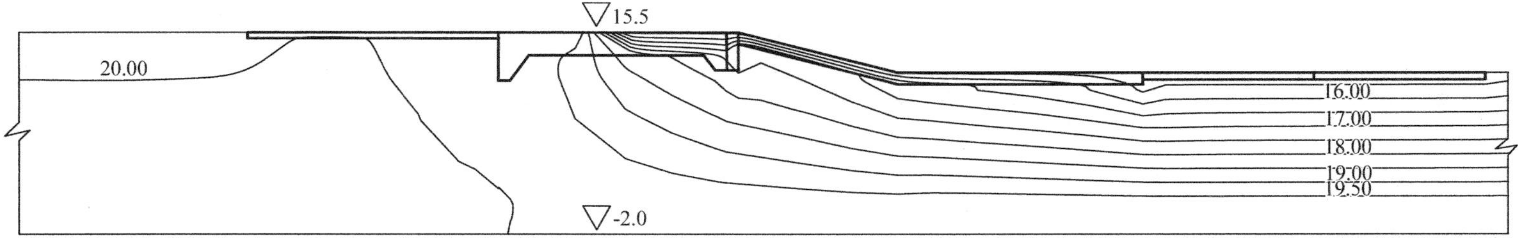

(a) 闸基渗流场等水头线分布(单位:m)

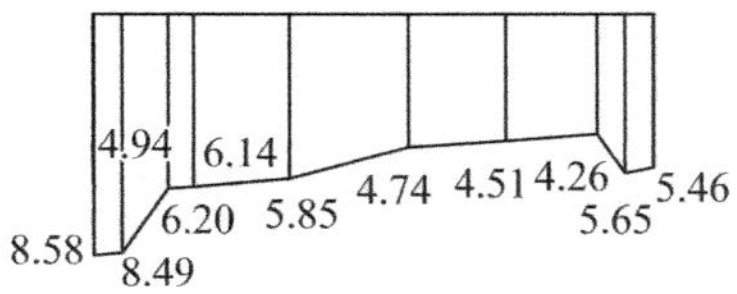

(b) 闸基扬压力水头分布(单位:m)

图 8-58　7# 闸段 1999 年 8 月 15 日 k_3 扩大为 $10k_3$ 后的闸基渗流场水头等值线及扬压力水头分布

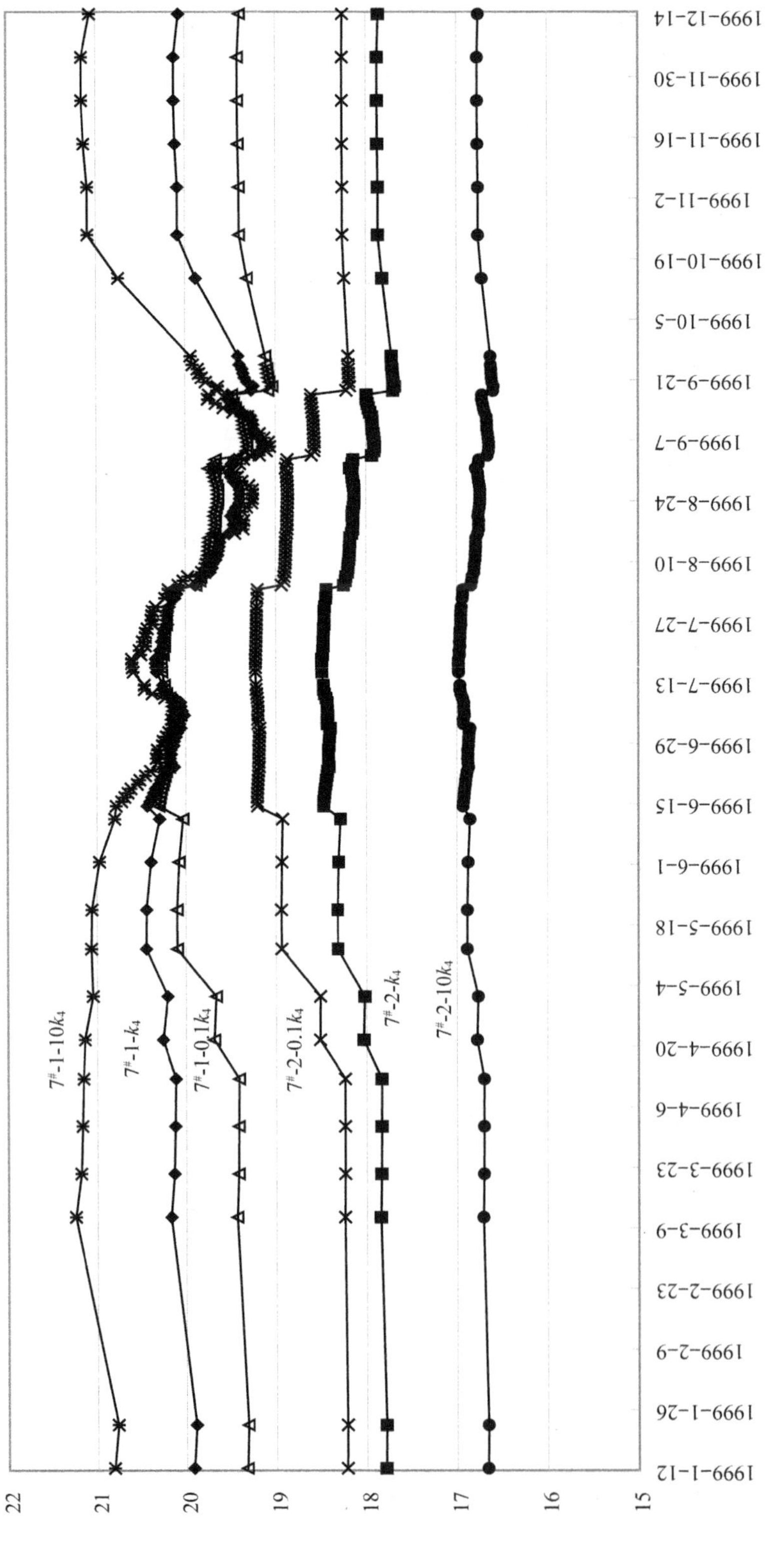

图 8-59　7# 闸段 k_4 变化时闸室底板测点处水头计算值对比(单位:m)

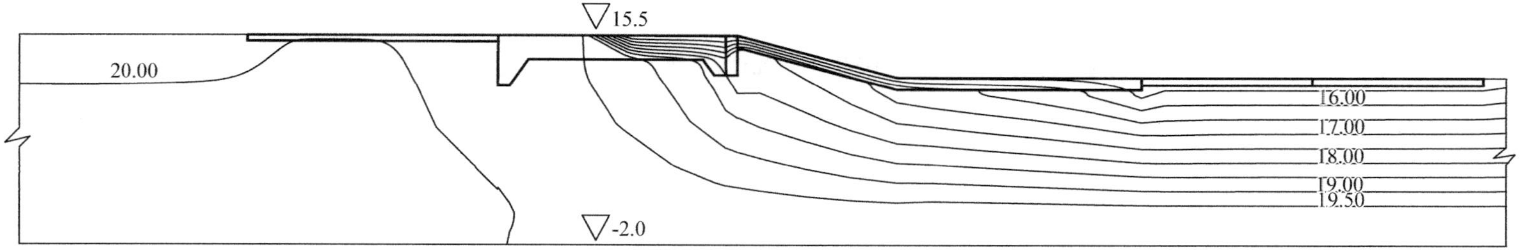

(a) 闸基渗流场等水头线分布(单位:m)

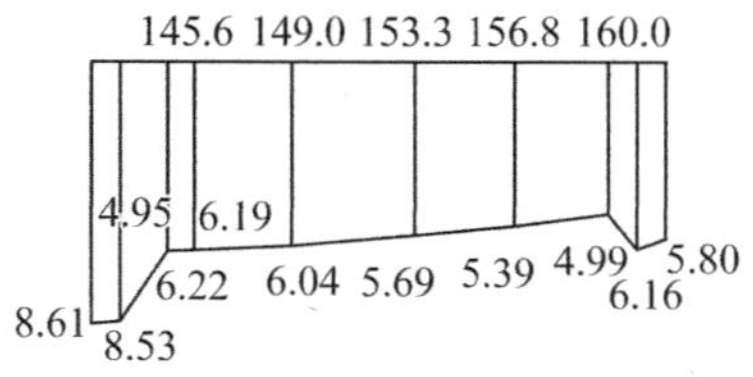

(b) 闸基扬压力水头分布(单位:m)

图 8-60　7# 闸段 1999 年 8 月 15 日 k_4 缩小为 0.1k_4 后的闸基渗流场水头等值线及扬压力水头分布

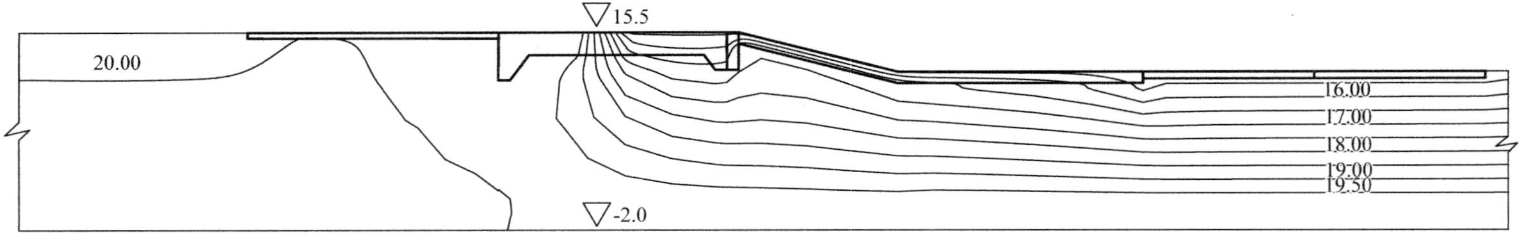

(a) 闸基渗流场等水头线分布(单位:m)

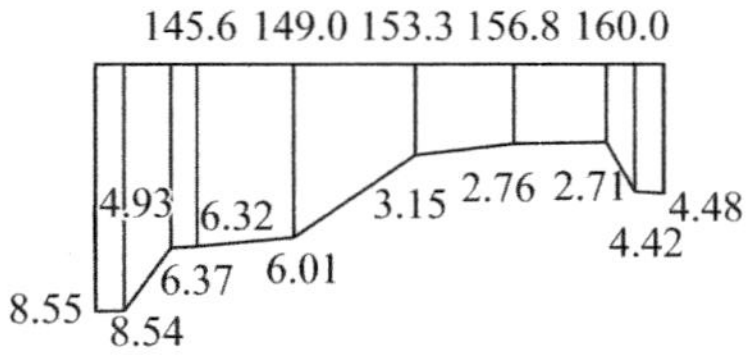

(b) 闸基扬压力水头分布(单位:m)

图 8-61　7# 闸段 1999 年 8 月 15 日 k_4 扩大为 $10k_4$ 后的闸基渗流场水头等值线及扬压力水头分布

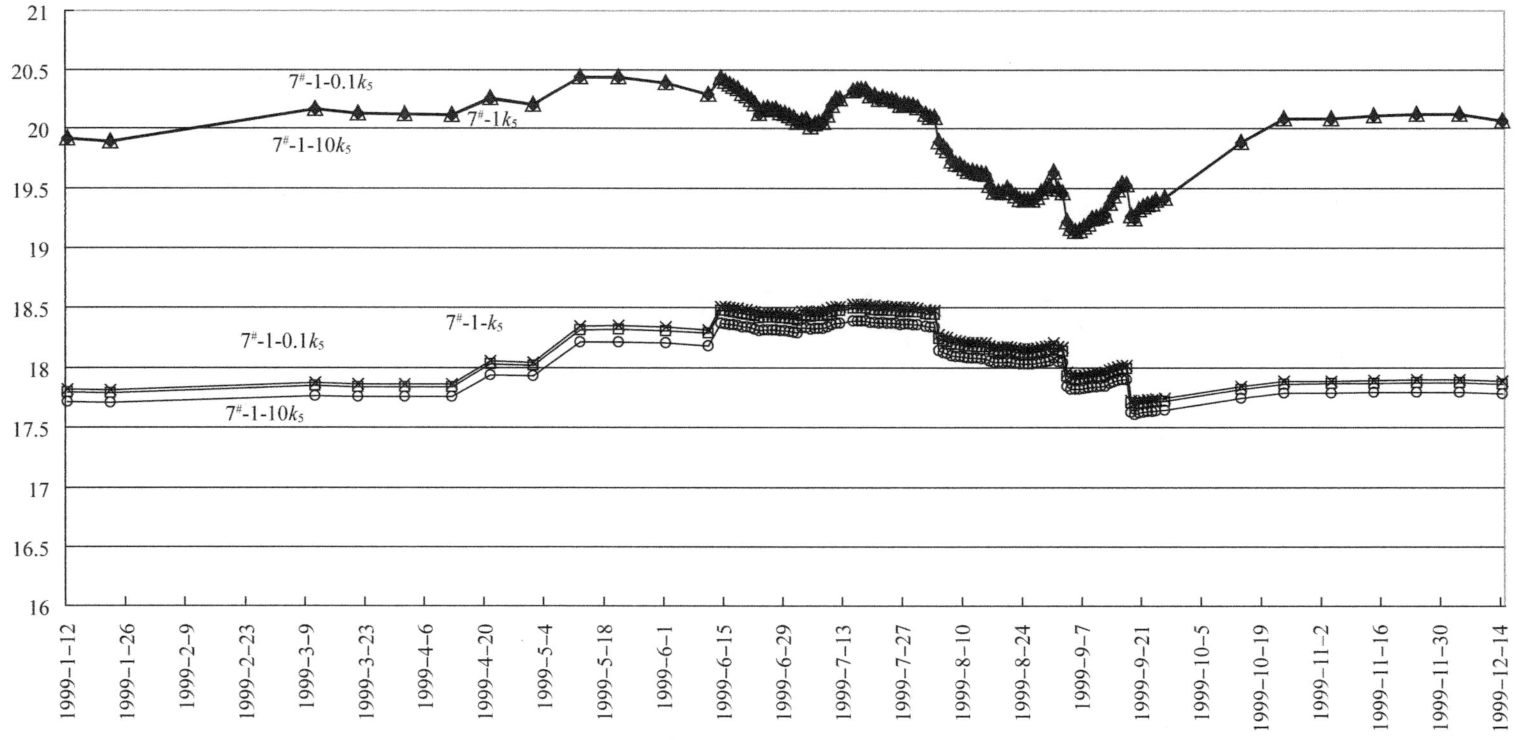

图 8-62　7# 闸段 k_5 变化时闸室底板测点处水头计算值对比(单位:m)

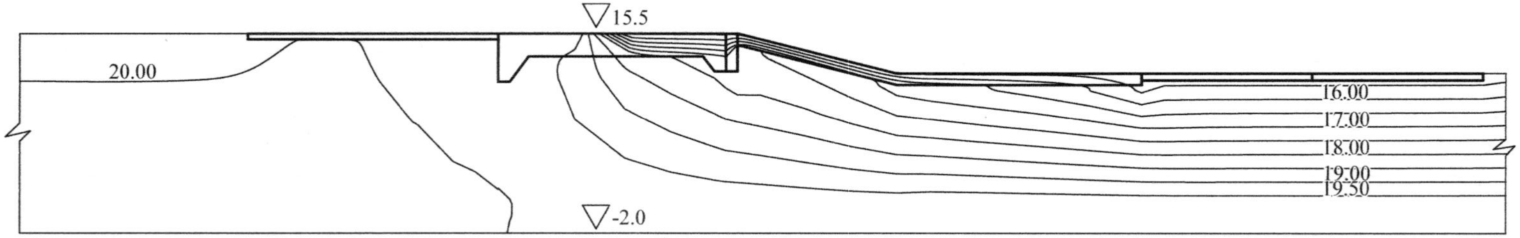

（a）闸基渗流场等水头线分布（单位：m）

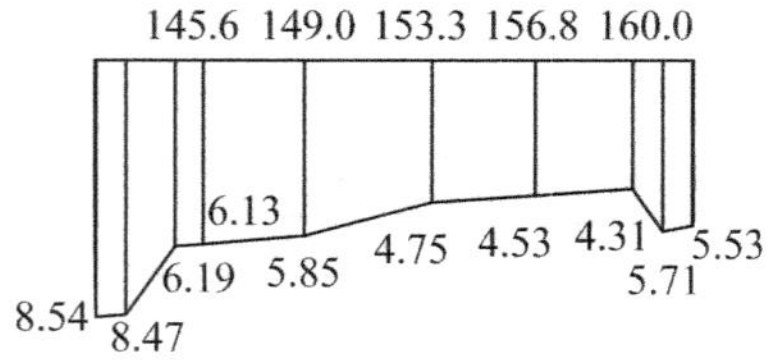

（b）闸基扬压力水头分布（单位：m）

图 8-63　7# 闸段 1999 年 8 月 15 日 k_5 缩小为 0.1k_5 后的闸基渗流场水头等值线及扬压力水头分布

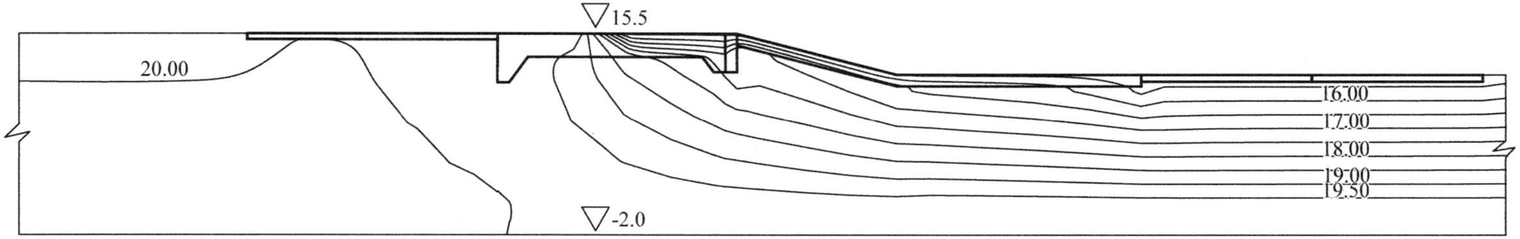

（a）闸基渗流场等水头线分布（单位：m）

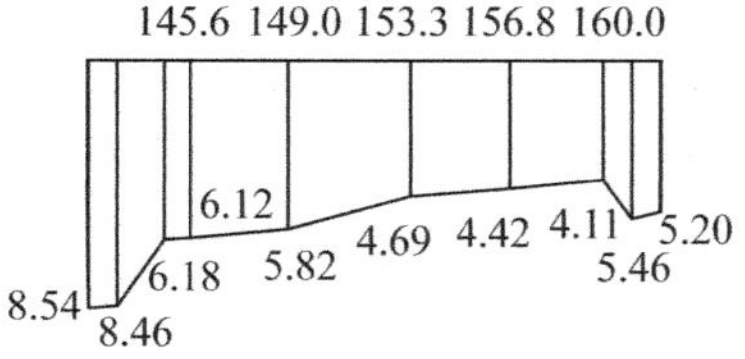

（b）闸基扬压力水头分布（单位：m）

图 8-64　7[#] 闸段 1999 年 8 月 15 日 k_5 扩大为 $10k_5$ 后的闸基渗流场水头等值线及扬压力水头分布

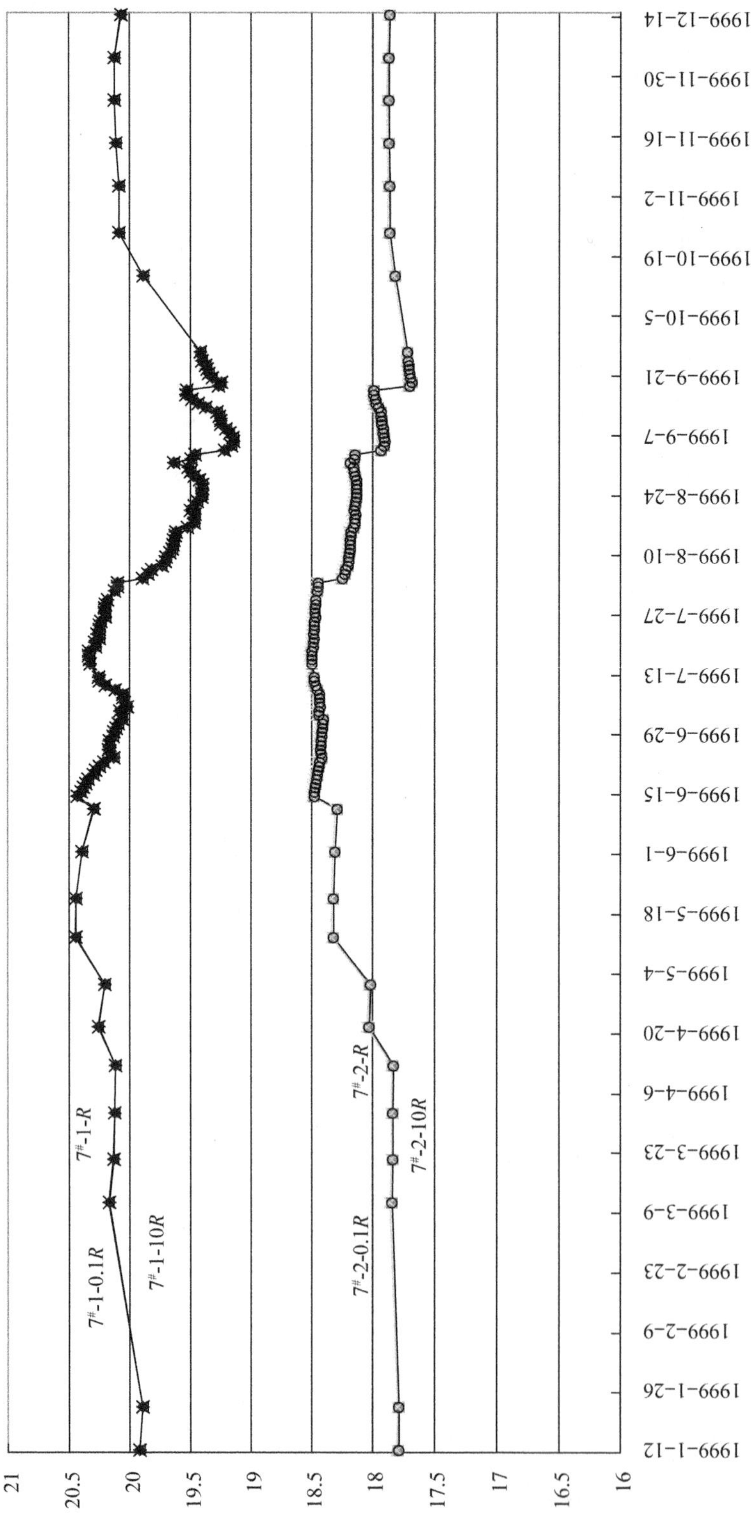

图 8-65　7# 闸段 R 变化时闸室底板测点处水头计算值对比(单位:m)

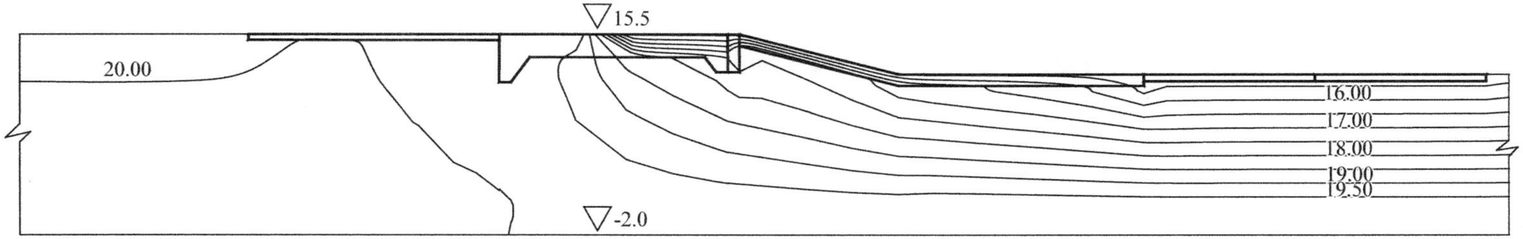

（a）闸基渗流场等水头线分布（单位：m）

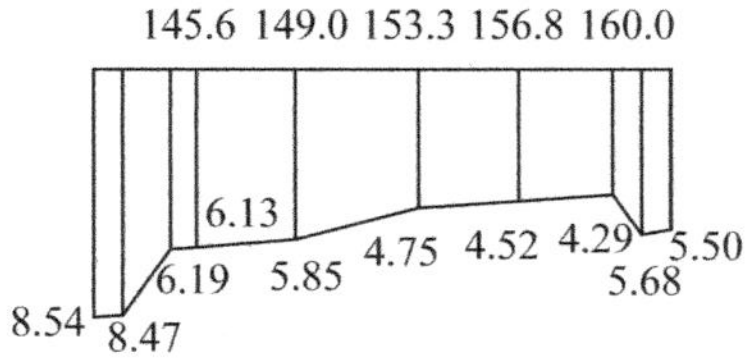

（b）闸基扬压力水头分布（单位：m）

图 8-66　7# 闸段 1999 年 8 月 15 日 *R* 缩小为 0.1*R* 后的闸基渗流场水头等值线及扬压力水头分布

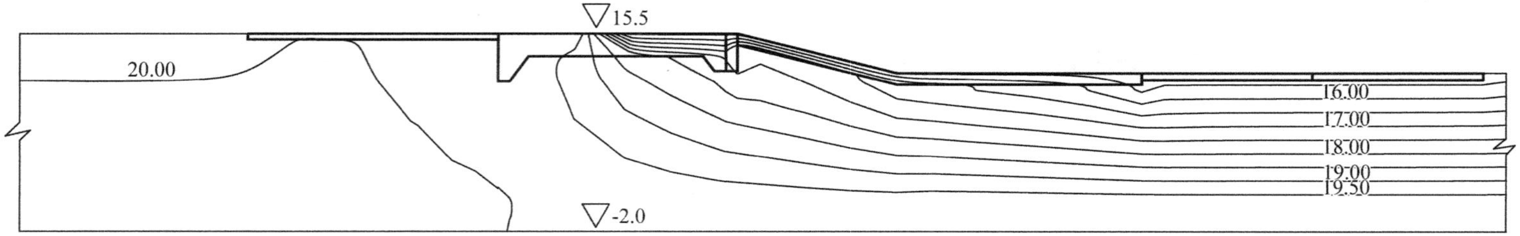

(a) 闸基渗流场等水头线分布(单位:m)

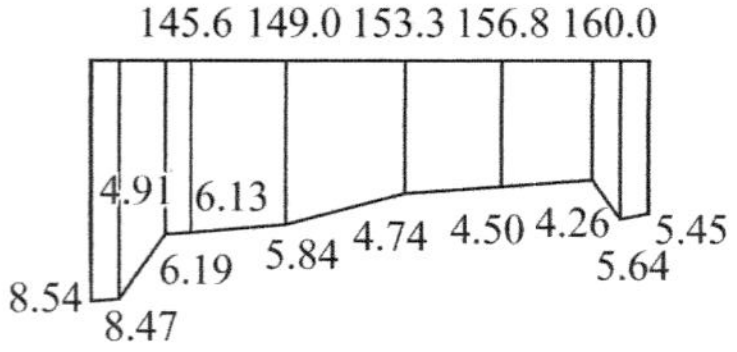

(b) 闸基扬压力水头分布(单位:m)

图 8-67　7# 闸段 1999 年 8 月 15 日 *R* 扩大为 10*R* 后的闸基渗流场水头等值线及扬压力水头分布

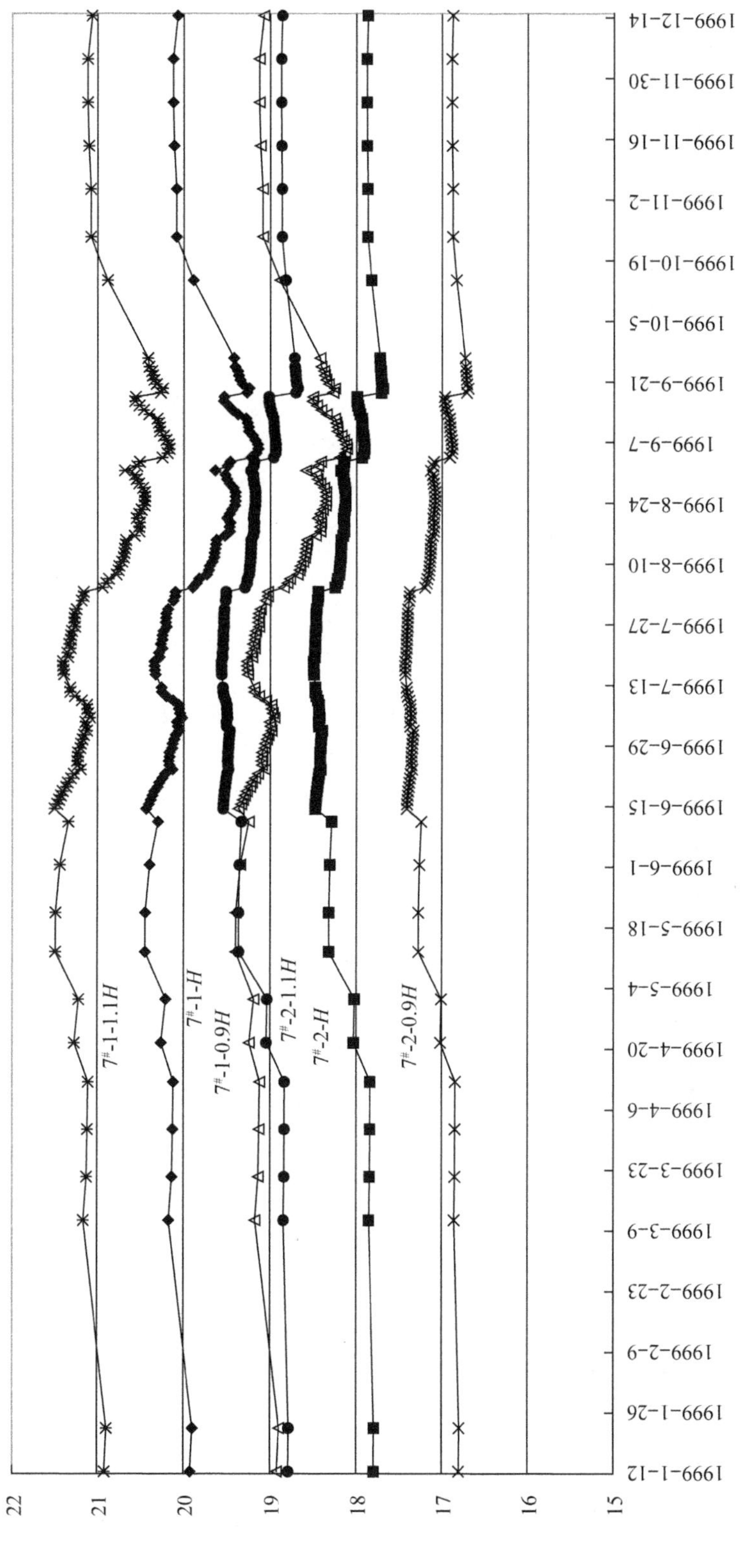

图 8-68　7# 闸段 *H* 变化时闸室底板测点处水头计算值对比(单位:m)

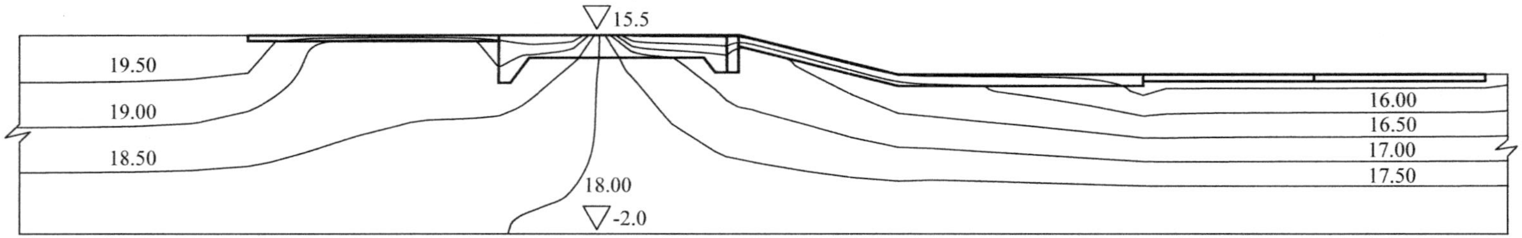

(a) 闸基渗流场等水头线分布(单位:m)

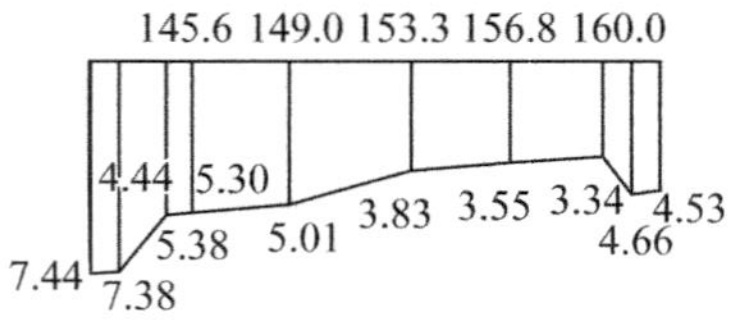

(b) 闸基扬压力水头分布(单位:m)

图 8-69　7# 闸段 1999 年 8 月 15 日 *H* 缩小为 0.9*H* 后的闸基渗流场水头等值线及扬压力水头分布

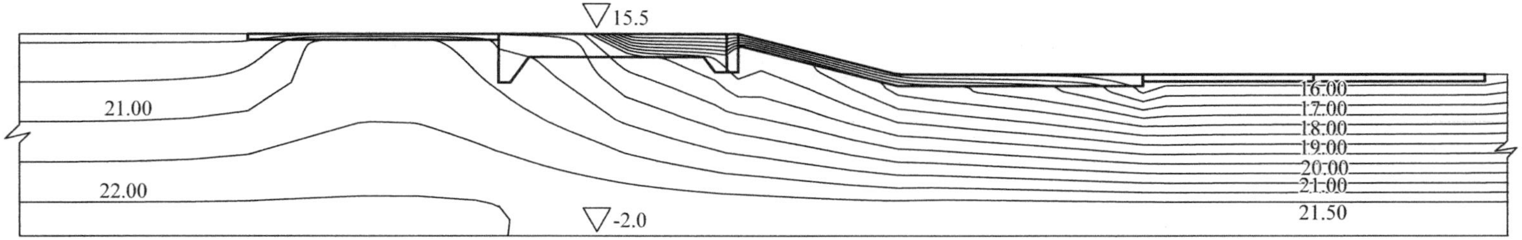

（a）闸基渗流场等水头线分布（单位：m）

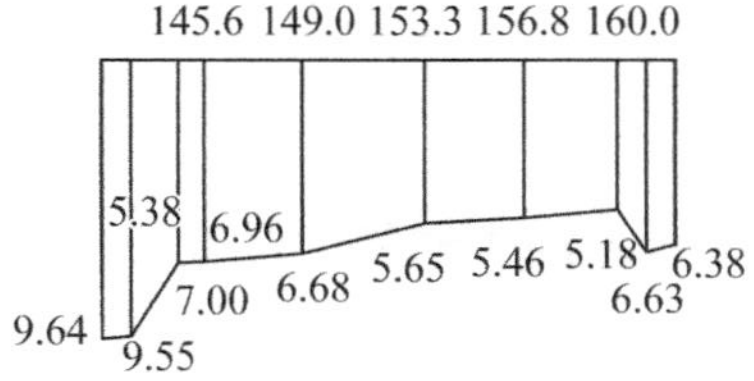

（b）闸基扬压力水头分布（单位：m）

图 8-70　7# 闸段 1999 年 8 月 15 日 *H* 扩大为 1.1*H* 后的闸基渗流场水头等值线及扬压力水头分布

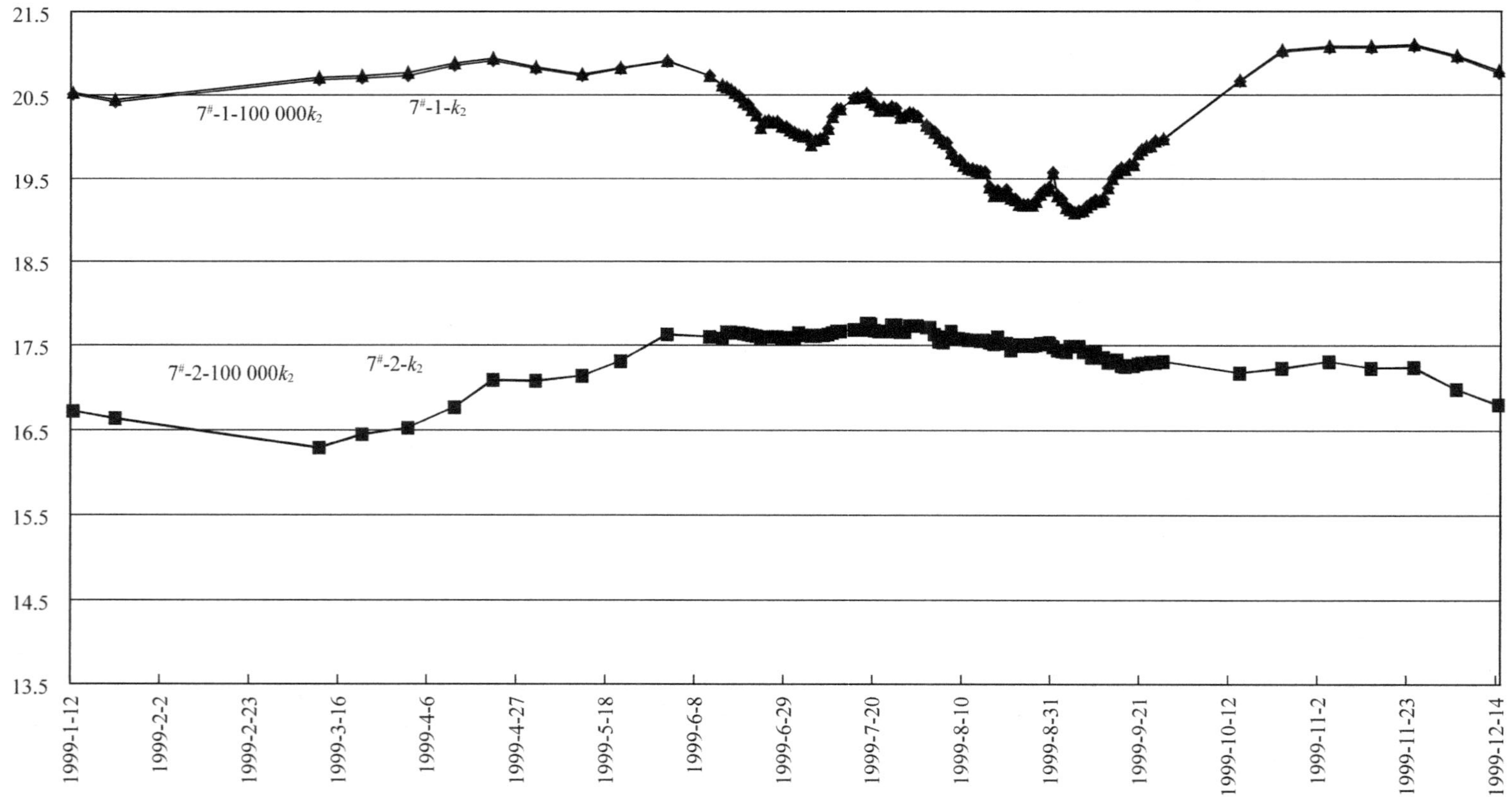

图 8-71　7# 闸段 k_2 变化时闸室底板测点处水头计算值对比(单位:m)

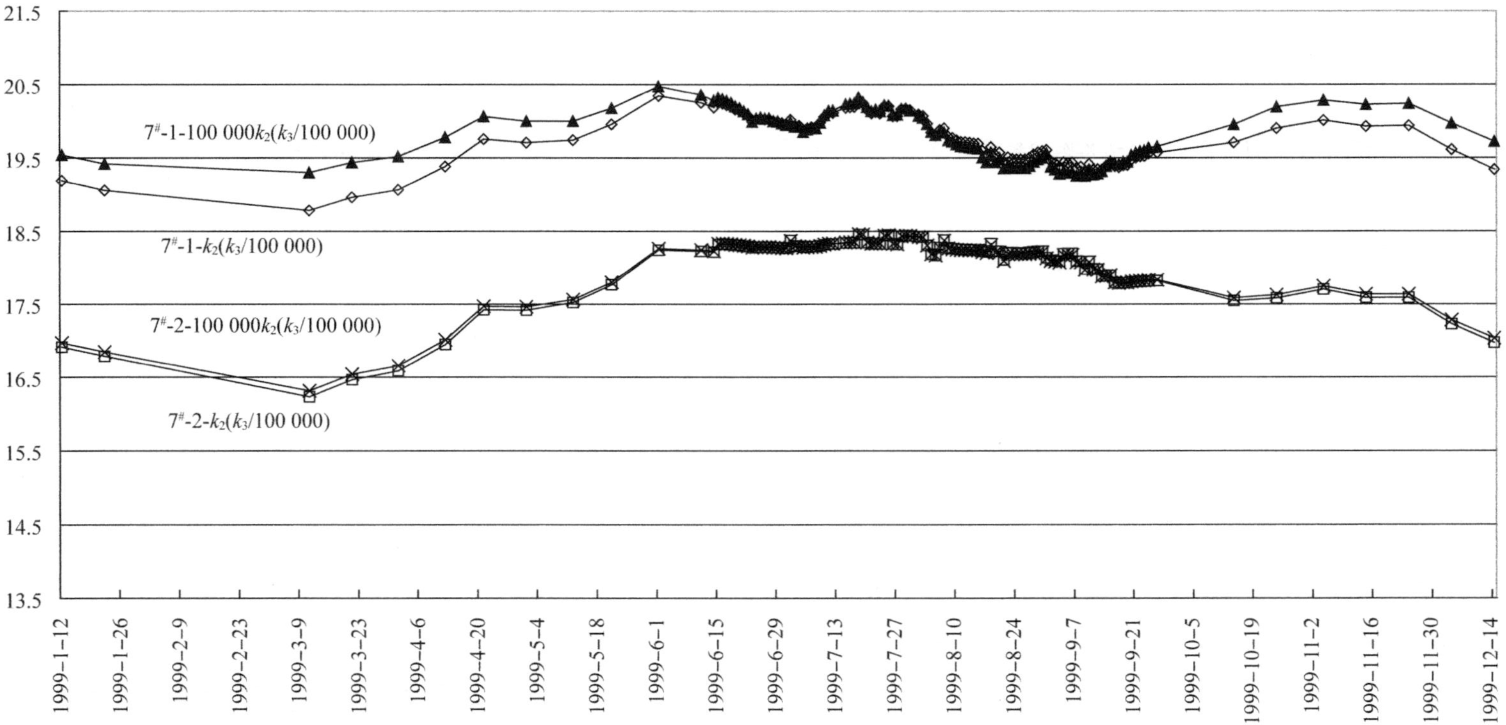

图 8-72　7# 闸段 k_3 缩小 5 个数量级后 k_2 变化时闸室底板测点处水头计算值对比(单位:m)

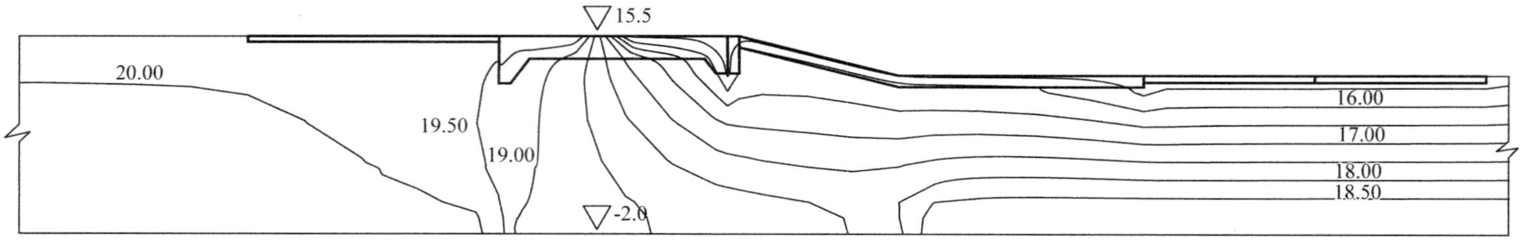

(a) 闸基渗流场等水头线分布(单位:m)

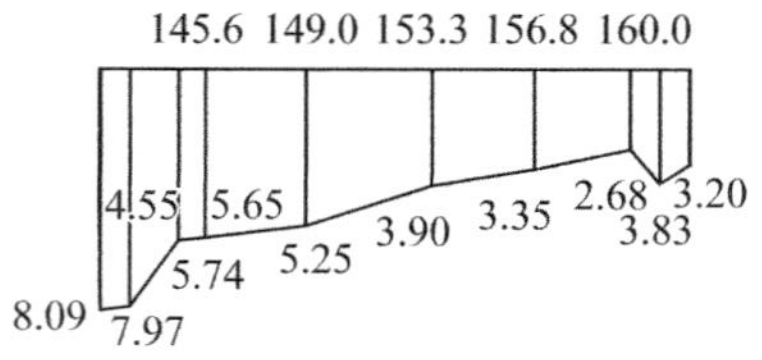

(b) 闸基扬压力水头分布(单位:m)

图 8-73　7# 闸段 1999 年 8 月 15 日 k_2 和 k_3 分别缩小为 $10^{-5}k_2$ 和 $10^{-5}k_3$ 后的闸基渗流场水头等值线及扬压力水头分布

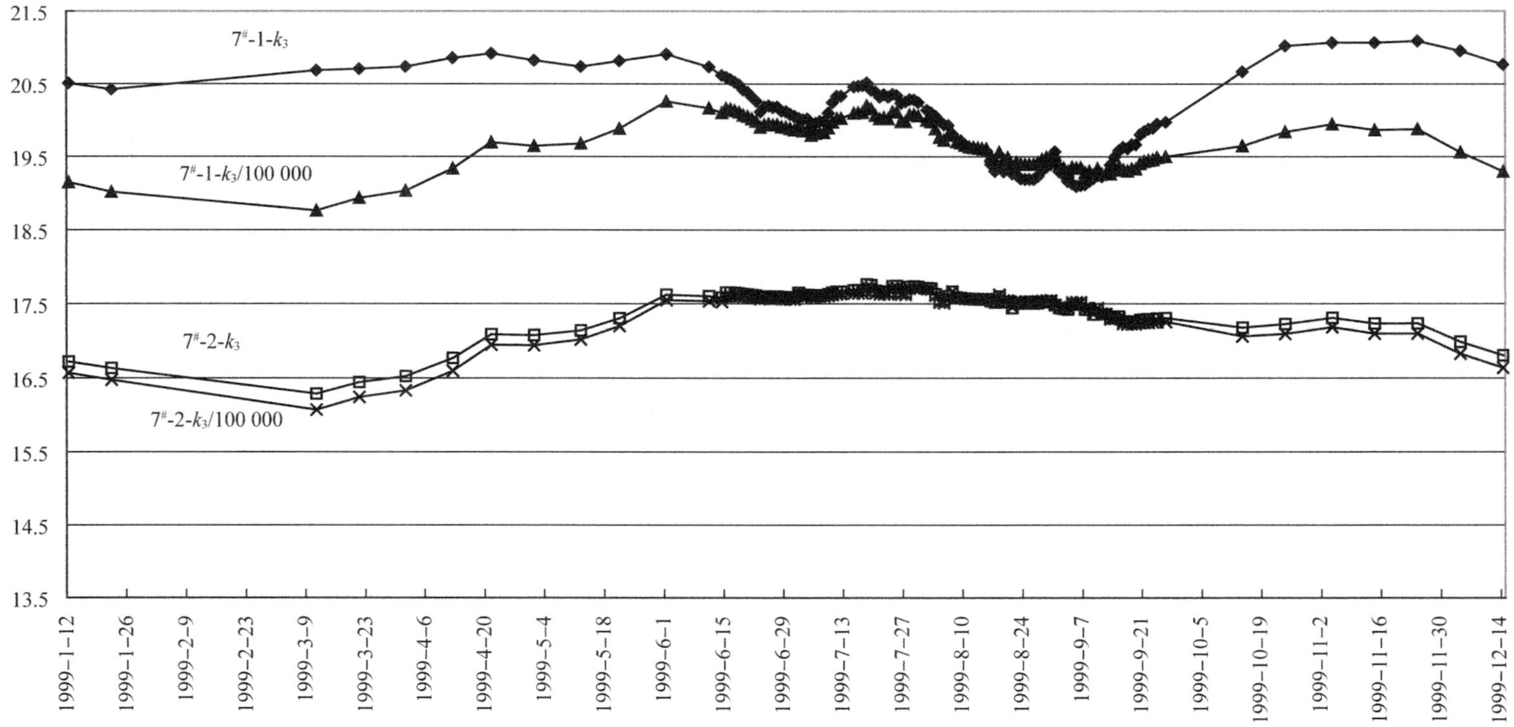

图 8-74　7# 闸段 k_3 变化时闸室底板测点处水头计算值对比(单位:m)

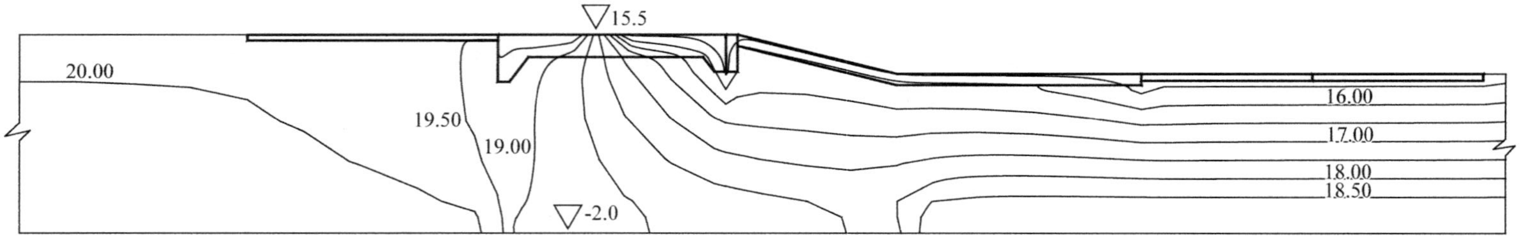

（a）闸基渗流场等水头线分布（单位：m）

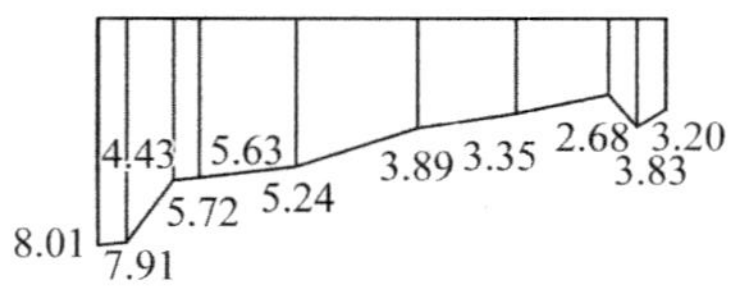

（b）闸基扬压力水头分布（单位：m）

图 8-75　7# 闸段 1999 年 8 月 15 日 k_3 缩小为 $10^{-5}k_3$ 后的闸基渗流场水头等值线及扬压力水头分布

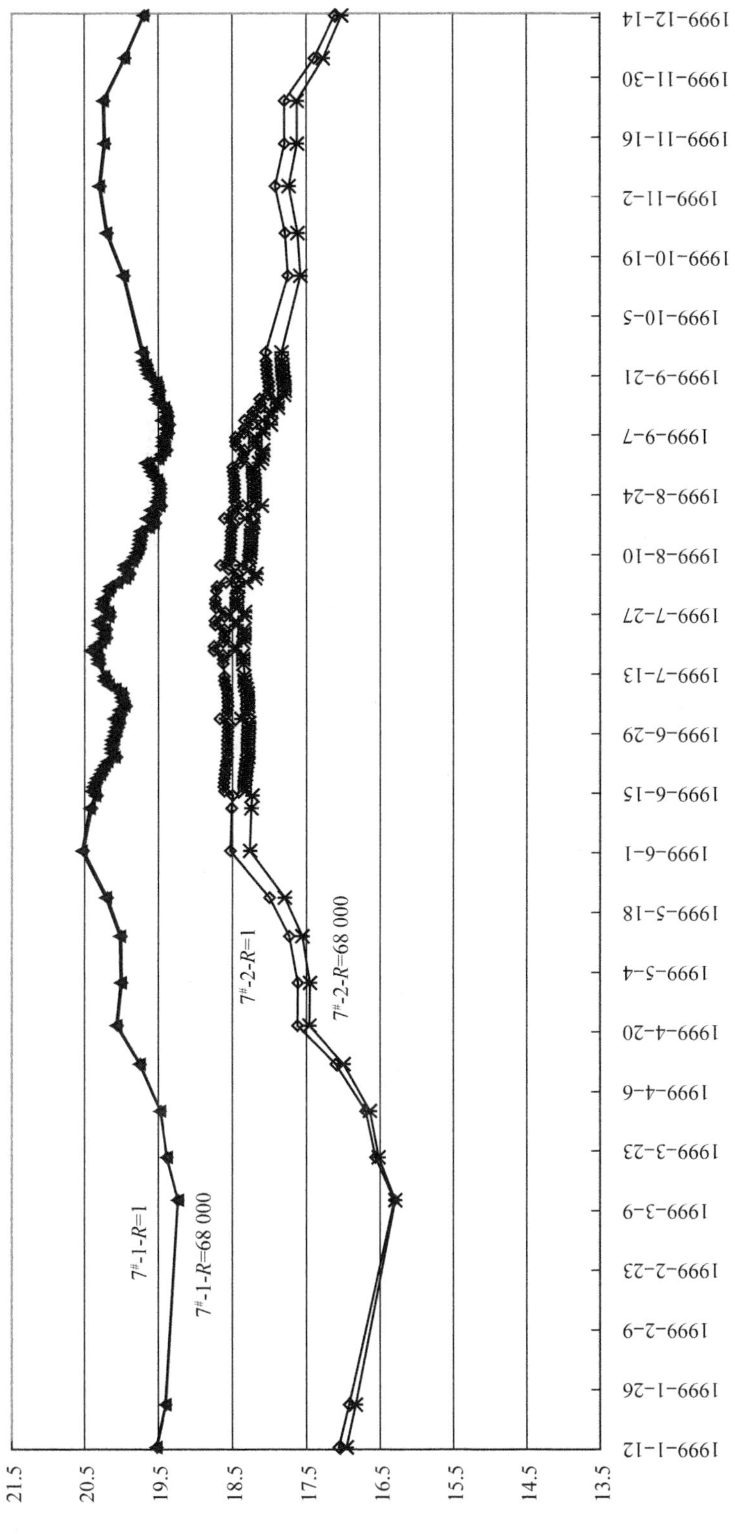

图 8-76　7# 闸段 **R** 变化时闸室底板测点处水头计算值对比(单位:m)

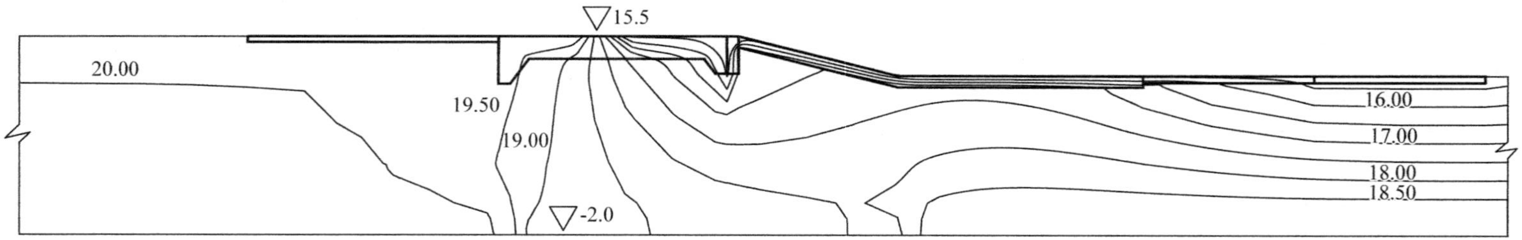

(a) 闸基渗流场等水头线分布(单位:m)

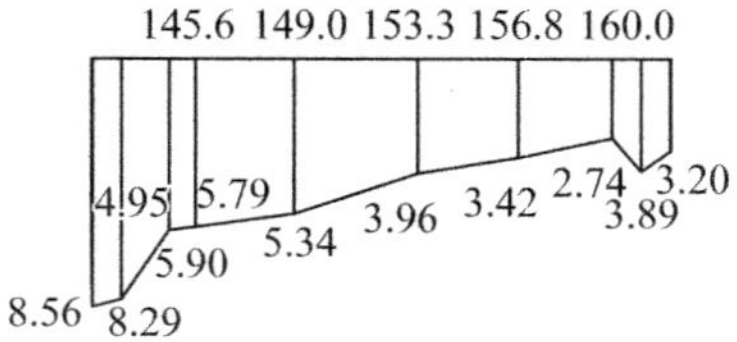

(b) 闸基扬压力水头分布(单位:m)

图 8-77　7# 闸段 1999 年 8 月 15 日 $R=1$ 时的闸基渗流场水头等值线及扬压力水头分布

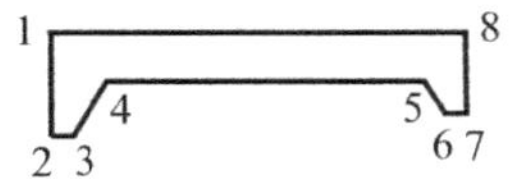

(a) 闸室底板基础扬压力位置

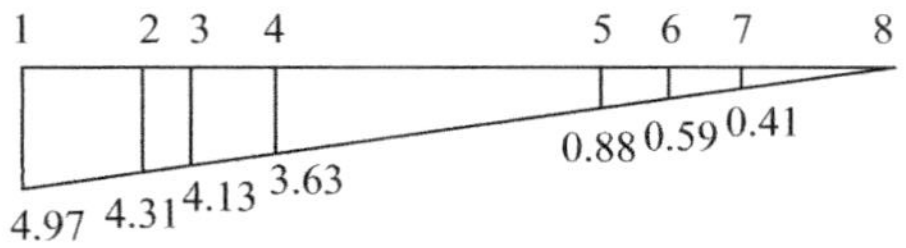

(b) 正常蓄水期止水有效时扬压力水头分布

UP=76.46 t

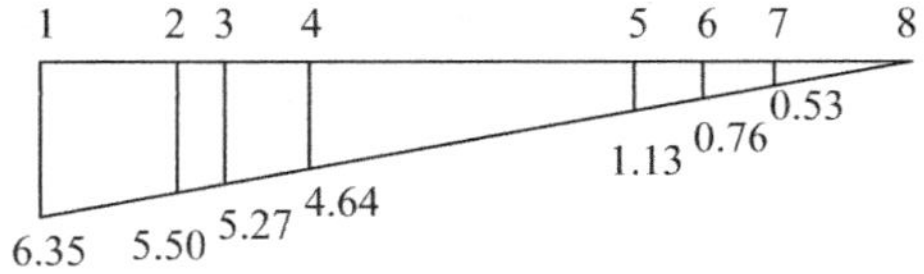

(c) 校核洪水位止水完好时扬压力水头分布

UP=96.69 t

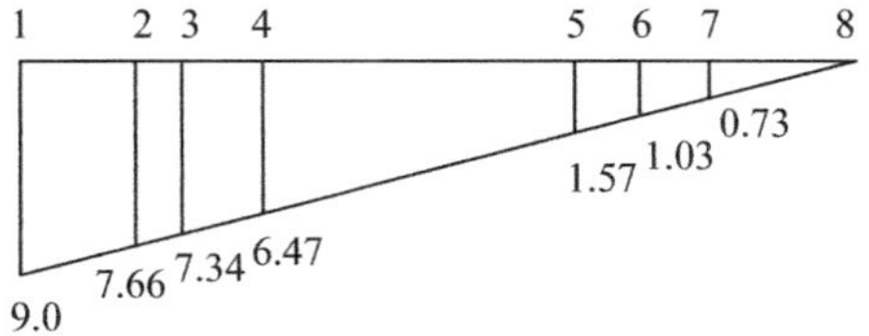

(d) 正常蓄水期底板有孔洞时扬压力水头分布

UP=138.47 t

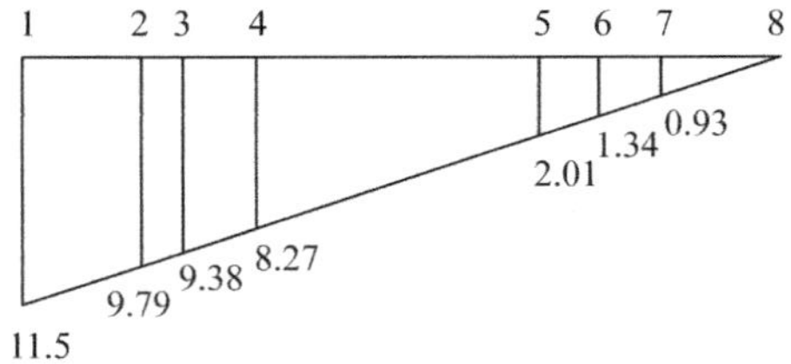

(e) 校核洪水位底板有孔洞时扬压力水头分布

UP=176.93 t

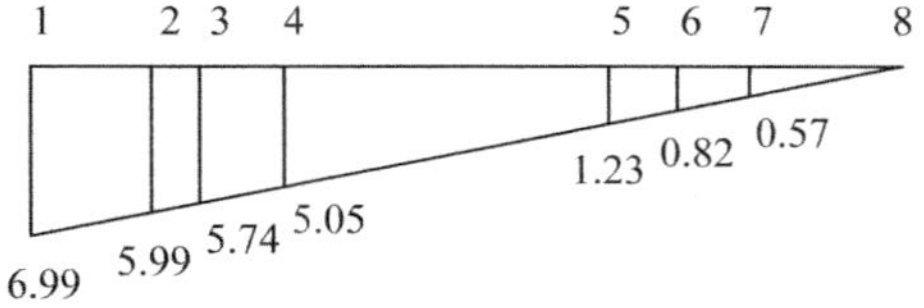

(f) 正常蓄水期核算扬压力水头分布

UP=107.54 t

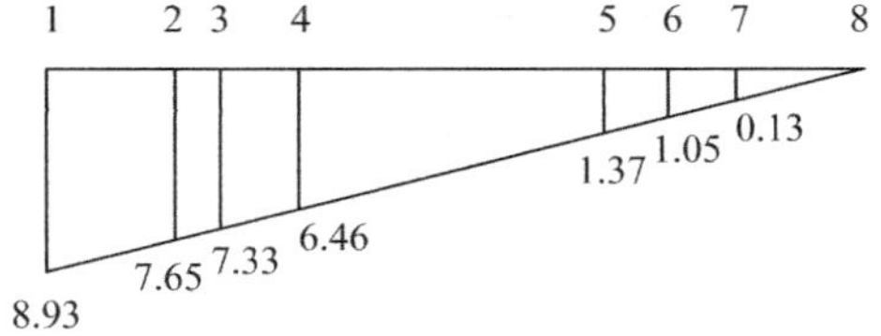

(g) 校核洪水位核算扬压力水头分布

UP=137.39 t

图 8-78　止水完好时闸室底板原计算及核算扬压力水头分布

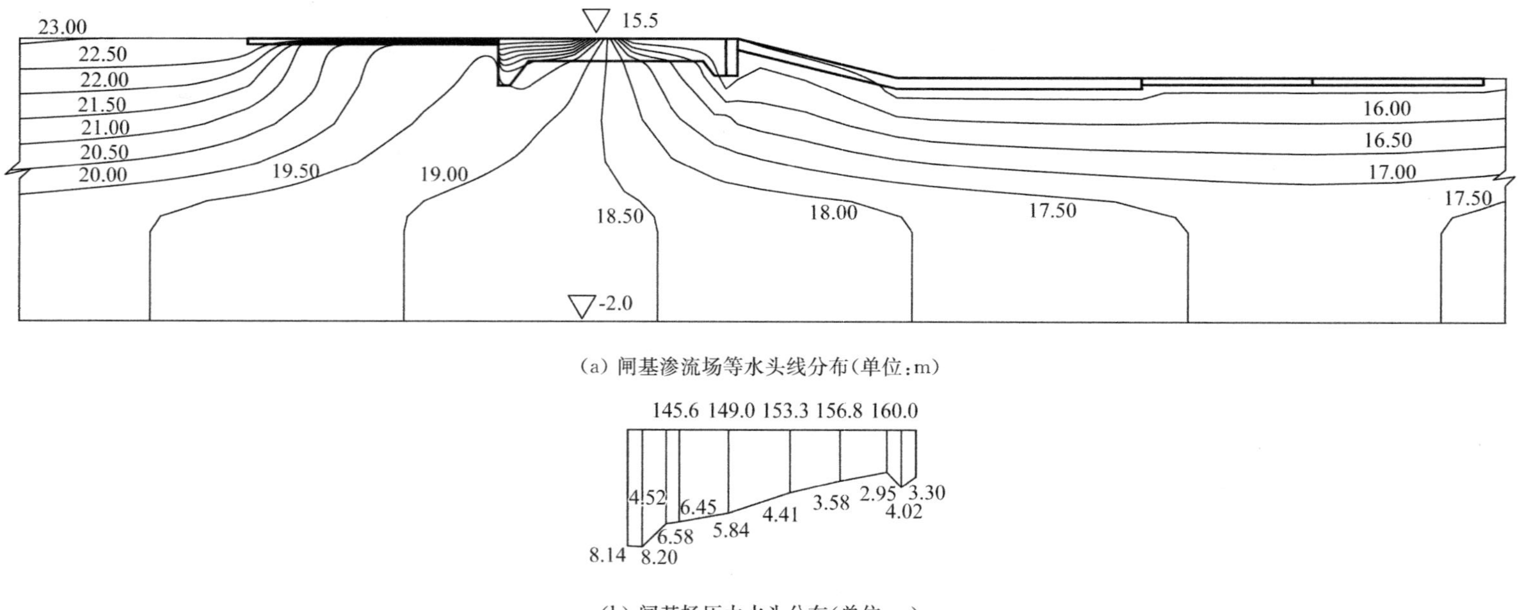

图 8-79　典型工况上游止水完好且有减压井时的闸基渗流场水头等值线及扬压力水头分布

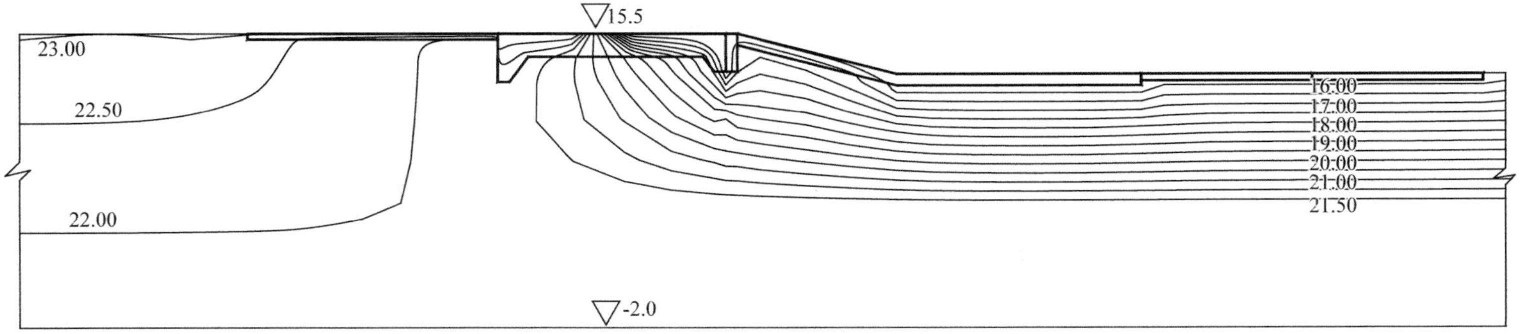

(a) 闸基渗流场等水头线分布(单位:m)

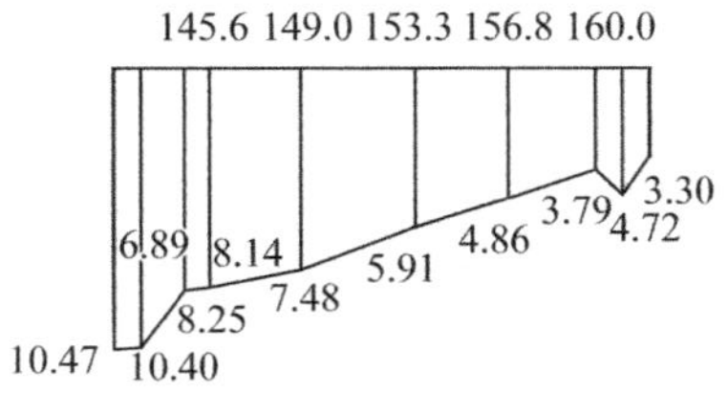

(b) 闸基扬压力水头分布(单位:m)

图 8-80　典型工况上游止水完好且无减压井时的闸基渗流场等水头线及扬压力水头分布

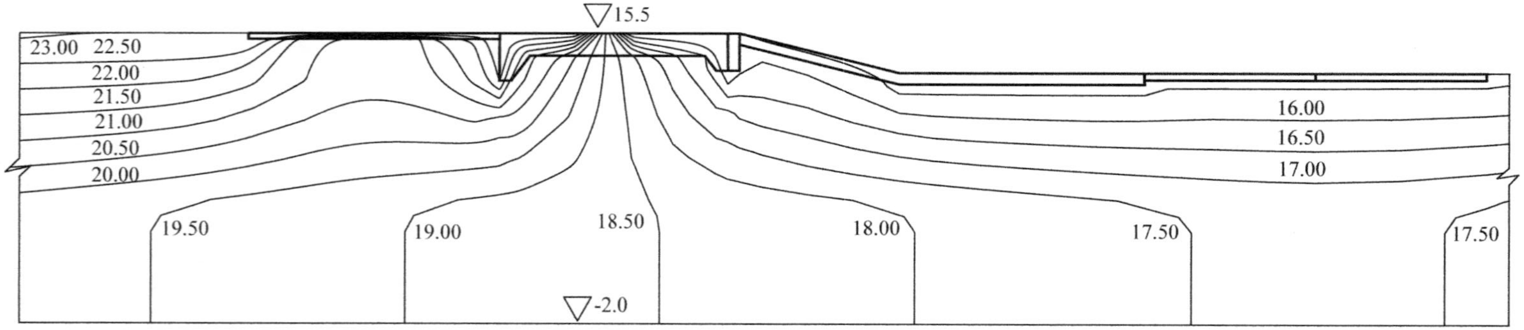

(a) 闸基渗流场等水头线分布(单位:m)

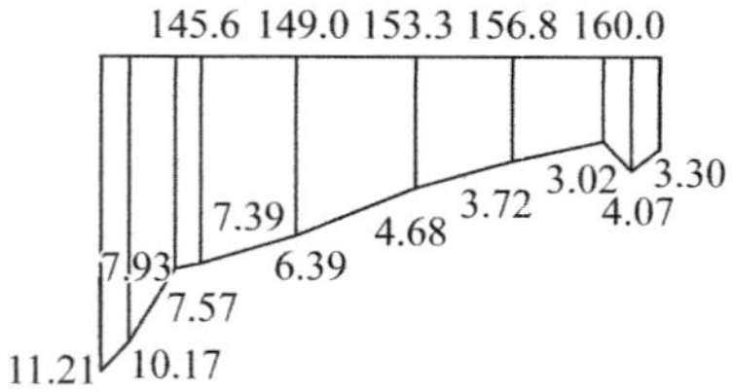

(b) 闸基扬压力水头分布(单位:m)

图 8-81　典型工况上游止水失效且有减压井时的闸基渗流场水头等值线及扬压力水头分布

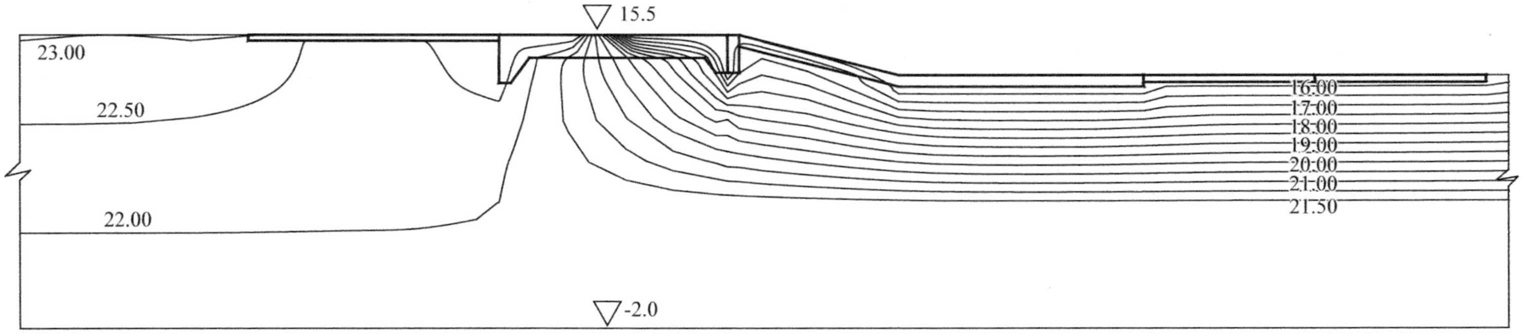

(a) 闸基渗流场等水头线分布(单位:m)

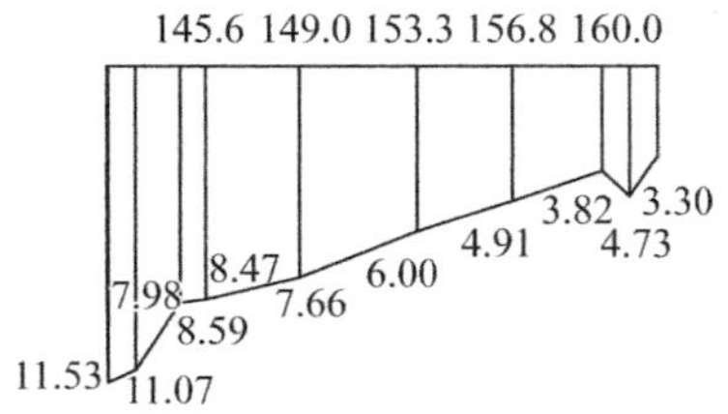

(b) 闸基扬压力水头分布(单位:m)

图 8-82　典型工况上游止水失效且无减压井时的闸基渗流场等水头线及扬压力水头分布

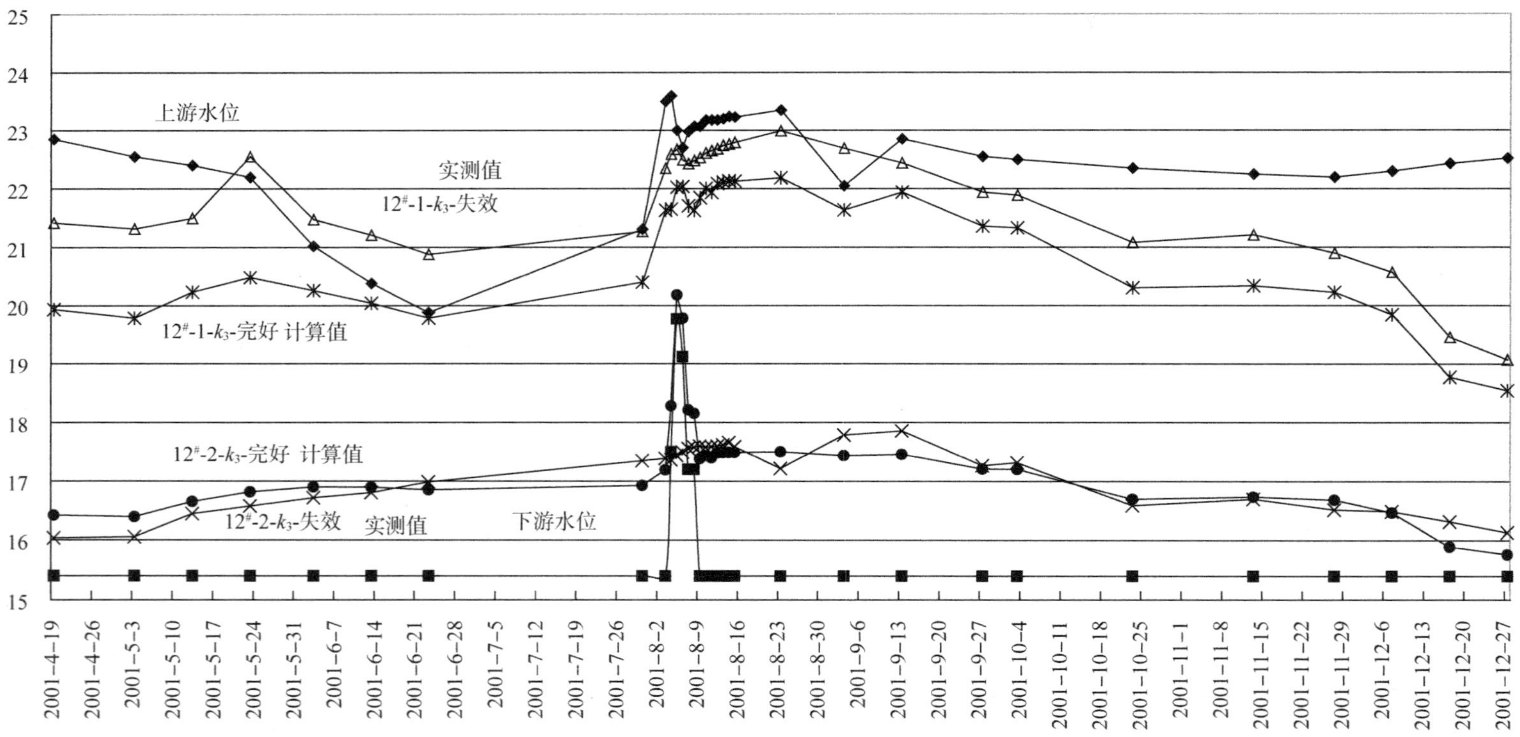

图 8-83　12# 闸段上游止水结构完全修复后 2001 年闸室底板渗流场水头观测值与计算值对比(单位:m)

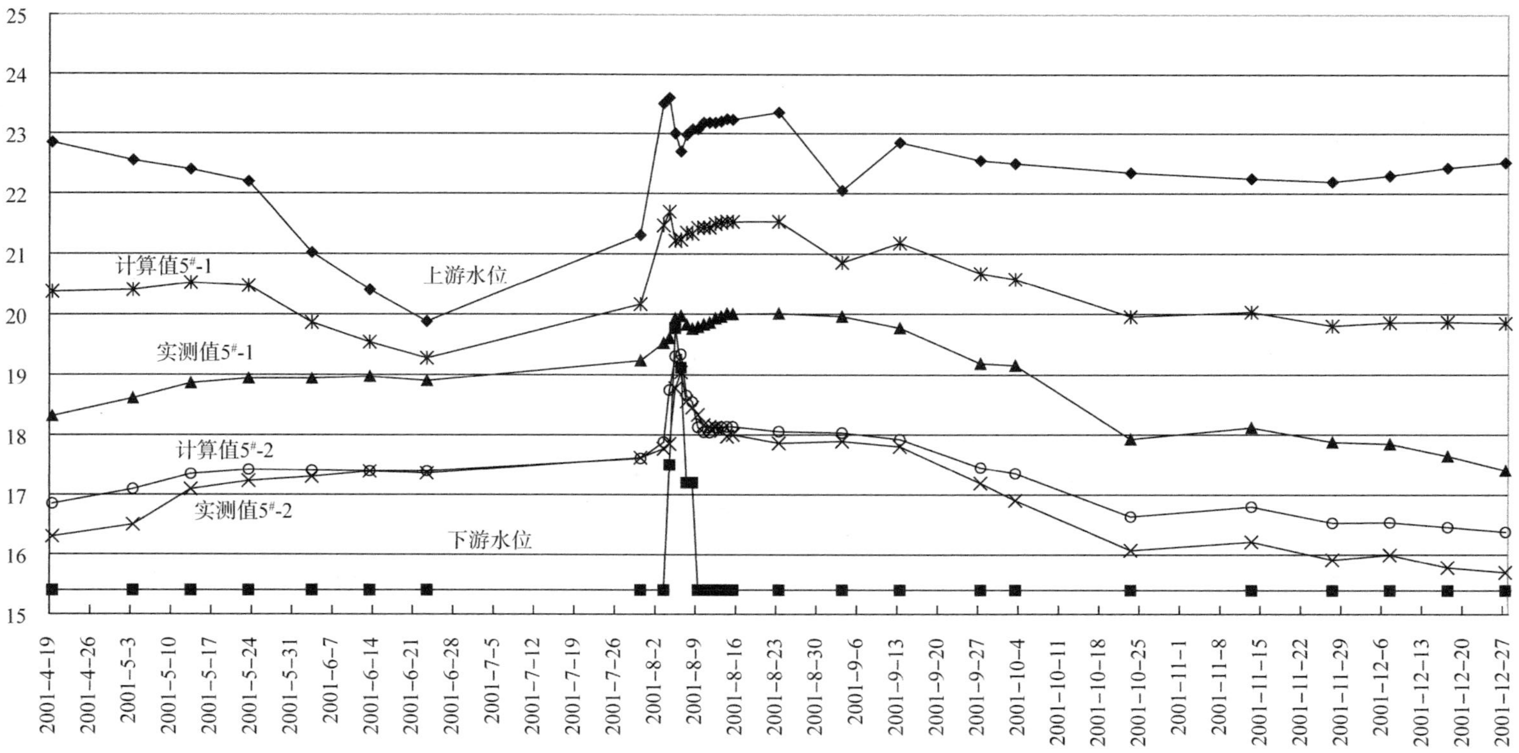

图 8-84　5# 闸段上游止水结构破坏时 2001 年闸室底板渗流场水头观测值与计算值对比(单位:m)

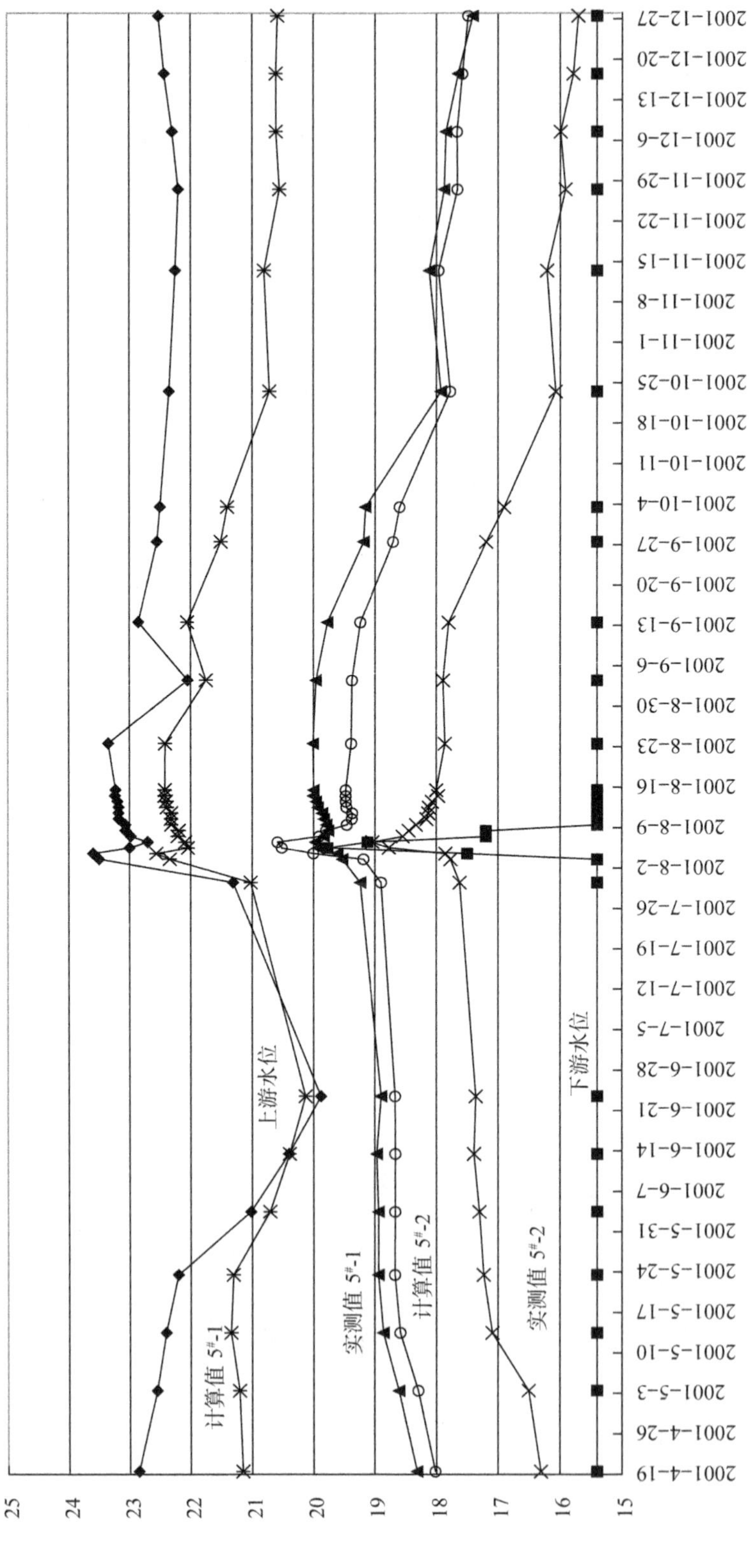

图 8-85　5# 闸段承压水头升高且上游止水结构破坏时 2001 年闸室底板渗流场水头观测值与计算值对比